Music & Recording

录音声学

Acoustics for
Sound Engineers

陈小平　编著

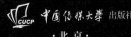

中国传媒大学出版社

·北京·

图书在版编目（CIP）数据

录音声学/陈小平编著. —— 北京：中国传媒大学出版社, 2020.8
ISBN 978-7-5657-2670-5

Ⅰ. ①录… Ⅱ. ①陈… Ⅲ. ①录音—声学—高等学校—教材 Ⅳ. ①TN912.22

中国版本图书馆CIP数据核字（2019）第292815号

录音声学

LUYIN SHENGXUE

编　　著	陈小平
策划编辑	曾婧娴
责任编辑	曾婧娴
责任印制	李志鹏
封面设计	风得信设计·阿东

出版发行　中国传媒大学出版社
社　　址　北京市朝阳区定福庄东街1号　　　　邮编：100024
电　　话　86-10-65450528　65450532　　　　传真：65779405
网　　址　http://cucp.cuc.edu.cn
经　　销　全国新华书店

印　　刷　三河市东方印刷有限公司
开　　本　787mm×1092mm　　1/16
印　　张　20.25
字　　数　465千字
版　　次　2020年8月第1版
印　　次　2020年8月第1次印刷

书　　号　ISBN 978-7-5657-2670-5 / TN·2670　　定　价　69.00元

本社法律顾问：北京李伟斌律师事务所　郭建平

前　言

　　声音是录音师和音响工程技术人员的工作对象，因此，作为录音师或音响工作者，首先必须了解声音。

　　声音可以从两个角度来定义。首先是从物理学的角度来定义，声音是空气质点振动状态由近及远的传播，声音即声波；其二是从心理学的角度来定义，声音是声波在听觉上产生的主观感觉。如果是从物理学的角度来了解声音的基本性质，那么声音就是声波，可以用声压这一物理量来描述；如果要对扬声器重放的声音进行主观音质评价，则声音与人耳的听觉特性密切相关，这时不仅要了解扬声器及其重放声场的特性，还要了解人耳的听觉特性，只有这样才能最终获得符合听觉要求的高质量重放声音。作为录音师和音响工作者，应该从上述两个方面来认识声音，前者属于物理学中声学的范畴，后者属于心理声学范畴。心理声学主要研究并建立声音的物理性质与主观感觉之间的联系，了解听觉对声音信号的分析处理过程，建立心理声学模型，以便在科学研究、音响工程实践中加以利用。这也是将心理声学纳入上篇的主要原因。上篇还对语言声学和音乐声学以及声音信号的基本特点进行了简要介绍。

　　从声音信号传输链来看，其始端是声音的拾取和记录，末端是声音的重放。这两个环节都与声学有着密切联系，涉及电声换能器即传声器和扬声器以及室内声学，所以本书下篇为电声学与室内声学，主要介绍电声换能原理、扬声器和传声器的基本结构和工作原理、室内声学基本理论以及室内音质设计基本原理。

　　电声学是研究电声换能原理、技术和应用以及声音信号的存贮、加工和测量的科学。电声换能器是电声学的基础，换句话说，电声学是在换能器理论的基础上逐步发展起来的。电声学在通信和广播系统、厅堂和剧院的扩声系统、演播室的录放系统以及家用高保真音乐重放系统等方面的应用，称为声频工程。电声换能器虽然只是声频系统中的一小部分，但它却是声频系统中将声与电联系在一起的纽带。只有了解传声器和扬声器的工作原理，才能使传声器和扬声器的性能充分表现出来，这对提高声音的质量是十分重要的。

　　另外，无论在传统或现代 VR 声音的录制和重放环节，声音的质量都与室内声学环境有着密切联系。因此，声音工作者只有了解声学环境对声音的影响，了解厅堂、听音室、演播室或其他所在环境的声学特性，才能真正驾驭声音的设计与制作。因此，室内声学是本书的主要内容之一。

目 录
CONTENTS

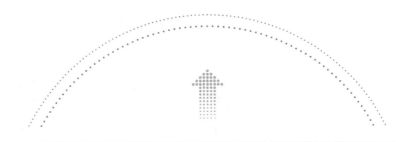

上篇

声学基础

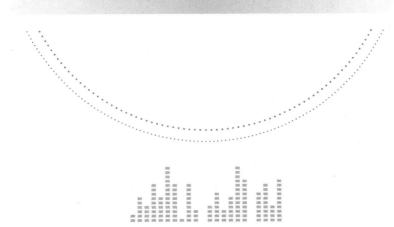

1 质点振动学

要了解声音传播的基本规律，首先要从研究振动学开始，因为振动是声音传播的本质。声学现象实质上是传声媒质质点所产生的一系列力学振动传递过程的表现，而且声波的产生源于物体的振动。当一阵风吹来时，人们可以听到树叶振动发出的"沙沙"声；当人们在音乐厅欣赏美妙动听的音乐时，可以看到乐队的每一位演奏者都在忙碌而又紧张地操作各自的乐器，使乐器振动发声。此外，生活中也存在一些恼人的声音，如交通噪声、施工噪声以及其他生活噪声，这些也都是由振动产生的。

1.1 质点振动系统

振动是一种特殊形式的运动，它是指物体在其平衡位置附近所做的往复运动。如果振动物体是机械零件、部件、整个机器或机械结构，这种运动称为机械振动。我们通常把振动的机械或结构称为振动系统。

实际的振动系统往往是复杂的，影响振动的因素较多。为了便于分析研究，需要将复杂的振动系统简化为一个力学模型，针对力学模型来处理问题。最简单的振动模型是质点振动系统，是由质量、弹簧与阻尼三种基本元件组成，其中质量只具有惯性，弹簧只具有弹性，阻尼既不具有惯性，也不具有弹性，它是耗能元件，对运动产生阻力。质点实际上是指质量块，由于其不具备弹性，则表现为刚性，质量块上各点振动状态完全相同，因此可看成一个体积无限小的质点。

声音是由物体振动产生的。常见的振动物体有弦、棒、膜和板。这些振动物体并不是刚性，而是既有质量又有弹性，还有一定阻尼特性，因此，一般情况下不能看成一个质点。但是，当振动频率较低，以至于满足振动波长远大于振动物体尺寸时，物体上各点的振动状态近似相同，物体则可以用一定质量的质点表示。当振动频率较高，使波长小于或与物体尺寸相当时，物体则不能看成一个质点。这时，物体的振动属于弹性体的振动。

最简单的质点振动系统是由一个质量和一个弹簧构成，称为基本振动系统或单振子。本章将以单振子为例，讨论质点振动系统的振动规律。单振子振动是一切声振动的基础。

1.2 质点的自由振动

设有一质量为 M_m 的坚硬物体系于弹性系数为 K_m 的弹簧上，构成一简单的振动系统，称为单振子，如图 1-1 所示。在没有外力作用时，质量的重力与弹簧的弹性力相平衡，系统处于相对静止状态。设质量 M_m 的静止位置（也称为振动物体的平衡位置）为位移坐标 x 轴的原点。当有一外力突然在 x 方向拉或击打 M_m，使弹簧伸长或压缩，随即就释放，此后物体就在弹簧的弹性力作用下发生振动。如果外力仅在初始时刻起作用，然后就撤除，这种质点在不受外力作用下产生的振动称为自由振动。

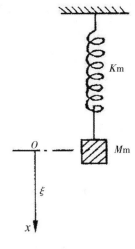

图 1-1 单振子

1.2.1 自由振动规律

振动规律的分析不仅需要具备一定的大学物理基础，而且还需具备一定的高等数学基础，考虑到本书也是为那些没有进行过系统的大学数理基础课程学习的读者编写的，本书所有问题的分析将以介绍分析思路为主，省略了中间的数学计算过程，直接给出计算结果，并重点对结果进行讨论和说明，得到一些有用的结论，从而达到了解声学的基本概念、基本理论和基本分析方法的目的。另外，一部分相对简单的公式推导也会呈现在附录部分，供有一定数理基础的读者参考阅读。

振动规律的分析方法是：首先建立反映振动规律的方程，通常称为振动方程，然后通过求解方程得到振动规律。

在图 1-1 中，设在振动过程的某一时刻 t，质点 M_m 离开平衡位置的位移为 $\xi(t)$ 或简写为 ξ，这时质点只受到弹性力 F_k 的作用。当位移较小没有超出弹簧的弹性限度时，弹性力和弹簧长度变化之间满足线性关系，而弹簧的长度变化即质点的位移，因此

$$F_k = -K_m \xi \qquad (1.1)$$

其中，K_m 为弹簧的弹性系数（N/m），上式即为反映弹簧特性的虎克定律。负号表示力的方向与质点运动方向相反，即弹性力相当于阻力。在声学上，弹簧的特性也经常用 K_m 的倒数 C_m 表示，即

$$C_m = \frac{1}{K_m} \qquad (1.2)$$

C_m 称为顺性系数或力顺（m/N）。

根据物理学中的牛顿第二定律，当物体受外力作用时将产生加速度，力和加速度的关系为

$$F = aM \qquad (1.3)$$

其中，F 为所受外力（N），a 为物体运动的加速度（m/s²），M 为物体质量（kg）。而质点的振动属于非匀速运动，其速度和位移、加速度和速度之间的关系可用导数表示为

$$v = \frac{d\xi}{dt} \qquad (1.4)$$

$$a = \frac{dv}{dt} = \frac{d}{dt}\left(\frac{d\xi}{dt}\right) = \frac{d^2\xi}{dt^2} \qquad (1.5)$$

其中，v 为振动速度（m/s）。v 是随时间变化的量，因此更准确的表示是 $v(t)$。同理，位

移 $\xi(t)$ 和加速度 $a(t)$ 简写为 ξ 和 a。在后续章节中，其他函数也存在类似的简写。关于导数的意义和计算，请参看附录 1。

将式（1.1）和式（1.5）带入式（1.3），移项后得

$$M_m \frac{\mathrm{d}^2 \xi}{\mathrm{d} t^2} + K_m \xi = 0 \qquad (1.6)$$

或

$$\frac{\mathrm{d}^2 \xi}{\mathrm{d} t^2} + \omega_0^2 \xi = 0 \qquad (1.7)$$

其中

$$\omega_0 = \sqrt{\frac{K_m}{M_m}} = \sqrt{\frac{1}{M_m C_m}} \qquad (1.8)$$

ω_0 是引入的一个参数，称为固有角频率（rad/s），是描述质点振动规律的一个重要参数，其物理含义将在后续做进一步介绍。

式（1.7）就是质点自由振动方程。这是一个工程上常用的微分方程式，通过解方程（见附录 6），可得到质点自由振动的位移为

$$\xi = \xi_a \cos\left(\omega_0 t - \varphi_0\right) \qquad (1.9)$$

显然，这是一个正弦函数（由于余弦函数和正弦函数的差别仅在于相位相差 90°，因此这里将正弦和余弦统称为正弦函数），其中，ξ_a 为正弦函数的振幅，这里表示位移振幅，ω_0 为角频率，由式（1.8）确定，φ_0 为初相位。ξ_a 和 φ_0 为待定系数，由开始振动时的状态（称为初始状态）决定。正弦波和正弦信号的概念在声频工程中非常重要，请参看附录 4。

正弦规律的振动也称为简谐振动（Simple Harmonic Motion）。可见，质点的自由振动是以简谐振动的方式进行的。按式（1.9）做出位移 ξ 随时间 t 变化的规律如图 1-2 所示。在工程中，一般假设 $t=0$ 为初始时刻，带入式（1.9）可得，初始相位为 φ_0，初始位移为 $\xi_a \cos\varphi_0$，第一个位移最大值出现在 $t = \varphi_0 / \omega_0$ 时刻，如图 1-2 所示。

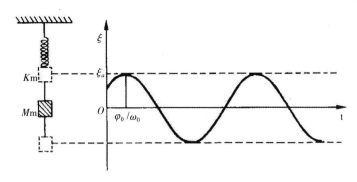

图 1-2　自由振动位移 ξ 随时间 t 变化规律

角频率是指振动在单位时间即每秒发生的相位变化，一般用 ω 表示。由于正弦函数完成一个周期的相位变化是 2π 弧度（rad），设周期为 T，则角频率 ω 与周期 T 的关系为

$$\omega = \frac{2\pi}{T} \tag{1.10}$$

频率定义为每秒完成的周期数或振动次数，一般用 f 表示。因此

$$f = \frac{1}{T} = \frac{\omega}{2\pi} \tag{1.11}$$

将式（1.8）带入上式得

$$f_0 = \frac{1}{2\pi}\sqrt{\frac{K_m}{M_m}} = \frac{1}{2\pi}\sqrt{\frac{1}{M_m C_m}} \tag{1.12}$$

f_0 称为固有频率，单位是赫兹（Hz）。固有频率的概念在声学和声频工程中也非常重要，它是滤波器、电声器件、房间等声音传输系统的重要特性参数。

将式（1.9）带入式（1.4）得，质点自由振动的振速为

$$v = v_a \cos\left(\omega_0 t - \varphi_0 + \frac{\pi}{2}\right) \tag{1.13}$$

其中，振速振幅 $v_a = \omega_0 \xi_a$。可见，振动速度也是按简谐规律变化，只是和位移之间存在一个 $\frac{\pi}{2}$ 的固定相位差。

前面指出，在描述质点自由振动的位移表示式中有两个待定系数 ξ_a 和 φ_0，由系统的起振条件决定。一旦这两个常数确定，系统的振动状态就完全确定。例如，假设质点原来处于静止状态，在初始时刻受到敲击获得初始速度 v_0，则可写出初始条件为

$$\begin{cases} \xi|_{t=0} = 0 \\ v|_{t=0} = v_0 \end{cases}$$

将上述条件分别带入式（1.9）和式（1.13）后，可求得 $\xi_a = \dfrac{v_0}{\omega_0}$，$\varphi_0 = \dfrac{\pi}{2}$。

例 1.1 扬声器力学振动系统低频时可视为质点振动系统。设系统原质量为 M_m，力顺为 C_m。采用新材料后，系统的质量变为 $2M_m$，力顺为 $2C_m$。试问采用新材料后，扬声器力学振动系统固有频率变化为多少？

解： 设系统原来固有频率为 f_0，采用新材料后的固有频率为 f_0'，则

$$f_0 = \frac{1}{2\pi}\sqrt{\frac{1}{M_m C_m}}$$

$$f_0' = \frac{1}{2\pi}\sqrt{\frac{1}{2M_m \cdot 2C_m}} = \frac{1}{2} \cdot \frac{1}{2\pi}\sqrt{\frac{1}{M_m C_m}} = \frac{1}{2}f_0$$

因此，固有频率降低为原来的 1/2。

由式（1.12）可知，当质点作自由振动时，其振动频率只与系统的固有参数有关，而与振动的初始条件无关。此外，质量 M_m 越大，弹簧的力顺 C_m 越大，则固有频率 f_0 越低；反之，M_m 越小，C_m 越小，则 f_0 越高。

1.2.2 自由振动的能量

当质点处于静止状态时，其携带的能量为零。当质点在外力作用下获得初位移或初速度时，相当于获得了一定的初始位能或初始动能，然后开始做自由振动，在任一时刻所具有的能量等于位能和动能之和。

位能由质点离开平衡位置的距离即位移决定。因此，t 时刻质点具有的位能为

$$E_p = \int_0^{\xi} K_m \xi \, \mathrm{d}\xi = \frac{1}{2} K_m \xi^2 \tag{1.14}$$

根据动能计算公式，t 时刻质点具有的动能为

$$E_k = \frac{1}{2} M_m v^2 \tag{1.15}$$

因此，t 时刻振动质点具有的总能量为

$$E = E_p + E_k = \frac{1}{2} K_m \xi^2 + \frac{1}{2} M_m v^2$$

将式（1.9）和式（1.13）代入上式得

$$E = \frac{1}{2} K_m \xi_a^2 \cos^2 (\omega_0 t - \varphi_0) + \frac{1}{2} M_m \omega_0^2 \xi_a^2 \sin^2 (\omega_0 t - \varphi_0)$$

由于 $\omega_0 M_m = \dfrac{K_m}{\omega_0}$，所以总能量为

$$E = \frac{1}{2} K_m \xi_a^2 = \frac{1}{2} M_m v_a^2 \tag{1.16}$$

可见，质点自由振动的总能量在任一时刻都等于常数，即能量保持不变。这是在假设无阻力作用的情况下才可能出现，由于系统无需克服阻力做功而损耗能量，因此所具有的能量得以维持不变。当位移达最大值时，振速为零，而当质点回到平衡位置时，振速达最大值，因此，总能量可以分别用最大位能和最大动能计算。图 1-3 所示为位能、动能和总能量随时间变化曲线。

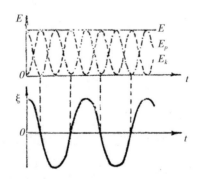

图 1-3　位能、动能和总能量随时间变化曲线

1.3 质点的衰减振动

无阻尼的自由振动在现实生活中是不存在的，否则，当给它一个初始能量后，质点就开始作等幅简谐振动并且一直持续下去，这显然是不可能的。实际上，振动都将受到一定的阻力作用，这种只受阻力作用的振动称为衰减振动。

1.3.1 衰减振动方程和规律

上面已经提到，实际物体在振动时总会受到或多或少的阻尼作用，这种阻力可能来自振动物体与周围媒介之间的粘滞摩擦，也可能来自系统内部的某种阻力，或来自物体振动时向周围空间辐射声波的能量损耗。图1-4所示为受阻力作用的单振子系统。设阻尼来自空气粘滞阻力，用 F_R 表示，则

$$F_R = R_m v \tag{1.17}$$

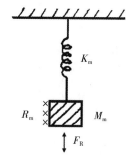

其中，v 为振动速度，R_m 为常数，称为力阻，单位为牛顿·秒/米（N·s/m）或力欧（Ω_m）。也就是说，粘滞阻力与振速成正比，振速越大，粘滞阻力越大；反之亦然。

在衰减振动中，质点所受外力包含两项，即粘滞阻力和弹性力。根据牛顿第二定律（见式（1.3）），物体受外力作用将产生加速度，即

$$-R_m v - K_m \xi = M_m \frac{\mathrm{d}^2 \xi}{\mathrm{d} t^2}$$

图1-4 受阻力作用的单振子

移项整理后得

$$M_m \frac{\mathrm{d}^2 \xi}{\mathrm{d} t^2} + R_m \frac{\mathrm{d} \xi}{\mathrm{d} t} + K_m \xi = 0 \tag{1.18}$$

$$\frac{\mathrm{d}^2 \xi}{\mathrm{d} t^2} + 2\delta \frac{\mathrm{d} \xi}{\mathrm{d} t} + \omega_0^2 \xi = 0 \tag{1.19}$$

上式为衰减振动方程。其中

$$\delta = \frac{R_m}{2M_m} \tag{1.20}$$

为引入的新参数，称为阻尼系数，$\omega_0 = \sqrt{\dfrac{K_m}{M_m}}$，为固有角频率。

解衰减振动方程（见附录7）后得，质点衰减振动的位移为

$$\xi = \xi_0 e^{-\delta t} \cos\left(\omega_0' t - \varphi_0\right) \tag{1.21}$$

可见，衰减振动的位移振幅随时间按指数规律衰减，其振动频率和位移振幅分别为

$$\omega_0' = \sqrt{\omega_0^2 - \delta^2} \tag{1.22}$$

$$\xi_a = \xi_0 e^{\delta t} \tag{1.23}$$

衰减振动位移随时间变化的规律如图 1–5 所示。图中实线表示位移随时间的变化规律，虚线表示位移振幅随时间按指数规律衰减。式（1.21）中两个未知数 ξ_0 和 φ_0 可以由初始状态确定。

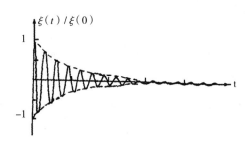

图 1–5 衰减振动位移随时间变化规律

1.3.2 衰减振动的能量

衰减振动的能量计算方法和自由振动相同，即任一时刻的总能量为该时刻位能与动能之和。但是，由于存在阻力作用，系统需要不断克服阻力做功，因此，振幅随时间逐渐衰减为零，总能量也将随时间逐渐衰减为零。

例 1.2 某质点振动系统，无阻尼时的固有频率 f_0 为 100Hz，质量 M_m 为 0.06kg。加给 $2\Omega_m$ 力阻后，求：（1）加阻尼后的振动频率；（2）相隔一个周期 T 的两次振动振幅比值。

解： （1）$\omega_0' = \sqrt{\omega_0^2 - \delta^2}$

$$\delta = \frac{R_m}{2M_m} = \frac{2}{2 \times 0.06} = 16.7$$

$$f_0' = \frac{\omega_0'}{2\pi} = \frac{1}{2\pi}\sqrt{(2\pi f_0)^2 - 16.7^2}$$

$$= \frac{1}{2\pi}\sqrt{(2\pi \times 100)^2 - 16.7^2} \approx 100(\text{Hz})$$

（2）衰减振动振幅为 $\xi_a = \xi_0 e^{-\delta t}$，因此

$$\frac{\xi_{a2}}{\xi_{a1}} = \frac{\xi_0 e^{-\delta(t+T')}}{\xi_0 e^{-\delta t}} = e^{-\delta T'}$$

$$= e^{-\delta \cdot \frac{1}{f_0'}} = e^{-16.7 \times \frac{1}{100}} \approx 0.85$$

1.4 质点的受迫振动

物体振动时总是要受到阻力的作用，为了使振动持续下去，就要不断从外部获得能量。一般来说，给物体补充能量的最常见方式，是给物体施以一个持续的外力。这种受到外力持续作用而产生的振动，称为受迫振动。例如，扬声器振膜不断振动发出声音，就属于受迫振动，其振动系统不断受到来自音圈的安培力的作用，使振膜振动能持续下去。传声器振膜的振动也

属于受迫振动，振膜的策动力是声波的作用力。

1.4.1 受迫振动方程和规律

设一外力作用在单振子系统的质点上，如图 1-6 所示。并假设外力按正弦规律变化，表示为

$$f = F_a \cos \omega t \tag{1.24}$$

其中，F_a 为作用力振幅，ω 为外力角频率。为了便于分析计算，设外力初相位为零。

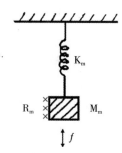

图 1-6 受外力作用的单振子

此时，系统除了受到弹性力、阻力作用外，还受到外力作用，因此，根据牛顿第二定律，得到受迫振动方程为

$$-R_m v - K_m \xi + F_a \cos \omega t = M_m \frac{\mathrm{d}^2 \xi}{\mathrm{d}t^2}$$

即

$$M_m \frac{\mathrm{d}^2 \xi}{\mathrm{d}t^2} + R_m \frac{\mathrm{d}\xi}{\mathrm{d}t} + K_m \xi = F_a \cos \omega t \tag{1.25}$$

通过求解上述振动方程（见附录 8），得出受迫振动的位移变化规律为

$$\xi = \xi_0 e^{-\delta t} \cos\left(\omega_0' t - \varphi_0\right) + \xi_a \cos\left(\omega t - \theta\right) \tag{1.26}$$

其中，δ、ω_0' 由式（1.20）、式（1.22）决定，且

$$\xi_a = \frac{F_a}{\omega |Z_m|} \tag{1.27}$$

$$\theta = \theta_0 + \frac{\pi}{2} \tag{1.28}$$

其中

$$\begin{aligned}
Z_m &= R_m + j\omega M_m + \frac{1}{j\omega C_m} \\
&= R_m + j\left(\omega M_m - \frac{1}{\omega C_m}\right) \\
&= R_m + jX_m
\end{aligned} \tag{1.29}$$

$$|Z_m| = \sqrt{R_m^2 + \left(\omega M_m - \frac{1}{\omega C_m}\right)^2} \tag{1.30}$$

$$\theta_0 = \arg \tan \frac{X_m}{R_m} \qquad (1.31)$$

Z_m 称为振动系统的力阻抗，与外力频率 ω 有关，类似于电路的阻抗，是一个复数，实部代表系统阻力，虚部代表储能元件。这个力阻抗和电路中电阻、电感、电容串联电路的电阻抗在形式上完全相同，具有类比关系。$|Z_m|$、θ_0 为力阻抗 Z_m 的模值和辐角。关于复数的基本概念和运算可参看附录3。因此，当外力的大小和工作频率确定后，系统的位移变化规律就确定了。ξ_0 和 φ_0 可由初始状态确定。

可见，位移函数是由两项组成。第一项与衰减振动位移完全相同，振幅按指数规律衰减，持续时间很短，因此称为瞬态响应；第二项的振动频率与外力相同，振幅也与外力振幅有关，只要外力持续作用，将一直存在，因此称为稳态响应。在实际应用中，往往更加关注稳态响应，因为稳态响应是跟随外力变化的，才是最终想要得到的响应。另外，当外力刚刚加到系统上时，瞬态响应没有消失，质点振动状态是由上述两种振动叠加而成的；在一定时间后，瞬态响应消失，系统才达到稳态。图1-7所示为受迫振动位移随时间变化规律，图中纵坐标为以稳态振幅为参考的归一化位移。

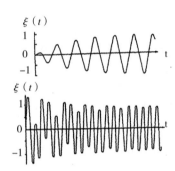

图1-7 受迫振动位移随时间变化规律

例1.3 有一质量为0.4kg的重物悬挂在弹性系数为150N/m的弹簧上，系统中力阻为5kg/s，如果施加外力为6cos10t牛顿，试问：（1）这个系统力阻抗的模为多少？（2）稳态时系统的位移振幅与速度振幅为多少？

解： 已知 $M_m=0.4kg$，$K_m=150N/m$，$R_m=5kg/s$，$\omega=10$

（1）

$$
\begin{aligned}
|Z_m| &= \sqrt{R_m^2 + \left(\omega M_m - \frac{1}{\omega C_m}\right)^2} \\
&= \sqrt{5^2 + \left(10 \times 0.4 - \frac{150}{10}\right)^2} \\
&= 12.1(\Omega_m)
\end{aligned}
$$

（2）已知 $F_a=6N$，所以

$$\xi_a = \frac{F_a}{\omega |Z_m|} = \frac{6}{10 \times 12.1} \approx 0.05 \ (m)$$

$$v_a = \omega \xi_a = 10 \times 0.05 = 0.5 \quad (\text{m/s})$$

1.4.2 稳态振动的能量

当振动系统达到稳态时，系统每秒钟克服阻力所做的功，即损耗功率 W_R，可用阻力 F_R 与速度的乘积来表示，即

$$W_R = F_R \cdot v_s \qquad (1.32)$$

其中 v_s 为稳态振动的振速。由式（1.26）可知，稳态振动的位移为

$$\xi_s = \xi_a \cos(\omega t - \theta) \qquad (1.33)$$

利用式（1.4）得

$$\begin{aligned}
v_s &= \omega \xi_a \cos\left(\omega t - \theta + \frac{\pi}{2}\right) \\
&= v_a \cos\left(\omega t - \theta + \frac{\pi}{2}\right)
\end{aligned} \qquad (1.34)$$

将式（1.17）和式（1.34）代入式（1.32）得

$$\begin{aligned}
W_R &= R_m v_s \cdot v_s = R_m v_s^2 \\
&= R_m v_a^2 \cos^2\left(\omega t - \theta + \frac{\pi}{2}\right)
\end{aligned}$$

上式为某一时刻 t 的损耗功率，也称为瞬时（损耗）功率。对一个周期取平均值后，得到平均损耗功率为

$$\begin{aligned}
\overline{W}_R &= \frac{1}{T} \int_0^T W_R \, \mathrm{d}t \\
&= \frac{1}{T} \int_0^T R_m v_a^2 \cos^2\left(\omega t - \theta + \frac{\pi}{2}\right) \mathrm{d}t \\
&= \frac{1}{2} R_m v_a^2
\end{aligned} \qquad (1.35)$$

关于积分的概念和意义可参看附录 2。上述运算过程如果读者没有数理基础可以忽略，有数理基础的读者可以自己验算结果。下文中有关微积分的运算也只给出最后的结果。

由式（1.35）可知，系统损耗功率可通过力阻和振速振幅计算。这个公式和电学里电阻损耗功率的计算公式 $W = I^2 R = \frac{1}{2} I_a^2 R$ 在形式上完全相同，具有类比关系。也就是说，如果将力阻与电阻类比，振速与电流类比，则功率的计算公式完全相同。

下面分析受迫振动稳态阶段外力所做的功。外力每秒向系统提供的能量即功率为

$$W_F = f v_s = F_a \cos \omega t \cdot v_a \cos\left(\omega t - \theta + \frac{\pi}{2}\right) \qquad (1.36)$$

对一个周期 T 取平均后，得到外力的平均功率为

录音声学

$$\begin{aligned}
\overline{W}_F &= \frac{1}{T}\int_0^T W_F \, \mathrm{d}t \\
&= \frac{1}{T}\int_0^T F_a v_a \cos\omega t \cos\left(\omega t - \theta + \frac{\pi}{2}\right)\mathrm{d}t \\
&= \frac{1}{2}F_a v_a \sin\theta
\end{aligned} \tag{1.37}$$

由式（1.27）得

$$F_a = \xi_a \omega |Z_m| = v_a |Z_m| \tag{1.38}$$

又由式（1.28）至式（1.31）可知

$$\begin{aligned}
Z_m &= R_m + jX_m \\
&= |Z_m| \angle \theta_0 \\
&= |Z_m|\cos\theta_0 + j|Z_m|\sin\theta_0
\end{aligned} \tag{1.39}$$

$$R_m = |Z_m|\cos\theta_0 = |Z_m|\sin\theta \tag{1.40}$$

将式（1.38）代入式（1.37），再利用式（1.40）后得

$$\overline{W}_F = \frac{1}{2}v_a|Z_m| \cdot v_a \sin\theta = \frac{1}{2}R_m v_a^2 \tag{1.41}$$

上式与式（1.35）对比后可知，在受迫振动的稳态阶段，外力提供的功率与系统克服阻力损耗的功率相等。正因为如此，系统的振动才得以维持。

1.4.3 稳态振动的频率特性

频率特性是声频设备的一项重要技术指标。通过对稳态振动频率特性的学习，可以初步建立频率特性的概念。

1.4.3.1 信号、系统和频率特性

频率特性的概念源于通信与信息工程中关于信号与系统的理论。频率特性是指系统在幅度恒定但频率变化的输入信号作用下，输出信号幅度随频率变化的特性。严格地说，这个频率特性应该称为幅度频率特性，简称幅频特性，以区别相位频率特性或相频特性。这里所提到的幅度恒定频率变化的输入信号其实就是某一频率的正弦波或正弦信号（见附录4）。

在通信工程中，信号通常指电信号，一般指随时间变化的电压或电流。信号还可以以其他物理量的形式存在，如声波的声压、光强度、机械运动的位移或速度等。在实际应用中，这些信号往往需要转换为电信号，以便进行传输和加工处理，在接收端再把信号还原成原始信号。描述信号的基本方法是写出它的数学表达式，此表达式是时间的函数，例如式（1.9）。描绘出函数的图像称为信号的波形，例如图1-2就是式（1.9）所代表信号的波形。

在电子学领域，系统通常是指对信号进行传输和处理的电路或设备。它可以非常复杂庞大，例如通信系统、控制系统、计算机系统，甚至是一个由这几种系统共同组成的复杂整体；也可以非常简单，例如一个完成某种功能的电路，如放大器、滤波器等；也可以是一个电声器件，如传声器、扬声器等。任何一个系统至少包含一个输入信号和一个输出信号，输入信号通常称为激励信号，输出信号称为响应信号。一个系统可以用图1-8所示的方框图表示。

· 12 ·

图1-8　信号与系统示意图

1.4.3.2　稳态振动的频率特性

下面以单振子系统为例，分析受迫振动稳态阶段的频率特性。

1. 位移频率特性

设单振子系统的输入信号为作用力 f，输出信号为质点振动位移，则由式（1.27）可知

$$\xi_a = \frac{F_a}{\omega|Z_m|} = \frac{F_a}{\omega\sqrt{R_m^2 + \left(\omega M_m - \dfrac{1}{\omega C_m}\right)^2}} \tag{1.42}$$

当 F_a 以及系统参数不变时，上式是频率的函数，即单振子系统以位移为输出时的频率特性。

引入一个新的参数 $Q_m = \dfrac{\omega_0 M_m}{R_m}$，称为力学品质因数，并设 $\xi_{a0} = F_a C_m$（$\omega = 0$ 时的位移振幅），

$z = \dfrac{\omega}{\omega_0} = \dfrac{f}{f_0}$，称为归一化频率，则式（1.42）变形为

$$A = \frac{\xi_a}{\xi_{a0}} = \frac{Q_m}{\sqrt{z^2 + \left(z^2 - 1\right)^2 Q_m^2}} \tag{1.43}$$

以 A 为纵坐标，z 为横坐标，Q_m 为参数，作出位移频率特性曲线如图1-9所示，其中 A 代表输出大小，z 代表频率。由图可知，当 z<<1 时，A 值接近于1，输出几乎不随频率变化；当 $Q_m > \dfrac{1}{\sqrt{2}}$ 时，在 z=1 附近，曲线出现峰值，这种在某个频率输出出现极大值的现象称为共振或谐振，输出极大值时所对应的频率，称为共振频率；当 z >1 时，A 开始随频率的升高而下降，当频率很高时，输出接近于零。

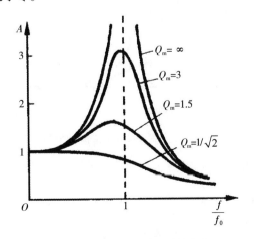

图1-9　单振子位移频率特性曲线

通过对式（1.43）进行计算后，得出位移共振频率和位移共振峰值为

$$f_{\xi r} = f_0 \sqrt{1 - \frac{1}{2Q_m^2}} \quad （当 Q_m > \frac{1}{\sqrt{2}} 时） \tag{1.44}$$

$$A_r = \frac{\xi_{ar}}{\xi_{a0}} = \frac{2Q_m^2}{\sqrt{4Q_m^2 - 1}} \tag{1.45}$$

2. 振速频率特性

如果以振速为输出变量，则可得到稳态振动的振速频率特性。稳态阶段振速可由位移计算得出，即

$$v_a = \omega \xi_a = \omega \cdot \frac{F_a}{\omega |Z_m|} = \frac{F_a}{|Z_m|} = \frac{F_a}{\sqrt{R_m^2 + \left(\omega M_m - \frac{1}{\omega C_m} \right)^2}} \tag{1.46}$$

上式即为稳态振速频率特性。设参考振速 $v_{a0} = \frac{F_a}{\omega_0 M_m}$，归一化频率 $z = \frac{\omega}{\omega_0} = \frac{f}{f_0}$，代入式（1.46）得

$$B = \frac{v_a}{v_{a0}} = \frac{v_a \omega_0 M_m}{F_a} = \frac{Q_m z}{\sqrt{z^2 + \left(z^2 - 1 \right)^2 Q_m^2}} \tag{1.47}$$

同样，以 B 为纵坐标，z 为横坐标，Q_m 为参数，作出振速频率特性曲线如图 1-10 所示，其中 B 代表输出大小，z 代表频率。由图可知，当 $z \ll 1$ 和 $z \gg 1$ 时，B 值接近于零，输出很小；当 $z=1$ 时，曲线出现峰值，产生速度共振。

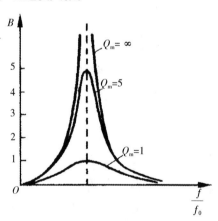

图 1-10 单振子振速频率特性曲线

由式（1.47）计算得出振速共振频率和共振峰值为

$$f_{vr} = f_0 \tag{1.48}$$

$$B_r = \frac{v_{ar}}{v_{a0}} = Q_m \tag{1.49}$$

例 1.4 有一质量为 0.4kg 的重物悬挂在弹性系数为 150N/m 的弹簧上，系统中引入 5kg/s 的力阻，试问：（1）当外力频率为多少时，该系统的质点位移发生共振？（2）速度共振频率为多少？

解： 已知 M_m=0.4kg，K_m=150N/m，R_m=5kg/s

（1）
$$f_0 = \frac{1}{2\pi}\sqrt{\frac{K_m}{M_m}} = \frac{1}{2\pi}\sqrt{\frac{150}{0.4}} = \frac{19.4}{2\pi} = 3.1 \text{（Hz）}$$

$$Q_m = \frac{\omega_0 M_m}{R_m} = \frac{2\pi f_0 M_m}{R_m} = \frac{19.4 \times 0.4}{5} = 1.6$$

$$f_{\xi r} = f_0\sqrt{1 - \frac{1}{2Q_m^2}} = 3.1 \times \sqrt{1 - \frac{1}{2 \times 1.6^2}} = 2.8 \text{（Hz）}$$

（2）
$$f_{vr} = f_0 = 3.1 \text{ Hz}$$

三、频率特性的意义

幅度频率特性曲线平直，是理论上系统无失真地传输信号必须满足的条件之一。

所谓无失真传输是指系统的响应信号与激励信号相比，只是大小与出现的时间不同，而无波形上的变化。设激励信号为 $e(t)$，响应信号为 $r(t)$，无失真传输的条件是

$$r(t) = Ke(t-\tau) \tag{1.50}$$

其中，K 为常数，τ 为滞后时间或延时。满足此条件时，$r(t)$ 波形是 $e(t)$ 波形经 τ 时间的滞后，虽然幅度方面有 K 倍的变化，但波形不变。系统不失真传输信号示意图如图 1-11。

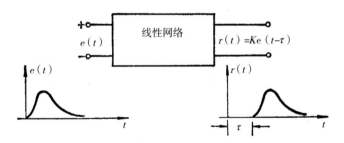

图 1-11　系统不失真传输信号示意图

在通信工程中，系统分为线性系统和非线性系统。线性系统引起的信号失真由两方面因素造成，一是由系统对信号中各频率分量幅度产生不同程度的衰减，使响应各频率分量的相对幅度产生变化引起的，这正是由幅度频率特性不均匀造成的；二是由系统对各频率分量产生的相位偏移不与频率成正比引起的，即由相位频率特性不符合无失真传输条件造成的。线性系统由这两方面原因造成的失真都不产生新的频率分量，因此这类失真称为线性失真。而非线性系统必然存在失真，而且所引起的失真会产生新的频率分量，称为非线性失真。这些新的频率和输入频率成整数倍关系，是谐波分量，因此也叫谐波失真。实际系统可能同时存在这两种失真。

习题 1

1. 有一质点振动系统，质量为 8×10^{-4}kg，已测得它的固有频率为 600Hz，试求它的力劲和力顺。

2. 有一直径为 0.3m 的锥形扬声器，低频时其锥盆、音圈、折环等组成的振动系统可看成质点振动系统。已知其总质量 M_m 等于 0.04kg，力劲 K_m 等于 4×10^3N/m。

（1）试求该扬声器的固有频率；

（2）现将扬声器的纸折环换成橡皮折环，并已知其弹性系数变为 10^3N/m，而橡皮折环部分的质量为 0.12kg。试问这时扬声器的固有频率将降低为多少？（注：当弹簧质量不能忽略时，可将三分之一的弹簧质量加入振动系统质量进行计算）

3. 有一质量为 0.4kg 的重物悬挂在质量为 0.3kg、弹性系数为 150N/m 的弹簧上，试问：

（1）这个系统的固有频率为多少？

（2）如果系统中引入 5kg/s 的力阻，则系统的固有频率变为多少？

（3）当外力频率为多少时，该系统的质点位移振幅为最大？

（4）相应的速度与加速度共振频率为多少？

4. 有一质量为 0.4kg 的重物悬挂在质量可以忽略、弹性系数为 160N/m 的弹簧上，设系统的力阻为 2 力欧，作用在重物上的外力为 5cos8t 牛顿。试问：

（1）这个系统的位移振幅、速度与加速度振幅以及平均损耗功率是多少？

（2）假定系统发生速度共振，试问这时外力频率应等于多少？如果外力振幅仍为 5N，这时系统的位移振幅、速度与加速度振幅以及平均损耗功率将是多少？

2 弹性体的振动

在第 1 章中，我们讨论了质点振动规律。然而，实际振动物体往往更为复杂，不能简单看成质点振动系统，或是在一定条件下才可看成质点振动系统。在实际应用中，许多振动物体具有一定尺寸，并且具有弹性。所谓弹性，是指物体受外力后产生形状或体积变化时，物体内部会产生反抗外力、企图恢复原来形状的力。因此，当物体的线度（尺寸）与其中振动传播波长相当时，振动物体的不同位置会呈现不同的振动状态，即物体的振动不能用一个质点的振动状态来描述，而应该用不同位置的许多质点的振动状态来描述。换句话说，物体的振动状态如位移、振速等不仅随时间变化，而且随位置变化，这类振动物体称为弹性体，其所做的振动属于弹性体的振动。

2.1 弦的自由振动

在讨论弦振动时，弦通常是指两端固定且用一定张力拉紧的细金属丝或其他丝状物体。理想的振动弦具有一定质量和一定长度，其性质柔顺，并以张力作为弹性恢复力进行振动。弦也具有一定的劲度，只是劲度所产生的弹性恢复力比张力小得多，因此，可以认为其弹性恢复力主要由张力产生。此外，由于弦很细，其截面积可以忽略不计而看成一个点，因此，弦是一维弹性体，即位置坐标是一维的。

弹性体的振动一般分为两种方式，一种是振动方向与振动的传播方向一致，称为纵振动，另一种是振动方向与振动的传播方向垂直，称为横振动。在实际应用中，往往横振动具有更重要的意义。例如，对于弦乐器而言，应尽可能使其产生横振动，而要避免其产生纵振动。下面主要讨论弦的横振动规律。

2.1.1 弦振动方程

设有一长为 l、两端固定并张紧的弦。以一端为原点，沿弦的长度方向建立位置坐标 x，如图 2-1 所示，纵轴表示弦振动的位移 ξ。在弦上的 x 位置处取一微段 δx，设 x 处的位移为 $\xi(t,x)$，表示弦的振动位移是时间 t 和位置 x 的函数，即位移随时间和位置变化。在后续章节中，$\xi(t,x)$ 将简用 ξ 表示。这个微段可看成一个点，其质量为 $\rho\delta x$，其中 ρ 为弦的线密度。为了便于分析，将微段放大后得到图 2-2。通过受力分析后，根据牛顿第二定律，得到弦振动方程为

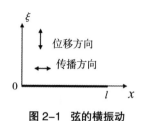

图 2-1 弦的横振动

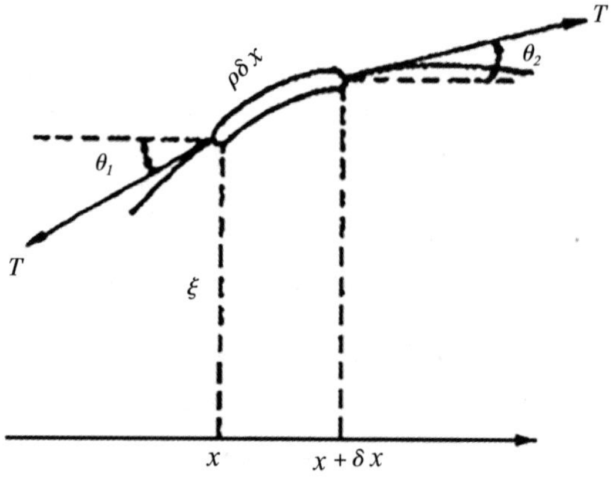

图 2-2 弦的横振动

$$\frac{\partial^2 \xi}{\partial x^2} = \frac{1}{c^2}\frac{\partial^2 \xi}{\partial t^2} \tag{2.1}$$

其中，$c = \sqrt{\dfrac{T}{\rho}}$ ，为弦振动传播速度。T 为弦的张力（N），ρ 为弦的线密度（kg/m）。

式（2.1）是一种偏微分方程，算符 $\dfrac{\partial^2}{\partial x^2}$、$\dfrac{\partial^2}{\partial t^2}$ 表示二阶偏微分。关于偏微分的定义可查看附录 1。弦振动方程的推导可参看附录 9。

2.1.2 弦自由振动规律、简正频率

通过求解上述振动方程，并加入边界条件，即两端位移为零，可得振动位移的解，从而得到弦自由振动规律。下面简单说明求解过程。

由高等数学的数理方程可知，式（2.1）所示的偏微分方程解的一般表示式为

$$\xi = \left(\dot{A}\sin kx + \dot{B}\cos kx\right)e^{j\omega t} \tag{2.2}$$

其中，$k = \dfrac{\omega}{c}$ ，是一个和频率有关的参数。复数 $e^{j\omega t} = \cos\omega t + j\sin\omega t$ ，其实部为余弦函数，因此，可以将 $e^{j\omega t}$ 理解为余弦函数 $\cos\omega t$ 的另一种表示法，称为相量表示法。用复数或相量表示正弦波是为了便于运算。关于复数的基本概念和运算，可参看附录 3。式（2.2）的推导见附录 10。

将边界条件 $\xi|_{x=0} = 0$ 和 $\xi|_{x=l} = 0$ 代入式（2.2）得，$\dot{B} = 0$，$\sin kl = 0$，因此

$$kl = n\pi \tag{2.3}$$

$$k = k_n = \frac{n\pi}{l} \tag{2.4}$$

$$\omega = \omega_n = k_n c = \frac{n\pi c}{l} \quad (n=1,2,3,\cdots) \tag{2.5}$$

将上述结果代入式（2.2）得

$$\xi_n = \dot{A}_n \sin k_n x e^{j\omega_n t} \qquad (n=1,2,3,\cdots)$$

可见，满足方程的解并不是唯一的，而是无限多个。设待定系数 $\dot{A}_n = A_n e^{-j\varphi_n}$，代入上式得 $\xi_n = A_n e^{-j\varphi_n} \sin k_n x e^{j\omega_n t} = A_n \sin k_n x e^{j(\omega_n t - \varphi_n)}$，其实函数表达式为

$$\xi_n = A_n \sin \frac{n\pi}{l} x \cos(\omega_n t - \varphi_n) \tag{2.6}$$

将所有的解加起来，就是微分方程的完全解，即

$$\begin{aligned} \xi &= \sum_{n=1}^{\infty} A_n \sin \frac{n\pi}{l} x \cos(\omega_n t - \varphi_n) \\ &= \sum_{n=1}^{\infty} \xi_{an} \cos(\omega_n t - \varphi_n) \end{aligned} \tag{2.7}$$

其中，$\xi_{an} = A_n \sin\left(\frac{n\pi}{l} x\right)$，为位移振幅，随位置坐标 x 变化。

由此可知，弦的自由振动是由无数多个不同频率的振动叠加而成，其振动频率 ω_n 与常数 c 和弦长 l 有关。

一般来说，弹性体自由振动的频率有无数多个，并且是离散的，称为简正频率。一般 $n=1$ 时对应的 f_1 为最低简正频率，称为基本振动频率，简称基频；f_n（$n=2,3,\cdots$）称为泛频，依次称为第一泛频、第二泛频等。

由式（2.5）得，弦振动的简正频率为

$$f_n = \frac{\omega_n}{2\pi} = \frac{nc}{2l} \qquad (n=1,2,3,\cdots) \tag{2.8}$$

其中，$f_1 = \dfrac{c}{2l}$，为弦振动的基频。泛频 f_n（$n=2,3,\cdots$）与 f_1 成简单的整数倍关系，称为谐频。因此，也称 f_1 为一次谐波（频），其他依次称为二次谐波（频）、三次谐波（频）等。正因为听觉对谐波关系可产生明确的音高感（音高由基频决定），弦鸣乐器通常在乐队里作为旋律性乐器。

2.1.3 振动模式

由以上分析和式（2.7）可知，弦的自由振动是由许多不同频率振动叠加而成的。其中，第 n 次振动位移可用式（2.6）表示，称为第 n 次振动，其中 A_n 和 φ_n 为待定系数，由初始条件（或激振条件）决定。

第 n 次振动的位移振幅为

$$\xi_{an} = A_n \sin\left(\frac{n\pi}{l}x\right) \quad (n=1,2,3,\cdots) \tag{2.9}$$

上式称为位移振动模式，通常将各次振动的位移振幅随位置变化规律用曲线表示出来。图 2-3 所示为弦振动的最低三个振动模式。可见，对于每个振动模式，除了弦的两端以外，共有（$n-1$）个振幅为零的点，即（$n-1$）个波节；有 n 个振幅极大的点，即 n 个波腹。

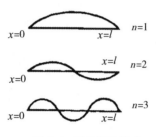

图 2-3　弦的振动模式

可以看出，对于弦的各次振动模式，波节和波腹在弦上的位置是固定的，这种振动方式称为驻波方式。在后续有关声波的章节中，我们还将介绍驻波。实际上，声波的驻波和这里提到的弦振动的驻波方式在本质上是相同的，唯一不同的是，一个是在空气中传播，另一个是在弦上传播。

2.1.4 激振条件对弦振动的影响

前面提到，式（2.7）中 A_n 和 φ_n 为待定系数，由初始条件决定。初始条件也称为激振方式。为了说明激振方式对所激发振动的影响，首先说明计算方法和所用的数学公式。将式（2.7）改写为

$$\begin{aligned}
\xi &= \sum_{n=1}^{\infty} A_n \sin\frac{n\pi}{l}x\cos\left(\omega_n t - \varphi_n\right) \\
&= \sum_{n=1}^{\infty} \sin\frac{n\pi}{l}x\left[A_n\cos\varphi_n\cos\omega_n t + A_n\sin\varphi_n\sin\omega_n t\right] \\
&= \sum_{n=1}^{\infty} \sin\frac{n\pi}{l}x\left(C_n\cos\omega_n t + D_n\sin\omega_n t\right)
\end{aligned} \tag{2.10}$$

其中

$$A_n = \sqrt{C_n^2 + D_n^2} \tag{2.11}$$

$$\tan\varphi_n = \frac{D_n}{C_n} \tag{2.12}$$

设弦振动的初始位移为 $\xi_0(x)$，初始速度为 $v_0(x)$，即初始条件表示为

$$\begin{cases} \xi\big|_{t=0} = \xi_0(x) \\ \left(\dfrac{\partial\xi}{\partial t}\right)_{t=0} = v_0(x) \end{cases} \tag{2.13}$$

将式（2.13）代入式（2.10），并利用高等数学中傅里叶系数计算公式，可得

$$\left. \begin{array}{l} C_n = \dfrac{2}{l}\int_0^l \xi_0(x)\sin\dfrac{n\pi}{l}x\,\mathrm{d}x \\[3mm] D_n = \dfrac{2}{l\omega_n}\int_0^l v_0(x)\sin\dfrac{n\pi}{l}x\,\mathrm{d}x \end{array} \right\} \qquad (2.14)$$

计算出 C_n 和 D_n 后，利用式（2.11）和式（2.12）即可计算出代表各次振动大小和相位的系数 A_n 和 ϕ_n。积分运算的基本含义可参看附录2。傅里叶级数可参看附录5。

下面举例说明。设弦在初始时刻，受外力作用使其中心点离开平衡位置产生位移 ξ_0，如图 2-4 所示，弦的初始振速为零。则初始条件表示为

$$\left. \begin{array}{l} \xi_0(x) = \begin{cases} 2\xi_0\,\dfrac{x}{l}, & 0 \le x \le \dfrac{l}{2} \\[3mm] 2\xi_0\,\dfrac{(l-x)}{l}, & \dfrac{l}{2} \le x \le l \end{cases} \\[6mm] v_0(x) = 0, \quad 0 \le x \le l \end{array} \right\} \qquad (2.15)$$

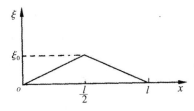

图 2-4　某弦的初始状态

将式（2.15）代入式（2.14）得（没有数理基础的读者，可忽略计算过程）

$$\begin{cases} C_n = \dfrac{8\xi_0}{n^2\pi^2}\sin\dfrac{n\pi}{2} \\[3mm] D_n = 0 \end{cases} \qquad (n=1,2,3,\ \cdots)\ (2.16)$$

可见，D_n 始终为零。由于当 n 为偶数时，$\sin\dfrac{n\pi}{2}=0$，即 C_n 为零，所以式（2.10）中 A_n 为零。

这说明在以上激振条件下，弦振动只被激发出奇次谐波，而不产生偶次谐波的振动方式。这是因为，当在弦的中心位置激发振动时，中心位置的振幅就不可能为零，因此，中心位置为波节的振动方式，例如图 2.3 所示的二次谐波，以及其他偶次谐波，就不能满足这个条件，因此这些振动方式就不可能被激发出来。可以设想，如果激振位置稍微偏离弦的中心点，就可以同时激发出大部分偶次谐波，从而激发出更多的简正频率及其振动模式。

以上例子说明，弦的激振条件，包括激振方式（拉弦、拨弦或击弦）和激振位置将影响弦振动的各次振动模式存在与否，以及各次振动模式的强弱关系。这可以解释为什么同一件乐器由不同人演奏时，音色会有一些不同。这是因为演奏技巧之间存在差异，导致演奏力度、激振位置等有所不同，所激发出来的声音频率成分和强弱关系存在差异，导致音色的差异。这个结论同样适用于其他弹性体的振动，如膜、棒、板的振动。因此，对于相应的乐器，不同位置

激发，会产生不同的音色，不同人演奏，也会产生不同的音色，道理是一样的。

2.1.5 音乐声学中的杨氏定律

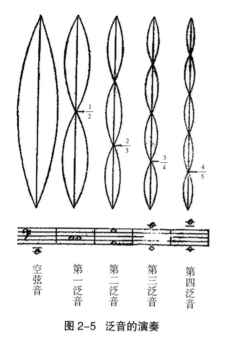

图 2-5 泛音的演奏

空弦音　第一泛音　第二泛音　第三泛音　第四泛音

英国物理学家托马斯·杨（T. Young）在研究用各种方法激发琴弦振动时发现：一条弦被激发振动时，波腹处在击弦点上的分音被加强，波节处在击弦点上的分音则被抑制或消除。

由此他得出这样的结论：弹性体在一定位置上激发使之振动，那么这个位置是弹性体振动的波腹而不是波节；如果在一定位置上止住弹性体的振动，那么这个位置是弹性体振动的波节而不是波腹。这就是音乐声学中的杨氏定律。

例如，敲击琴弦的中部时，弦的中部必为振动的波腹而不是波节，那么波腹在此处的第一振动模式、第三振动模式、第五振动模式等均被加强。而波节在此处的第二振动模式、第四振动模式、第六振动模式等则被抑制或消除。所以，在小提琴演奏泛音时，可以在激振后，分别按住弦长的二分之一处、三分之一处、四分之一处、五分之一处等，即可分别演奏第一泛音、第二泛音、第三泛音、第四泛音等，如图 2-5 所示。

2.2 棒的自由振动

棒是指坚硬的、截面积均匀的细棒。棒也是一维弹性体，但棒与柔顺的弦不同，其恢复力是由力劲产生的弹性力，张力与之相比可以忽略。

对于棒的振动，从实际应用的角度来说，可分为沿长度方向振动的纵振动和沿垂直于长度方向振动的横振动。当外力作用方向与棒的长度方向一致时，棒产生纵振动；当外力作用方向与棒的长度方向垂直时，棒产生横振动。中外乐器中存在许多棒振动的例子，例如，梆子、拍板、响板、三角铁等都属于棒振动性质（无固定音高乐器），木琴、铝片琴可看成两端自由（或置于支点）的棒，可演奏旋律。乐器中的棒振动以横振动为主。

2.2.1 棒的纵振动

图 2-6 所示为棒的纵振动示意图。当棒在长度方向受力时，将在长度方向产生压缩或伸长，从而产生恢复力。恢复力可表示为

$$F_x = SE\frac{\partial \xi}{\partial x} \qquad (2.17)$$

其中，E 为棒的杨氏模量（N/m^2），杨氏模量是对材料力劲的度量，较高的杨氏模量意味着需要更大的力使材料压缩变形。S 为棒的截面积。

利用与弦振动相同的分析步骤，即分析受力，然后应用牛顿第二定律，可推导出棒的纵振

动方程为

$$\frac{\partial^2 \xi}{\partial x^2} = \frac{1}{c^2} \frac{\partial^2 \xi}{\partial t^2} \qquad (2.18)$$

其中，$c = \sqrt{\dfrac{E}{\rho}}$，为棒振动传播速度，$\rho$ 为棒的密度（kg/m³）。可见，理想棒的纵振动方程与弦的振动方程的形式上完全一样，只是 c 的计算公式不同。

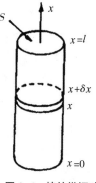

图 2-6　棒的纵振动

对于纵振动，棒两端的状态可分为固定和自由两种方式。固定端的边界条件是位移为零（$\xi = 0$），自由端的边界条件是弹性恢复力为零（$\dfrac{\partial \xi}{\partial x} = 0$）。下面分两种情况讨论不同边界条件时棒的纵振动规律。

2.2.1.1　两端自由的棒

通过解振动方程式（2.18），并代入边界条件 $\dfrac{\partial \xi}{\partial x}\Big|_{x=0,l} = 0$（求解过程可参看第 2.1.2 节），得到两端自由棒的纵振动位移为

$$\xi = \sum_{n=1}^{\infty} A_n \cos \frac{n\pi}{l} x \cos(\omega_n t - \varphi_n) \qquad (2.19)$$

简正频率为

$$f_n = \frac{\omega_n}{2\pi} = \frac{nc}{2l} \qquad (n=1、2、3、\cdots) \quad (2.20)$$

振动模式为

$$\xi_{an} = A_n \cos \frac{n\pi}{l} x \qquad (2.21)$$

其中，l 为棒长，$c = \sqrt{\dfrac{E}{\rho}}$。

2.2.1.2　一端固定一端自由的棒

设 $x=0$ 端固定，$x=l$ 端自由，通过解方程式（2.18），并代入边界条件 $\xi|_{x=0} = 0$ 和 $\dfrac{\partial \xi}{\partial x}\Big|_{x=l} = 0$，得到一端固定一端自由的棒的位移为

$$\xi = \sum_{n=1}^{\infty} A_n \sin \frac{(2n-1)\pi}{2l} x \cos(\omega_n t - \varphi_n) \qquad (2.22)$$

简正频率为

$$f_n = \frac{\omega_n}{2\pi} = (2n-1)\frac{c}{4l} \qquad (n=1、2、3、\cdots) \qquad (2.23)$$

振动模式为

$$\xi_{an} = A_n \sin \frac{(2n-1)\pi}{2l} x \qquad (2.24)$$

其中，l 为棒长，$c = \sqrt{\dfrac{E}{\rho}}$。

将式（2.23）与式（2.20）进行比较后可知，同样长度的两个棒，当边界条件不同时，将产生不同的简正频率。一端固定一端自由棒的基频是两端自由棒或两端固定棒（两端固定棒的简正频率与两端自由棒相同）的基频的一半，而且只存在奇次谐波频率。由此可知，如果我们取同一长度的棒而加以不同的边界条件，然后予以相同的敲击，则这两种棒激发的基频与泛频都不相同，使人感到它们发出声音的音调和音色也不一样。

2.2.2 棒的横振动

当棒在垂直于长度方向受力时，棒就会发生弯曲变形，由此产生恢复力，引发棒的横振动。很多乐器的振动体属于棒的横振动。从弹性力学专著可知，棒的横振动方程为

$$\frac{\partial^4 \xi}{\partial x^4} = -\frac{1}{c^2 K^2} \frac{\partial^2 \xi}{\partial t^2} \qquad (2.25)$$

其中，$c = \sqrt{\dfrac{E}{\rho}}$，$E$ 为棒的杨氏模量（N/m^2），ρ 为棒的密度（kg/m^3），K 称为截面回转半径，是决定棒弯曲振动的弹性恢复力大小的一个系数，与棒的截面形状有关。例如，厚度为 h 横截面为矩形的棒，$K = \dfrac{h}{2\sqrt{3}}$；半径为 a 截面为圆形的棒，$K = \dfrac{a}{2}$。算符 $\dfrac{\partial^4}{\partial x^4}$ 为四阶偏微分。

对于横振动，棒两端的状态可分为固定、刚性支撑和自由三种方式，如图 2-7 所示。固定端的边界条件是位移为零（$\xi = 0$）、位移曲线斜率为零（$\dfrac{\partial \xi}{\partial x} = 0$）；刚性支撑端的边界条件是位移为零（$\xi = 0$）、弯矩为零（不存在纵向力，即 $\dfrac{\partial^2 \xi}{\partial x^2} = 0$）；自由端的边界条件是弯矩和切力矩为零，即 $\dfrac{\partial^2 \xi}{\partial x^2} = 0$、$\dfrac{\partial^3 \xi}{\partial x^3} = 0$。下面分别讨论不同边界条件下棒的横振动规律。

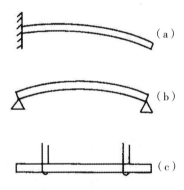

（a）固定端；（b）刚性支撑；（c）自由端

图 2-7　棒的横振动两端状态

2.2.2.1 一端固定一端自由的棒

求解振动方程式（2.25）并代入边界条件后，可得一端固定一端自由棒的各次振动模式，并且简正频率为

$$f_n = \frac{\omega_n}{2\pi} = \frac{cK}{2\pi l^2}\mu_n^2 \qquad (2.26)$$

其中，$c = \sqrt{\dfrac{E}{\rho}}$，$l$ 为棒的长度，μ_n 为 μ 的一系列值，其中最低 4 个 μ 值以及对应的简正频率与基频的比值如表 2-1 所示。当 $n>3$ 时，$\mu_n \approx (2n-1)\pi/2$。

表 2-1　低次 μ_n 值及其对应的简正频率与基频之比

n	μ_n	f_n/f_1
1	1.875	1
2	4.695	6.267
3	7.855	17.55
4	10.996	34.39

从表 2-1 可知，各泛频已不再是基频的整数倍。对这样的声音，听觉通常不会产生明确的音高感。同时，各次泛音频率快速增大，因此敲击此棒，它发出的声音将包含比基频高很多的泛音，声音听起来尖利刺耳不协和。但是，由于空气存在吸声作用，而且频率越高吸声越强，因此高频成分会很快消失，最后听到的是几乎只剩下基频的纯音。常用作频率校准的音叉就可以看成两根一端固定一端自由的棒，我们听到它的声音几乎是纯音。

一端固定一端自由棒的最低四个振动模式如图 2-8 所示。

简正频率也可以用通式表示为

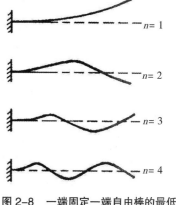

图 2-8　一端固定一端自由棒的最低四个振动模式

$$f_2 = 0.70144(2.988)^2 f_1 \qquad (2.27)$$

$$f_n = 0.70144(2n\text{-}1)^2 f_1 \qquad (2.28)$$

其中，n 为从 3 开始的模式次数（3、4、5、…），f_1 为第一次模式频率。

2.2.2.2 两端支撑的棒

求解振动方程式（2.25）并代入边界条件后，可得两端支撑棒的各次振动模式，并且简正频率为

$$f_n = n^2 \frac{cK\pi}{2l^2} \qquad (2.29)$$

基频为 $f_1 = \dfrac{cK\pi}{2l^2}$，第一泛频为 $f_2 = 4f_1 = \dfrac{2cK\pi}{l^2}$，第二泛频为 $f_3 = 9f_1 = \dfrac{9cK\pi}{2l^2}$，以此类推。

可见，在两端支撑的条件下，泛频是基频的整数倍，并且泛频与基频的比遵循 n^2 的关系。因此，泛频也是基频的谐频，只是在两个相邻的谐频之间缺少其他谐波成分。这类棒振动可以获得一定的音高感。

2.2.2.3 两端自由的棒

对于自由放置在两个支点上的棒（如钟琴、木琴），可看成两端自由的棒，求解振动方程式（2.25）并代入边界条件后，可得各次振动模式，并且简正频率为

$$f_n = 0.11030(2n+1)^2 f_1 \qquad (2.30)$$

其中，n 为从 2 开始的模式次数（2、3、4、…），f_1 为第一次模式频率。

由以上三种棒的横振动可知，棒的横振动模式频率与棒长的平方成反比，这点与弦振动不同，弦振动的模式频率与弦长成反比。因此，棒长减小一半会使横振动模式频率提高 4 倍或两个倍频程。表 2-2 列出了置于支点的棒（式 2.30）和一端固定的棒（式 2.27 和式 2.28）的前五个模式与第一次模式的频率比。可见，没有一个高次模式与基频的音程为半音的整数倍，都不能很好地构成音乐的音阶。各次模式频率间隔比谐波频率间隔大得多。各次模式的相对强度部分地与棒的击打位置有关。

表 2-2　两端自由的棒和一端固定的棒前五个模式与第一次模式的频率比

棒的横振动模式	两端自由的棒频率比	一端固定的棒频率比
1	1.000	1.000
2	2.758	6.267
3	5.405	17.536
4	8.934	34.371
5	13.346	56.817

实际测得的棒振动乐器的振动模式频率会与表 2-2 所示的理论值存在一些差异，这种现象是由棒上的安装孔以及为了调音将棒底部中央磨去一部分引起的。例如，为了使声音具有明确的音调感，在一些棒振动乐器如木琴的制作中，通常将音棒的底部做成弧形，使振动模式的频率接近于基频的谐波频率。

2.3 膜的自由振动

膜是指当它受外力作用后，其恢复平衡位置的力主要是张力，材料自身的劲度与张力相比可以忽略，因此膜可以看成弦推广到二维空间。膜与弦类似，一定要把它张紧才能引起振动。在实际应用中，鼓上蒙的鼓皮和电容传声器上绷紧的振膜等都可以看成膜的振动。

在理论分析中，假设膜受到一个均匀张力 T 的作用。膜的张力是指单位长度所受张力，单位

是 N/m。图 2-9 所示为位置坐标 (x, y) 处一个矩形面元 $\delta x\delta y$ 的受力情况。利用类似于弦振动的分析方法（见附录 9），或者简单地理解为，将弦振动推广到二维空间，可得膜振动方程为

$$\frac{\partial^2 \xi}{\partial x^2} + \frac{\partial^2 \xi}{\partial y^2} = \frac{1}{c^2}\frac{\partial^2 \xi}{\partial t^2} \tag{2.31}$$

其中，$c = \sqrt{\dfrac{T}{\rho}}$，$T$ 为膜的张力，ρ 为膜的面密度。

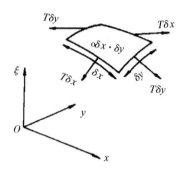

图 2-9 位置坐标（x, y）处一个矩形面元 δxδy 受力情况

2.3.1 边缘固定的圆膜

边缘固定的圆膜是实际应用最多的膜振动形式。这种形式膜的边界条件是 $\xi|_{r=a} = 0$，其中 r 为径向距离，a 为圆膜半径。解振动方程式（2.31）并代入边界条件后，可得其各次振动模式，并且简正频率为

$$f_{mn} = \frac{c}{2a}\beta_{mn} \quad (m = 0,1,2\cdots; \quad n = 1,2,3\cdots) \tag{2.32}$$

其中，a 为膜的半径，$c = \sqrt{\dfrac{T}{\rho}}$，$\beta_{mn}$ 的最小几个值为

$$\left.\begin{array}{l}\beta_{01} = 0.7655,\ \beta_{02} = 1.7571,\ \beta_{03} = 2.7546 \\ \beta_{11} = 1.2197,\ \beta_{12} = 2.2330,\ \beta_{13} = 3.2383 \\ \beta_{21} = 1.6347,\ \beta_{22} = 2.6793,\ \beta_{23} = 3.6987\end{array}\right\}$$

当 n 值较大时，$\beta_{mn} \approx n + \dfrac{m}{2} - \dfrac{1}{4}$。下标 mn 可理解为各次振动模式的阶次，例如，第 mn 次振动模式或第 mn 次振动频率，类似于弦振动中第 n 次振动模式或第 n 次振动频率。

圆膜最低模式频率即基频为

$$f_{01} = \frac{c}{2a}\beta_{01} = \frac{0.766}{2a}\sqrt{\frac{T}{\rho}} \tag{2.33}$$

可见，圆膜振动的泛频与基频之间不成整数倍的谐波关系，因此，圆膜振动不会产生明确的音高感。例如，鼓类乐器就属于节奏性乐器。图 2-10 所示为圆膜的最低几个振动模式。图中圆形和直线形轨迹表示振幅为零的位置，称为节圆和节径，它们是振动相位相反的区域的分

界线，即阴影区和白色区分别表示振动相位相反的两个区域。

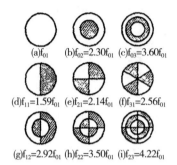

(a)f_{01} (b)$f_{02}=2.30f_{01}$ (c)$f_{03}=3.60f_{01}$

(d)$f_{11}=1.59f_{01}$ (e)$f_{21}=2.14f_{01}$ (f)$f_{31}=2.56f_{01}$

(g)$f_{12}=2.92f_{01}$ (h)$f_{22}=3.50f_{01}$ (i)$f_{23}=4.22f_{01}$

图 2-10　圆膜的最低几个振动模式

例 2.1 某硬铝膜直径 2cm，厚 0.025mm，密度为 2 800kg/m³，以 1 000N/m 的张力绷紧，试求其基本振动频率。

解：　　　　面密度 $\rho = 2800 \times 0.025 \times 10^{-3} = 7 \times 10^{-2}$（kg/m²）

$$f_{01} = \frac{c}{2a}\beta_{01} = \frac{0.766}{2a}\sqrt{\frac{T}{\rho}}$$

$$f_{01} = \frac{0.766}{2 \times 10^{-2}}\sqrt{\frac{1000}{7 \times 10^{-2}}} \approx 4578 \text{（Hz）}$$

2.3.2　定音鼓的声学特性

鼓是膜振动最典型的实际应用之一。鼓主要由鼓膜构成，鼓膜一般由合成材料或皮革制成，并张紧在一个圆形的支架上。在早期音乐中使用的小型手鼓一般由一个圆柱形环组成，鼓膜张紧在其中一端，另一端则呈开放状态。铃鼓具有类似的结构，但是在圆柱形环上成对安装有类似于钹的金属圆片或铃铛。套鼓主要由大鼓、响弦鼓（小军鼓）和两个或两个以上不同尺寸的长鼓组成，这些鼓都有两个鼓头，分别安装在圆柱形鼓体的两端。鼓属于无调打击乐器，通常用来为各种调性的音乐提供节奏。

管弦乐队中使用两至五个壶形鼓，由一个演奏者进行演奏，这样的一组壶形鼓称为定音鼓。定音鼓具有一定音高感。

定音鼓的振动模式与图 2-10 所示的理想膜相同，但是，由于膜后空腔的作用以及所采用的击打位置不同，其振动模式频率与背后无空腔的理想膜有很大不同，如表 2-3 所示。对于定音鼓而言，（0，1）模式是个例外，其整个膜片整体地向里或向外移动，使碗状空腔内的空气压缩或膨胀，在实际应用中，往往在腔体上开有一个小孔，使空气对应模式的运动状态流出或进入小孔，从而消耗一部分能量，对该模式的振动起到一定的抑制作用。这个小孔对其他振动模式的影响不大，因为其他振动模式都存在相位相反的振动状态区域，形成互补。定音鼓的击打位置应位于从鼓膜中心到鼓膜边缘的 1/2 到 3/4 距离处，这个位置与具有两个或三个节圆的振动模式，如图 2-10 所示的（0，2）、（1，2）、（2，2）和（0，3）模式的节圆位置较为接近。由于击打会在这些模式的位移波节位置产生较大的振动位移，因此，根据杨氏定律（见第 2.1.5节），这些振动模式很难被显著地激发出来。

表 2-3　不带共鸣腔的圆膜和带共鸣腔的圆膜的前十个模式与理想圆膜第一次模式的频率比（星号表示在定音鼓通常击打位置击打时不被明显激发的模式）

模式	理想圆膜频率比	定音鼓圆膜频率比
(0,1)	1.000	1.70★
(1,1)	1.59	2.00
(2,1)	2.14	3.00
(0,2)	2.30	3.36★
(3,1)	2.65	4.00
(1,2)	2.92	4.18★
(4,1)	3.16	4.98
(2,2)	3.50	5.34★
(0,3)	3.60	5.59★
(5,1)	3.65	5.96

定音鼓制作者最终要达到的目的是使激起的各次振动模式频率接近于同一系列的某几个谐波频率。由表 2-3 可知，除了那些对定音鼓的声音贡献不大的模式如（0，1）、（0，2）、（1，2）、（2，2）和（0，3），剩余的各次模式频率非常接近于二次、三次、四次、五次和六次谐波频率，使得定音鼓能够成为管弦乐队的乐器之一，只是其声音缺失基频，但这并不影响听觉对其基频音调的感知。因此，只要选择合适的击打位置，使表 2-3 中那些带星号的模式被有效抑制，定音鼓就能发出具有很强音调感的声音。

由此可知，演奏者确实能够通过选择击打位置控制定音鼓的输出频谱。如果选择中心位置击打，则发出的声音并不令人满意，因为几乎所有的模式在中心位置都存在一个节点，因此选择中心位置击打时大多数模式不会被激发出来。另一种控制声音的方式是使用不同的槌头。小而坚硬的槌头激振强度大而范围小，因此会激发出更丰富的高频模式；大而柔软的槌头激振强度较小而范围较大，因此更容易激发起低频振动模式，其声音显得沉闷、暗淡。

2.4 板的自由振动

板是指有一定厚度的片状体。板的振动和棒的振动类似，其弹性恢复力主要由自身劲度产生，因此板可以看成棒扩展到二维空间。板和膜同属二维弹性体，但是板振动要比膜振动复杂得多。从弹性力学专著中可得到板的横振动方程为

$$\frac{EK^2}{\rho\left(1-\sigma^2\right)}\nabla^4\xi + \frac{\partial^2\xi}{\partial t^2} = 0 \qquad (2.34)$$

其中，$\nabla^4 = \left(\frac{\partial^2}{\partial x^2}+\frac{\partial^2}{\partial y^2}\right)^2 = \left(\frac{\partial^4}{\partial x^4}+2\frac{\partial^2}{\partial x^2}\frac{\partial^2}{\partial y^2}+\frac{\partial^4}{\partial y^4}\right)$，$\rho$ 为板的密度，σ 为材料的泊松比，E 为杨氏模量，K 为截面回转半径。对于均匀厚度的平板，$K=\frac{h}{\sqrt{12}}$，h 为板的厚度。

现实生活中也有很多板振动的实例。例如，电声器件和建筑声学工程中的各种形式的板振

动,有些是边缘固定的,有些是边缘自由的。乐器中的锣、钹属于板振动,而且是边缘自由的板振动。还有钢琴、提琴的共鸣板,也属于板振动。

2.4.1 边缘固定的圆板

对于边缘固定的圆形薄板,通过理论分析计算,可得其对称振动的简正频率为

$$f_{0n} = \frac{\mu_{0n}^2 h}{4\pi a^2} \sqrt{\frac{E}{3\rho(1-\sigma^2)}} \qquad (2.35)$$

其中,a 为半径,μ_{0n} 的最低几个值为

$$\mu_{01} = 3.20, \quad \mu_{02} = 6.30, \quad \mu_{03} = 9.44, \cdots \qquad (2.36)$$

对应的三个振动模式如图 2.11 所示。

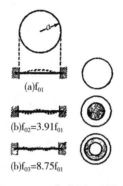

(a)f_{01}

(b)$f_{02} = 3.91f_{01}$

(b)$f_{03} = 8.75f_{01}$

图 2-11　三个对称振动模式

f_{01} 为最低振动频率即基频,计算公式为

$$f_{01} = \frac{3.20^2 \times h}{4\pi a^2} \sqrt{\frac{E}{3\rho(1-\sigma^2)}} = 0.467 \frac{h}{a^2} \sqrt{\frac{E}{\rho(1-\sigma^2)}} \qquad (2.37)$$

其他模式频率与基频的关系为

$$f_{02} = 3.91f_{01}, \quad f_{03} = 8.75f_{01}, \cdots \qquad (2.38)$$

除了对称振动模式外,还有非对称振动模式,其中较低几个模式频率与基频的关系为

$$f_{11} = 2.09f_{01}, \quad f_{21} = 3.43f_{01}, \quad f_{12} = 5.98f_{01}, \cdots \qquad (2.39)$$

例 2.2 某电话耳机的振膜是一半径为 0.015m、厚为 0.0001m 的圆钢片。若其边缘被钳紧,计算其振动基频。已知 $\rho = 7.7 \times 10^3 \text{kg/m}^3$,$\sigma = 0.28$,$E = 19.5 \times 10^{10} \text{N/m}^2$。

解:

$$f_{01} = 0.467 \frac{h}{a^2} \sqrt{\frac{E}{3\rho(1-\sigma^2)}}$$

$$= 0.467 \times \frac{10^{-4}}{0.015^2} \sqrt{\frac{19.5 \times 10^{10}}{3 \times 7.7 \times 10^3 (1-0.28^2)}}$$

$$= 628 (\text{Hz})$$

2.4.2 板振动乐器声学特性

与张紧的圆膜不同，板的边缘可以不需要支撑，在这种情况下，其低频模式不存在节圆。图 2.12 所示为钹的最低五个振动模式。高于五次的模式往往既有节径又有节圆，其振动模式非常复杂。由于各模式的振动频率并不与谐波频率相近，因此钹的声音没有明显的音调感。钹可以用不同的方式激振，例如，管弦乐队中常用两只钹相对撞击发出声音，或套鼓中用坚硬或柔软的鼓槌敲击发出声音等。由于所有模式都在圆盘的边缘产生波腹，因此在此部位撞击或敲击能激发出所有的振动模式。

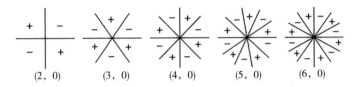

$$(2, 0) \quad (3, 0) \quad (4, 0) \quad (5, 0) \quad (6, 0)$$

图 2-12　钹的最低五个振动模式

2.5 空气柱的自由振动

为了简化分析过程和便于理解，我们可以将空气柱的振动简单地与弦振动进行类比，也就是说，将空气柱看成由空气媒质组成的一维弹性体。但是有一点要注意，即空气柱的振动通常属于纵振动，空气质点振动方向与长度方向相同。空气柱振动的边界条件分为三种情况，即两端封闭、两端开放和一端封闭一端开放。

2.5.1 简正频率和振动模式

2.5.1.1 两端封闭的管

两端封闭管的简正频率与两端固定的弦相同，即

$$f_n = \frac{\omega_n}{2\pi} = \frac{nc}{2l} \qquad （n=1、2、3、\cdots） \qquad （2.40）$$

其中，l 为管长，c 为空气媒质中振动传播速度，称为声速，常温下为 344m/s 。闭管及其最低三个振动模式如图 2.13 所示。与之前不同的是，这里采用了振速和声压表示振动状态。关于声压的定义可参看第 3 章。

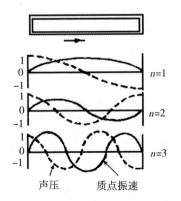

声压　　　质点振速

图 2-13　闭管及其最低三个振动模式

在实际应用中并不存在用闭管作为某种声学乐器，但这样的闭管却可以产生共鸣，共鸣频率就是简正频率。

2.5.1.2 两端开放的管

两端开放管的简正频率计算公式与闭管相同，即

$$f_n = \frac{\omega_n}{2\pi} = \frac{nc}{2l} \quad (n=1、2、3、\cdots) \tag{2.41}$$

其中，l 为管长，c 为声速（344m/s）。开管及其最低三个振动模式如图 2.14。

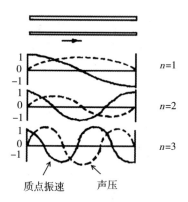

图 2-14　开管及其最低三个振动模式

笛、箫是两端开放管的典型例子，其吹口端也辐射声波，应视为开放端，另一端也是开放的。

2.5.1.3 一端封闭一端开放的管

一端封闭一端开放的管与闭管或开管的不同在于，其两端的振速或声压不同：闭端振速为零、开端振速为最大，闭端声压为最大、开端声压为零。这就导致其简正频率偶次谐波的缺失，而且基频波长是管长的四倍，而开管或闭管的基频波长是管长的两倍。其简正频率计算公式为

$$f_n = \frac{\omega_n}{2\pi} = \frac{nc}{4l} \quad (n=1、3、5、\cdots) \tag{2.42}$$

其中，l 为管长，c 为声速（344m/s）。图 2.15 所示为最低三个振动模式的声压分布。

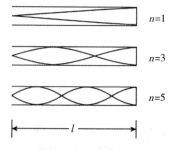

图 2-15　最低三个振动模式的声压分布

单簧管是一端封闭一端开放管的典型例子，其吹口端应看成封闭端，另一端是开放的。同

样长度的单簧管和笛子相比，单簧管的音高要低八度。

2.5.2 管乐器的声学特性

2.5.2.1 木管乐器

木管乐器从发声机理上可分为三种类型，一种是气流直接从吹口吹入管内，引起管内空气柱振动发声，如长笛等笛类乐器；另一种是气流通过一个簧片的振动，引起管内空气柱振动发声，称为单簧管类乐器；还有一种是气流通过两个簧片的振动，引起管内空气柱振动发声，称为双簧管类乐器。

单簧管和长笛一样，音高取决于管内的共振频率。但是，在相同管长的情况下，单簧管的音高比长笛低八度，这就是为什么较短的单簧管能演奏出比长笛低的音域。

萨克斯管也是一种单簧片直吹木管乐器，但由于萨克斯管管身明显地呈圆锥形展开，因此其不再是圆柱形空气柱，而是一端封闭一端开放的圆锥形，这是它与单簧管的最大不同之处。

由于萨克斯管呈圆锥形，因此其振动模式的声压分布不再是正弦波，而是声压振幅沿管口方向越来越弱，如图 2.16 所示。对于长度同为 l 的单簧管和莎克斯管，单簧管最低共振频率对应的波长为 $4l$，而萨克斯管最低共振频率对应的波长为 $2l$，与相同长度笛类乐器的基频相同，而且萨克斯管不缺乏偶次谐波。

双簧管的内腔管子更多地呈圆锥形，因此它的振动模式与萨克斯管相似，其最低音比同样长度的单簧管高八度。

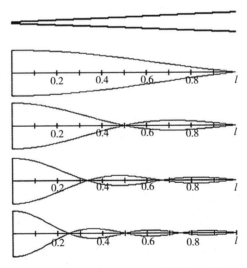

图 2-16 锥形管的最低四个振动模式的声压分布

2.5.2.2 铜管乐器

铜管乐器主要有小号、圆号、长号和大号。铜管乐器和簧管类乐器同属于一端封闭的长管，其吹嘴端可以认为是封闭的，但由于它们之间的基本形状有一定的差别，因此，声音也有较大不同。由于号管呈圆锥形，由前面分析已经知道，其基频比同样长度的圆柱形管（如单簧管）高一倍，并且同时存在偶次谐波和奇次谐波。此外，由于铜管乐器具有较大的钟形喇叭口，这种大喇叭口对低频声辐射的影响不是很大，而高频的声辐射将远大于号口较小的簧管乐器。正是由于号管的这些结构特点，使得铜管乐器具有自己特有的音色，即高频谐波丰富、声音响亮。

习题 2

1. 利用弦振动方程，求两端固定弦的自由振动规律，即证明：

$$\xi = \sum_{n=1}^{\infty} A_n \sin k_n x e^{j\omega_n t}$$

其中，$k_n = \dfrac{\omega_n}{c} = \dfrac{n\pi}{l}$，$\omega_n = \dfrac{n\pi c}{l}$ $(n=1,2,3\cdots)$。

2. 试分别画出两端自由和两端固定的棒，作 $n=1$、2 模式的自由纵振动时，其位移振幅随位置 x 变化的模式图。

3. 一半径为 0.015m 的边界固定的圆形膜，设膜的面密度为 2kg/m^2。如果要求基频低于 5kHz，试求膜的张力至多为多少？

4. 已知铝能承受最大张力为 $P=2.4\times10^8\text{N/m}^2$，密度为 $\rho=2.7\times10^3\text{kg/m}^3$。如果用这种材料制成厚度为 5×10^{-5} m 的膜，试求膜能承受的最大张力为多少？如果将其绷在半径为 0.02m 的圆形框架上，试问这种膜振动的基频最高能达到多少？

3 声波的基本性质

什么是声音？声音是听觉对空气质点振动的感知。首先机械振动通过空气媒质传导至人耳，然后人耳将机械振动转换为神经电脉冲，通过神经纤维传到大脑，刺激听觉神经中枢，使人听到声音。因此，声音存在的条件之一是空气中存在声振动，另一个条件是正常的听觉器官。因此，声音并不仅仅由其物理性质决定，它还与人耳听觉特性有关。前者可纳入物理学范畴，后者属于心理声学研究领域。本章将介绍声音的物理性质。

3.1 声波的基本概念

3.1.1 声波的产生和传播

设想空间存在某种弹性媒质，将媒质依次划分为相邻的小体积元，如图 3–1（a）。将每个体积元用具有一定质量的质点表示，由于是弹性媒质，相邻质点之间可看成由弹簧相连，如图 3–1（b）。由于某种原因，在弹性媒质的某局部区域激发起简谐振动，使这局部区域的媒质质点 A 按所示方向离开平衡位置开始振动。这个质点 A 的振动必然推动相邻媒质质点 B，使其离开平衡位置，同理，质点 B 的运动也将推动相邻质点 C，使其离开平衡位置，以此类推。这样，振动状态得以在弹性媒质中由近及远传播开来。图 3–1（b）表示质点 A 在四个不同时间的位移，其余质点也在平衡位置附近作相同的振动，只是依次滞后一些时间。

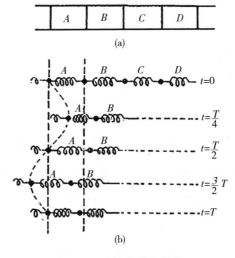

图 3–1 声波传播示意图

由以上分析可知，弹性媒质是声波传播的必要条件。因此，声波的产生必须具备两个条件，一是振动物体即声源，二是弹性媒质。例如，人们在音乐会能听到美妙的音乐，乐器是声源，空气是弹性媒质，将乐器的振动传播到人耳。人们很早就做过一个简单实验，把电铃放在真空玻璃罩中，结果只能看到电铃的小锤在振动，而听不到任何铃声，这是因为不存在传播振动的媒质。

由于声波的传播方向与媒质质点的振动方向相同，所以声波属于纵波。

3.1.2 声压与声压级

声波传播的空间称为声场。在声场中，媒质质点在平衡位置附近作往复振动，伴随的是媒质密度的疏密变化，因此声波也称为疏密波。图 3-2 所示为声波所在空间的媒质疏密变化与相应的压强变化。根据基本物理常识，媒质的压缩必然引起压强变大，稀疏则引起压强变小，所以在图 3-2（a）中，曲线表示相应位置压强与静态压强的差值，即压强差。图 3-2（b）则表示声场中某一点的媒质随时间处于不断的疏密变化中，导致该点压强差随时间不断变化。

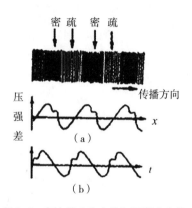

图 3-2 声波的疏密变化与压强差变化

这种由于声波存在而在静态大气压强上叠加的压强变化分量称为声压，单位是帕（Pa 或 N/m^2）。从上述分析可知，声压是随时间和空间位置变化的。若声压瞬时值表示为 $p(x,y,z,t)$，则

$$p(x,y,z,t) = P(x,y,z,t) - P_0 \qquad (3.1)$$

其中，$P(x,y,z,t)$ 为所在位置压强，P_0 为静态大气压强（常温下为 1.01×10^5 Pa）。

在实际应用中，一般用声压有效值表示声压大小。有效值的定义可参看附录 4。声压有效值计算公式为

$$P = \sqrt{\frac{1}{T} \int_0^T p^2(t) \, dt} \qquad (3.2)$$

其中，$p(t)$ 为指定位置的声压瞬时值，T 为计量计量间隔，如果声压是周期性变化的，则 T 为周期。如果声压按正弦规律变化，则声压有效值为

$$P = \frac{P_a}{\sqrt{2}} = 0.707 P_a \qquad (3.3)$$

其中，P_a 为声压振幅。下文如无特别标注，声压均指声压有效值。

表 3-1 为日常生活中各种声音的声压值。

表 3-1　日常生活中各种声音的声压值

项目	声压（Pa）
1kHz 纯音的听阈	2×10^{-5}
微风轻轻吹动树叶	2×10^{-4}
高声谈话	0.05~0.1（1m 处）
交响乐	0.3（5m 处）
飞机发动机	102（5m 处）

另一方面，在实际应用中，声压更多地用声压级表示。声压级定义为

$$L_p = 20 \lg \frac{p}{p_r} \tag{3.4}$$

其中，L_p 为声压级，单位为分贝（dB）；p 为声压有效值；p_r=2×10⁻⁵Pa，称为参考声压，即设定声压 p_r 对应的声压级为 0dB。声压级也经常用英文首写 SPL 表示。

将 p_r=2×10⁻⁵Pa 代入式（3.4）后得

$$L_p = 20 \lg p + 94 \tag{3.5}$$

由式（3.4）可知，声压增大为两倍或减小为二分之一，则声压级增大 6dB 或减小 6dB；声压增大为 10 倍或减小为十分之一，则声压级增大或减小 20dB。

采用声压级表示声压的原因主要有两个。其一，如表 3-1 所示，日常生活中，常见声音的声压变化范围很大，最大值与最小值之间相差至少 7 个数量级，因此，在坐标上使用对数标度比绝对标度更方便；其二，人耳对声音的响度感觉并不与声压的绝对度量值成正比，而更接近于与声压的对数值成正比。所以，声学中普遍使用对数标度来度量声压。图 3-3 所示为日常生活中各种声音的声压级。

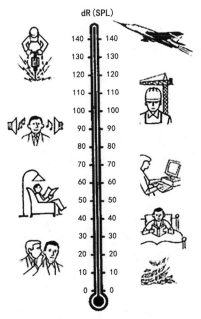

图 3-3　日常生活中各种声音的声压级

3.1.3 平面波和球面波

在传播过程中不受反射而向前行进的声波称为行波。行波是最简单的声波存在形式。理想的行波主要有平面波和球面波这两种。

在某一时刻，空间行波振动状态相同的各点组成的轨迹曲面，称为波阵面，也叫波前。波阵面为平面的行波，称为平面波；波阵面为球面的行波，称为球面波。理想的平面波是由无限大平面声源作活塞式振动产生的。所谓活塞式振动是指声源各点振动状态相同，因此，无限大平面活塞声源产生的行波的波阵面呈平面状。理想的球面波是由脉动球源产生的。所谓脉动球源是指作均匀涨缩运动的球面状声源，其产生的行波波阵面呈球面状。行波也经常用沿传播方向的声线表示，箭头所指为传播方向。通常传播方向垂直于波阵面。平面波和球面波可用图 3-4 表示，其中，平面波的声线互相平行，球面波的声线沿径向发散，这是平面波和球面波几何表示的主要特征。

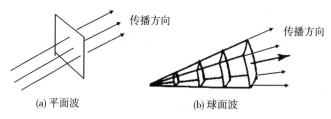

图 3-4 平面波和球面波

在实际应用中，理想的平面波和球面波并不存在，但是，在一定条件下，可近似看成平面波或球面波。事实上，在处理实际问题时，我们总是把行波近似为平面波或球面波看待。声波看作平面波还是球面波，一般与两个因素有关：一是波长相对于声源尺寸的大小。当波长远大于声源尺寸时，声源产生的行波可视为球面波。因此，同一个声源，当辐射低频时，更多地表现为球面波，当辐射较高频率时，更多地表现为平面波。二是所在位置到声源的距离。当到声源的距离较大时，例如，至少大于 2 米时，即使声源产生的是球面波，这时声波也可近似看作平面波。

3.1.4 声波的传播速度、频率和波长

3.1.4.1 声波的传播声速

媒质中振动状态每秒传播的距离，称为声波传播速度，简称声速。由弹性力学专著可知，固体媒质的纵振动传播速度仅由媒质的密度和杨氏模量决定，其计算公式为

$$c = \sqrt{\frac{E}{\rho}} \qquad (3.6)$$

其中，c 为声速（m/s），ρ 为媒质密度（kg/m³），E 为媒质的杨氏模量。这个公式其实在第 2.2.1 节已经出现过，表示棒的纵振动传播速度。

例如，钢材的密度是 7800kg/m³，杨氏模量为 2.1×10^{11}N/m²，则声波在钢材的传播速度为 $\sqrt{\frac{2.1 \times 10^{11}}{7800}} = 5189$（m/s）；榉木的密度是 680kg/m³，杨氏模量沿纹理方向是 14×10^9

N/m²，沿横穿纹理方向是 0.88×10^9 N/m²。因此，声波沿不同方向传播速度不同，分别是

$$\sqrt{\frac{14 \times 10^9}{680}} = 4537 \text{（m/s）} \quad \text{和} \quad \sqrt{\frac{0.88 \times 10^9}{680}} = 1138 \text{（m/s）} 。$$

由于扬声器箱体大多数是木制的，因此在设计时要考虑到这种因素的影响。通常扬声器制造商选用加工过的木材如胶合板、中密度板等制作箱体，这些材料的杨氏模量不随方向变化，因此，在制作时可以不考虑这个因素对箱体设计的影响。但是，木制乐器却不得不考虑木材传播速度随传播方向变化的特性对乐器性能的影响。

当传播声波的媒质为气体时，由于媒质进行压缩、膨胀变化的速度很快，来不及进行热交换（热量从温度较高处流向温度较低处），气体状态变化可近似看成绝热过程。由此利用绝热过程的理想气体状态方程可导出气体弹簧的强度，即气体的等效杨氏模量为

$$E_{气体} = \gamma P \tag{3.7}$$

其中，P 为气体压强，γ 为由气体性质决定的热力学常数，称为比热容比（空气为1.4）。

由式（3.6）和式（3.7）可得气体中的声速计算公式为

$$c = \sqrt{\frac{\gamma P}{\rho}} \tag{3.8}$$

0℃时，空气的 γ=1.4，P=1.01 × 10⁵Pa，ρ=1.29kg/m³，可算得声速为 331.5m/s。温度为 t（摄氏度）时声速的计算公式为

$$c = 331.5 + 0.6t \tag{3.9}$$

利用上式可计算出常温下（20℃时），空气中的声速为344m/s。表 3-2 所列为一些媒质中的声速。

表 3-2　一些媒质中的声速

媒质	空气 （15℃）	水蒸气 （100℃）	淡水 （20℃）	海水 （15℃）	铝棒	钢棒	玻璃	混凝土	松木
声速（m/s）	340	405	1481	1500	5150	5050	5200	3100	3500

3.1.4.2 声波的频率和波长

频率的概念我们在第 1.2.1 节已经提到。事实上，频率与周期信号有关。所谓周期信号是指按照一定时间间隔周而复始、不断重复的信号，正弦波就是最简单的周期信号。这个时间间隔即完成一个周期需要的时间，称为周期，用 T 表示，单位为秒（s）。频率是指每秒完成的周期数，用 f 表示，单位为赫兹（Hz）。频率和周期的关系为

$$f = \frac{1}{T} \tag{3.10}$$

在后面章节中，将经常提到声波的频率和波长。声波的频率是指媒质质点振动的频率，是由声源振动频率决定的，一般默认是指正弦波的频率。如果声源的振动是更复杂的振动形态，则将包含多个频率分量，声波的频率就不止一个，而是由多个频率组成。

声波的波长是指简谐振动状态在一个周期传播的距离，一般用 λ 表示，单位为米（m）。

设声速为 c，则波长为

$$\lambda = cT = \frac{c}{f} \tag{3.11}$$

可见，当声速相同时，波长主要与频率有关，一个频率对应一个波长。频率越低，波长越长；频率越高，波长越短。在 20Hz 到 20kHz 的声频范围，波长的变化范围大约是 17m 到 17mm。图 3-5 所示为波长示意图，表示某一正弦规律振动的声波，其声压随传播距离变化的规律。

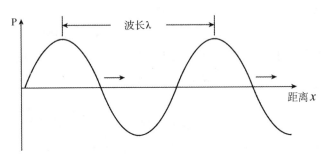

图 3-5 波长示意图

3.1.5 波动方程式

波动方程式也称为声波方程式。波动方程式在声学理论中占重要位置，它是声波应遵循的基本规律，是分析各种声场特性的出发点。例如，利用一维波动方程式，通过解方程，可以得出平面波的表达式，从而了解平面波的特性；利用三维波动方程式，可以求出球面波表达式，了解球面波特性。再如，利用三维波动方程式，加入边界条件，可以求解不同边界条件下的室内声场，了解室内声场特性。

3.1.5.1 一维波动方程式

平面波是一维的。所谓一维是指声压的位置坐标是一维的，显然平面波满足这个条件，其声压只随传播方向变化，因此也常称为一维平面波。一维波动方程式为

$$\frac{\partial^2 p}{\partial x^2} = \frac{1}{c^2} \frac{\partial^2 p}{\partial t^2} \tag{3.12}$$

其中，p 为声压瞬时值，x 为传播方向的位置坐标，t 为时间，c 为声速（344m/s）。$\frac{\partial^2 p}{\partial x^2}$ 表示声压对 x 的二阶偏导，$\frac{\partial^2 p}{\partial t^2}$ 表示声压对 t 的二阶偏导。关于导数和偏导数的基本概念和物理意义，可参看附录 1。

一维波动方程式存在三个前提条件：（1）媒质为理想流体，即媒质中不存在粘滞性，声波的传播无阻力无能量损耗，且疏密变化过程是绝热的；（2）小振幅振动，即声压 p 甚小于静态大气压 P_0，振动位移甚小于声波波长；（3）空间不存在声源。也就是说，式（3.12）是在满足上述三个条件的前提下，利用牛顿第二定律、质量守恒定律和描述压强、温度与体积等状态参数关系的物态方程推导出来的（推导过程见附录 11）。

3.1.5.2 三维波动方程式

对于非一维声波，在满足上述三个基本假设时，可推导出其波动方程式为

$$\frac{\partial^2 p}{\partial x^2} + \frac{\partial^2 p}{\partial y^2} + \frac{\partial^2 p}{\partial z^2} = \frac{1}{c^2}\frac{\partial^2 p}{\partial t^2} \tag{3.13}$$

或

$$\nabla^2 p = \frac{1}{c^2}\frac{\partial^2 p}{\partial t^2}$$

其中，$\nabla^2 = \frac{\partial^2}{\partial x^2} + \frac{\partial^2}{\partial y^2} + \frac{\partial^2}{\partial z^2}$，称为拉普拉斯算符。三维波动方程式可简单理解为由一维波动方程式扩展到三维空间得到。

3.1.6 平面波和球面波的基本性质

3.1.6.1 平面波的基本性质

设声波以正弦规律振动，且 $t=0$、$x=0$ 处的初相位为零，则通过解一维波动方程式（见附录 12），可以得到沿 x 方向传播的平面波声压表达式为

$$p = p(x,t) = P_a \cos(\omega t - kx) \tag{3.14}$$

其中，P_a 为声压振幅，ω 为角频率，x 为沿传播方向的位置坐标。$k = \frac{\omega}{c}$，称为波数，单位是弧度 / 米（rad/m），是一个仅随频率变化的参数，因此在声学里，k 在某种程度上代表频率。k 的物理意义是某一频率的正弦波传播单位距离引起的相位变化。式（3.14）表示平面波瞬时声压，其大小和相位不仅随时间变化，而且随传播距离 x 变化。

由式（3.14）可知，平面波的瞬时相位为 $(\omega t - kx)$，它由两项组成，第一项 ωt 代表时间变化引起的相位变化，第二项 kx 代表距离变化引起的相位变化。因此，声波的瞬时相位随时间和传播距离不断变化。例如，某个平面行波通过两个路径到达某一点，由于两个路径的距离不同，则由距离差会产生相位差。设 ΔL 为两个路径的路程差，则相位差 $\Delta\varphi = k \cdot \Delta L$，即通过不同路径到达同一点的声压之间存在相位差 $\Delta\varphi$。同理，如果同一平面行波先后到达某一点，若时间差为 Δt，则到达同一点的声压之间存在的相位差为 $\Delta\varphi = \omega \cdot \Delta t$。

当两列声波叠加时，由于相位不同会引起同相加强、反相抵消的效应，即同相时振幅相加，互相加强，反相时振幅相减，互相削弱。如果既不同相也不反相，则叠加后的声压大小由实际相位差决定。这是声波干涉现象的根本原因。

由于声波是疏密波，表示其物理状态的变量除了声压以外，还有媒质质点振速和媒质密度。平面波质点振速可表示为

$$v = v(x,t) = \frac{P_a}{\rho c}\cos(\omega t - kx) \tag{3.15}$$

公式推导可参看附录 12。比较式（3.14）和式（3.15）后可知，平面波某点的声压与振速

相位相同，振幅相差一个系数 ρc 。其中 ρ 为媒质密度，空气常温下密度为 1.21kg/m^3，c 为声速，空气常温声速为 344m/s。后续部分如无特别说明，媒质均指常温空气。

由此可知，平面波的基本性质是：平面波在均匀理想媒质中传播时，声压振幅和质点振速振幅都不随传播距离改变。

在声学中，虽然 ρ 和 c 都是反映媒质特性的参数，但它们经常以乘积的形式出现，因此，将 ρc 定义为媒质特性阻抗，用来表示媒质的特性。称之为媒质特性阻抗，是因为它具有声阻抗率的量纲，也可以直接用"瑞利"作为单位。例如，常温空气的媒质特性阻抗为 $1.21 \times 344 \approx 415$（瑞利）。再如，水在 20℃ 的特性阻抗为 $\rho_{水} \cdot c$ =998×1480=1.48×10^6（瑞利）。一些媒质的声学参数可查看附录 19。

3.1.6.2 球面波的基本性质

球面波属于三维波，其声压随位置的变化必须由三维直角坐标 (x,y,z) 表示，如果用极坐标 (r,φ,θ) 表示，则其位置坐标可简化为只与径向距离 r 有关。设声波以正弦规律振动，且 t=0、r=0 处的初相位为零，利用极坐标形式的三维波动方程式，解得球面波的声压和振速表达式为

$$p = p(r,t) = P_a \cos(\omega t - kr) = \frac{A}{r}\cos(\omega t - kr) \qquad (3.16)$$

$$v_r = \frac{A}{r\rho c}\left(1 + \frac{1}{jkr}\right)e^{j(\omega t - kr)} = \dot{v}_{ra}e^{j(\omega t - kr)}$$
$$= v_{ra}e^{-j\varphi_{ra}}e^{j(\omega t - kr)} = v_{ra}e^{j(\omega t - kr - \varphi_{ra})} \qquad (3.17)$$

公式推导见附录 12。其中，r 为到声源的径向距离，代表位置坐标；$p_a = \frac{A}{r}$，为球面波声压振幅，A 为待定系数，由声源强度决定；v_r 为 r 方向的质点振速。注意这里振速采用了相量表示，通过取实部可以转换为实函数，即

$$v_r = v_{ra}\cos(\omega t - kr - \varphi_{ra})$$

由式（3.16）和式（3.17）可以看出两点：其一，球面波的声压振幅和质点振速振幅都与径向距离成反比，随距离增大而减小；这也是球面波的基本特性。其二，与平面波相比，质点振速与声压的关系变得复杂，不再是同相位的关系。式（3.17）采用了正弦波的相量形式，所以振速振幅为复数 $\dot{v}_{ra}$ 的模，振速与声压的相位差等于复数 $\dot{v}_{ra}$ 的辐角。

前面第 3.1.3 节提到，即使声源辐射的是球面波，当距离声源较远时，声波可近似看成平面波。这一点可通过观察球面波振幅随径向距离变化的规律加以验证。图 3-6 所示为 $p_a = \frac{A}{r}$ 随 r 变化的曲线。可以看出，当 r 较小时，振幅随距离的变化非常显著；当 r 较大时，振幅随距离的变化就不那么显著。例如，在 r=1m 处，当距离变化 1m 时，声压减小为二分之一，或

声压级降低 6dB；在 $r=10m$ 处，当距离变化 1m 时，声压级只变化约 0.8dB。因此，在理论分析和实际应用中，当距离较大时，有时需要将球面波近似看成平面波，以便进行分析处理，例如反射声、距离较大的直达声等。

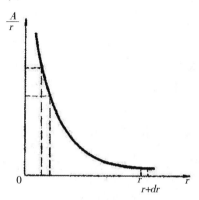

图 3-6　球面波声压振幅随距离变化规律

3.2　声波的能量

在第 1 章里提到，振动质点所具有的能量包含动能和位能两部分。由于声波的本质是媒质质点振动，因此，声波的能量来源于媒质质点振动的能量。当声波传播到静止的媒质中，引起媒质质点的振动，使声波具有能量。随着声波的传播，声能也随之得到传播，因此，声波的过程实质上是声振动能量的传播过程。描述声波能量大小的物理量主要有声强和声能密度。

3.2.1　声强与声强级

在垂直于传播方向的单位面积上单位时间内通过的平均声能量流，称为声强（ W/m^2 ），用 I 表示。也可以说，声强是通过垂直于传播方向的单位面积的平均声功率。声强的物理意义可参看图 3-7。

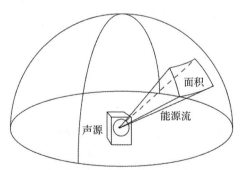

图 3-7　声强的物理意义

对于平面波和球面波，声强的计算公式为

$$I = \frac{p^2}{\rho c} \tag{3.18}$$

其中，p 为该点声压有效值，ρ 为媒质静态密度，c 为声速。公式推导可参看附录 13。

对于球面波，声强还可以利用声功率进行计算。设球面波声源产生的声功率为 W，则距离 r 处的声强为

$$I = \frac{W}{4\pi r^2} \qquad (3.19)$$

其中，r 为到声源的径向距离。

由于平面波声压大小即有效值不随位置变化，所以平面波声强处处相等。由于球面波声压大小随位置变化，所以声强也随距离增大而减小。由式（3.19）可知，球面波声强与距离的平方成反比，此规律称为声波的平方反比定律。

需要强调的是，声强是矢量，即声强像速度一样，是有方向性的。当面积的法向与声波传播方向相同时，声强最大；当面积的法向与声波传播方向垂直时，声强为零。前者也是声强定义中默认的方向。声强在声学测量中有一定的应用，例如，可以利用声强探测仪测量某声源（如电钻、吸尘器等）工作时产生的噪声功率，方法是在其周围做一个封闭的面，然后在这些假想的面上选若干点，测量面上这些点的声强，然后对声强与面积的乘积求和，得到声源的声功率，如图 3-8 所示。在进行这样的测量时，一定要让声强仪的方向与平面的法向相同，以保证测到的是平面法向上的声强。

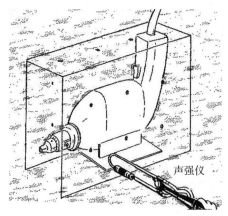

图 3-8　声强仪测量声功率示意图

由于声强的变化范围可高达 10 个数量级以上，声强也常用以分贝为单位的声强级表示，记为 L_I 或 SIL。声强级的计算公式为

$$L_I = 10\lg\frac{I}{I_r} \qquad (3.20)$$

其中，L_I 为声强级（dB）；I 为声强（W/m^2）；$I_r = 10^{-12}W/m^2$，称为参考声强，即设定声强 I_r 对应的声强级为 0dB。

将 $I_r = 10^{-12}W/m^2$ 代入式（3.20）得

$$L_I = 10\lg I + 120 \qquad (3.21)$$

对于平面波和球面波，同一点的声压级和声强级在数值上几乎相等，因为

$$L_I = 10\lg \frac{I}{I_r} = 10\lg \left(\frac{p^2}{\rho c} \cdot \frac{p_r^2}{p_r^2} \cdot \frac{1}{I_r} \right)$$

$$= 10\lg \left(\frac{p^2}{p_r^2} \cdot \frac{p_r^2}{\rho c \cdot I_r} \right) \qquad (3.22)$$

$$= L_p + 10\lg \left(\frac{4\times10^{-10}}{415\times10^{-12}} \right) \approx L_p$$

3.2.2 声能密度

声能密度定义为声场中单位体积媒质中的平均声能，记为 D，单位是焦耳 / 立方米（J/ m^3）。声能密度是另一个从能量角度描述声场的物理量。

声能密度可以从声强计算出来，图 3-9 为由声强计算声能密度示意图。设平面波声强为 I，则每秒通过单位面积的声能量为 I，而这个声能量所占的媒质体积为 $1 \times c = c$，如图 3-9（a）。因此，该点声能密度为

$$D = \frac{I}{c} = \frac{p^2}{\rho c^2} \qquad (3.23)$$

其中，p 为该点声压。

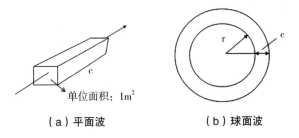

（a）平面波 　　　　（b）球面波

图 3-9　由声强计算声能密度示意图

对于球面波，根据图 3-9（b），设声源发出的声功率为 W，每秒发出的声能量 W 所占体积为 $4\pi r^2 c$，则径向距离 r 处的声能密度为

$$D = \frac{W}{4\pi r^2 c} \qquad (3.24)$$

将式（3.19）和式（3.18）代入上式可得，球面波的声能密度为

$$D = \frac{I}{c} = \frac{p^2}{\rho c^2} \qquad (3.25)$$

由此可见，式（3.23）同样适用于球面波。这个公式还可应用于均匀扩散混响声场的声能密度计算。声能密度主要应用于描述室内声能的变化情况，例如，在室内声学中，将室内声能密度下降到原来的百万分之一所经历的时间，定义为混响时间。

例 3.1　有一 1kHz 平面波的声压为 0.2Pa，设空气（20℃）的密度 ρ=1.21kg/m^3，传播速度 c=344m/s，试计算下列各值：（1）质点速度有效值；（2）位移振幅；（3）声能密度；（4）声强。

解：（1）
$$V = \frac{p}{\rho c} = \frac{0.2}{1.21 \times 344} = 4.8 \times 10^{-4} \quad (\text{m/s})$$

（2）
$$\xi_a = \frac{V_a}{\omega} = \frac{\sqrt{2} \times 4.8 \times 10^{-4}}{2\pi \times 1000} = 1.1 \times 10^{-7} \quad (\text{m})$$

（3）
$$D = \frac{P^2}{\rho c^2} = \frac{0.2^2}{\rho c \cdot c} = \frac{0.2^2}{415 \times 344} = 2.8 \times 10^{-7} \quad (\text{J/m}^3)$$

（4）
$$I = cD = 344 \times 2.8 \times 10^{-7} = 9.6 \times 10^{-5} \quad (\text{W/m}^2)$$

例 3.2　有一频率为 1kHz 的球面声源，以 1W 声功率向自由空间辐射声音，试求距此声源 0.3m 处的以下各值：（1）传播方向的声强；（2）声压有效值。

解：（1）
$$I = \frac{W}{4\pi r^2} = \frac{1}{4\pi \times 0.3^2} = 0.88 \quad (\text{W/m}^2)$$

（2）
因为 $I = \dfrac{p^2}{\rho c}$，所以

$$p = \sqrt{I\rho c} = \sqrt{0.88 \times 415} = 19.1 \quad (\text{Pa})$$

3.2.3 声功率与声功率级

声功率是指声源单位时间内向空间辐射的平均声能。声功率也经常用比值的对数表示，称为声功率级，单位为分贝（dB），记为 L_w 或 SWL。声功率级的计算公式为

$$L_W = 10\lg\frac{W}{W_r} \tag{3.26}$$

其中，W 为实际声功率（W），$W_r = 10^{-12}$W，为参考声功率。

声功率级主要用于评估某声源辐射的总声功率，例如，用于比较不同声源产生的干扰噪声大小，当然，也可用于评估声源产生的声音大小。虽然声功率本身具有与声学环境无关的特点，但是，同样的声源在不同的声学环境会产生不同的声压级。同时，声功率与声压一样，不具有方向性，这一点与声强有所不同。

例 3.3　某声源辐射总声功率为 1W，试计算其声功率级。

解：将声功率代入式（3.26）得

$$L_W = 10\lg\frac{W}{W_r} = 10\lg\frac{1}{10^{-12}} = 120 \quad (\text{dB})$$

如果 1W 的声功率穿过单位面积（1m²），则声压级约为 120dB，声音的响度会非常大。然而，在大多数情况下，由于声源是向四周辐射声波，听音者只能接收到小部分的声源声功率。

3.3 声波的传播

本节将讨论声波在自由空间传播的基本规律，即行波传播的基本规律。自由空间是指无反射面的空间，例如消声室、室外雪地或草地上的空间等。声波在室内空间的传播特性将单独作

为一章讨论，属于室内声学范畴。

3.3.1 平方反比定律

在实际听音中，人们有这样的体会，即声音随着距离的增大而变弱。这不是因为声音被吸收了，而是由于声能所覆盖的范围变大了，如图 3-10 所示。

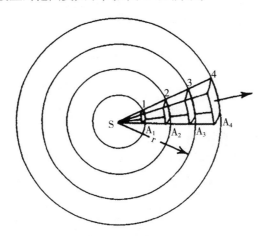

图 3-10 球面波声强随距离变化示意图

由式（3.19）可知，设球面波声源产生的声功率为 W，则距离 r 处的声强为

$$I = \frac{W}{4\pi r^2} \tag{3.27}$$

其中，r 为到声源的径向距离。

可见，当声波从声源向各个方向辐射时，声强与距离的平方成反比，这个规律称为声波传播的平方反比定律。

由平方反比定律可知，距离增大一倍，声强减小为原来的 1/4，声强级衰减 6dB，距离增大 10 倍，声强减小为原来的 $1/10^2$，声强级衰减 20dB。而由式（3.16）可知，球面波的声压与距离成反比。利用球面波声强与距离平方成反比、声压与距离成反比，可推导出声压级和声强级随距离变化的计算公式为

$$L_{P2} = L_{P1} + 20\lg\frac{r_1}{r_2} \tag{3.28}$$

$$L_{I2} = L_{I1} + 20\lg\frac{r_1}{r_2} \tag{3.29}$$

其中，L_{I1}、L_{P1} 为距离 r_1 处的声强级和声压级，L_{I2}、L_{P2} 为距离 r_2 处的声强级和声压级，已知其一，则可以利用上式计算其二。

虽然平方反比定律是针对球面波而言，但在实际应用中，几乎适用于所有声源，主要用于对直达声声压级进行评估。当然，如果声源辐射的是柱面波，则距离增大一倍，声压级和声强级只减少 3dB，例如线阵列扬声器近场就属于这种情况；如果是平面波，则声压级和声强级都不随距离改变。

例 3.4 如果距声源 1m 处声压级为 96dB，在无反射的空间，那么距声源 50cm、2m 和 3m 处的声压级分别是多少？

解：

$$L_{p1}=96\text{dB}$$

50cm 处，$L_{p2}=96+6=102$（dB）

2m 处，$L_{p2}=96-6=90$（dB）

3m 处，$L_{P2}=L_{P1}+20\lg\dfrac{r_1}{r_2}=96+20\lg\dfrac{1}{3}=86.5$（dB）

3.3.2 空气的声吸收

声波在空间传播时，由于空气的粘滞性和热传导性，以及部分声能转化为空气分子的内能，因此要损耗一部分声能，即空气对声波产生了吸收。

由于空气的吸收作用，声压将随传播距离的增大按指数规律减小。设初始位置的声压有效值为 P_0，则传播一定距离 r 后的声压有效值为

$$P=P_0 e^{-\alpha r} \tag{3.30}$$

或

$$I=I_0 e^{-2\alpha r}=I_0 e^{-mr} \tag{3.31}$$

其中，r 为传播距离（m），α 称为空气吸收系数（1/m），$m=2\alpha$，称为声强吸收系数。

空气的声吸收主要源于三个方面，即粘滞吸收、热传导吸收和弛豫吸收。

3.3.2.1 粘滞吸收

媒质都具有一定的粘滞性。媒质的粘滞吸收是声吸收的主要原因。

当粘滞媒质中相邻质点的运动速度不相同时，它们之间会产生相对运动，由此产生内摩擦力，也称为粘滞力。媒质质点振动时需要克服粘滞阻力做功，使部分机械能转换为热能耗散掉。

3.3.2.2 热传导吸收

当媒质中有声波通过时，媒质会产生压缩和膨胀的变化，压缩区体积变小温度升高，而膨胀区体积增大温度降低，这时相邻的压缩区和膨胀区之间将产生温度梯度，导致一部分热量从温度高的部分流向温度较低的媒质中去，发生了热量的交换即热传导。这个过程是不可逆的，因此损失部分声能。

3.3.2.3 弛豫吸收

弛豫吸收是指当媒质中有声波通过时，由于媒质发生了压缩和膨胀过程，媒质的物理参数如压强、体积、温度等将随着声波过程发生变化，而任何状态的变化都伴随着内外自由度能量的重新分配，这里外自由度能量指分子移动和转动的能量，相当于有规声振动能量，内自由度能量指分子无规热运动的能量，相当于分子内能。这意味着有一部分声能转变为内能损耗掉。

在考虑了媒质的粘滞吸收、热传导吸收和弛豫吸收后，媒质的声吸收系数为

$$\alpha=\frac{\omega^2}{2\rho c^3}\left[\frac{4}{3}\eta'+\chi\left(\frac{1}{C_V}-\frac{1}{C_p}\right)+\frac{\eta_0''}{1+\omega^2\tau'^2}\right] \tag{3.32}$$

其中，η' 为切变粘滞系数，χ 为热传导系数，C_V 和 C_p 为定容比热容和定压比热容，η_0'' 为低频容变粘滞系数，τ' 为与弛豫时间有关的参数（弛豫时间是指建立新的平衡状态所需的时间）。上式中左、中、右三大项分别代表粘滞吸收、热传导吸收和弛豫吸收。

虽然式（3.32）比较复杂，但可以明显看到，空气声吸收系数与频率的平方成正比，即频率越高，声吸收越强。此外，空气声吸收还与空气的温度、相对湿度有关。图 3-11 所示为一定温度时空气声强吸收系数随频率、相对湿度变化特性。例如，在温度为 20℃、相对湿度为 50% 的空气中，声波频率为 2kHz 时，m 约为 0.0025/m，频率为 4kHz 时，m 约为 0.006/m，吸收系数随频率的变化较为显著。一般频率低于 1kHz 时，空气吸收可以忽略不计。

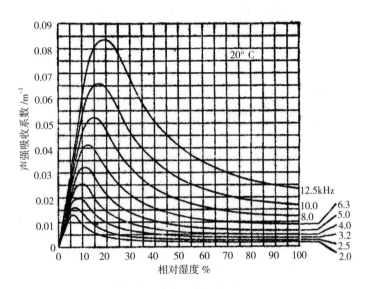

图 3-11 声强吸收系数随频率、湿度变化特性

3.3.3 两种媒质界面处声波的反射、透射与折射

声波在传播过程中常常会遇到一些障碍物，例如一堵墙、空间的某个物体等。本节将分析一种相对简单的情况，即假设声波从一种媒质进入另一种媒质，且两种媒质的边界是一个无限大平面。

众所周知，当投掷一块石子时，石子遇到挡板会反弹回来，同样地，当声波传播到两种媒质的界面时，有一部分声波会被反射回来，另一部分声波会透过界面进入到另一种媒质继续传播。声波的这种反射、透射现象也是声传播的一个重要特征，下面分两种情况分析声波在界面的声压和能量分配情况。

3.3.3.1 平面波垂直入射时的反射与透射

设媒质 I 和媒质 II 的特性阻抗分别为 $Z_1 = \rho_1 c_1$ 和 $Z_2 = \rho_2 c_2$，其中 ρ_1、ρ_2 分别为两种媒质的密度，c_1、c_2 为两种媒质的声速，并设位置坐标的原点 $x = 0$ 位于分界面处，入射波、反射波和透射波分别用 p_i、p_r 和 p_t 表示，如图 3-12 所示。

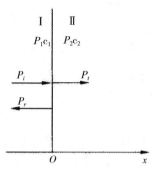

图 3-12 两种媒质界面处声波垂直入射

分析方法是，首先求出两种媒质中的声场声压和振速，然后利用边界条件建立入射波、反射波和透射波之间的关系。入射波和透射波都是沿 x 方向传播的平面波，根据式（3.14），其声压可表示为

$$p_i = P_{ia} \cos(\omega t - k_1 x + \varphi_i) \tag{3.33}$$

$$p_t = P_{ta} \cos(\omega t - k_2 x + \varphi_t) \tag{3.34}$$

其中，$k_1 = \dfrac{\omega}{c_1}$，$k_2 = \dfrac{\omega}{c_2}$；$\varphi_i$、$\varphi_t$ 分别为两列波在 $x = 0$ 处的初相位。为了简化式子，可引入复数，表示为

$$p_i = \dot{p}_{ia} \cos(\omega t - k_1 x) \tag{3.35}$$

$$p_t = \dot{p}_{ta} \cos(\omega t - k_2 x) \tag{3.36}$$

其中，$\dot{p}_{ia} = p_{ia} e^{j\varphi_i}$，$\dot{p}_{ta} = p_{ta} e^{j\varphi_t}$。

再根据式（3.15），写出入射波和透射波在 x 方向的质点振速为

$$v_i = \frac{\dot{P}_{ia}}{\rho_1 c_1} \cos(\omega t - k_1 x) \tag{3.37}$$

$$v_t = \frac{\dot{P}_{ta}}{\rho_2 c_2} \cos(\omega t - k_2 x) \tag{3.38}$$

由于反射波是沿负 x 方向传播，反射波的声压和振速应表示为

$$p_r = \dot{P}_{ra} \cos(\omega t + k_1 x) \tag{3.39}$$

$$v_r = -\frac{\dot{P}_{ra}}{\rho_1 c_1} \cos(\omega t + k_1 x) \tag{3.40}$$

其中，$\dot{p}_{ra} = p_{ra} e^{j\varphi_r}$。

利用声波叠加原理，媒质 I 的总声压和总振速为

$$p_1 = p_i + p_r = \dot{p}_{ia} \cos(\omega t - k_1 x) + \dot{p}_{ra} \cos(\omega t + k_1 x) \tag{3.41}$$

$$v_1 = v_i + v_r = \frac{\dot{p}_{ia}}{\rho_1 c_1} \cos\left(\omega t - k_1 x\right) - \frac{\dot{p}_{ra}}{\rho_1 c_1} \cos\left(\omega t + k_1 x\right) \qquad (3.42)$$

媒质Ⅱ里只有透射波，所以总声压为 $p_2 = p_t$ ，总振速为 $v_2 = v_t$ 。

界面处的边界条件是声压连续、振速连续，因此需要满足的边界条件为

$$\begin{cases} p_1\big|_{x=0} = p_2\big|_{x=0} \\ v_1\big|_{x=0} = v_2\big|_{x=0} \end{cases} \qquad (3.43)$$

将式（3.36）、式（3.38）、式（3.41）和式（3.42）代入边界条件得

$$\begin{cases} \dot{p}_{ia} + \dot{p}_{ra} = \dot{p}_{ta} \\ \dfrac{\dot{p}_{ia}}{\rho_1 c_1} - \dfrac{\dot{p}_{ra}}{\rho_1 c_1} = \dfrac{\dot{p}_{ta}}{\rho_2 c_2} \end{cases} \qquad (3.44)$$

为了表示声波在两种媒质界面处的传播情况，定义声压反射系数 $\dot{R}_p$ 为分界面处反射波声压与入射波声压之比，声压透射系数 $\dot{T}_p$ 为分界面处透射波声压与入射波声压之比，声强反射系数 R_I 为分界面处反射波声强与入射波声强之比，声强透射系数 T_I 为分界面处透射波声强与入射波声强之比。由式（3.44）可求得

$$\dot{R}_p = \frac{p_r}{p_i}\bigg|_{x=0} = \frac{\dot{p}_{ra}}{\dot{p}_{ia}} = \frac{Z_2 - Z_1}{Z_2 + Z_1} \qquad (3.45)$$

$$\dot{T}_p = \frac{p_t}{p_i}\bigg|_{x=0} = \frac{\dot{p}_{ta}}{\dot{p}_{ia}} = \frac{2Z_2}{Z_1 + Z_2} \qquad (3.46)$$

$$R_I = \frac{I_r}{I_i} = \frac{p_{ra}^2}{2\rho_1 c_1} \bigg/ \frac{p_{ia}^2}{2\rho_1 c_1} = \left|R_p\right|^2 = \left(\frac{Z_2 - Z_1}{Z_2 + Z_1}\right)^2 \qquad (3.47)$$

$$T_I = \frac{I_t}{I_i} = \frac{I_i - I_r}{I_i} = 1 - R_I = \frac{4Z_1 Z_2}{\left(Z_1 + Z_2\right)^2} \qquad (3.48)$$

其中，声压反射系数和声压透射系数为复数形式，其复数的模值代表振幅比，复数的辐角代表相位差，这反映了分界面处的入射波、反射波和透射波不仅存在振幅差，而且可能存在相位差。

由反射系数和透射系数计算公式可知，声波在分界面处反射和透射状况主要与媒质的特性阻抗有关。下面分析两个极端情况。第一，当声波从较稀疏的媒质进入较稠密的媒质时，即当 $Z_2 \gg Z_1$ 时，例如，从空气进入水泥墙，这时 $\dot{R}_p \approx 1$ 、 $R_I \approx 1$ ，说明声波几乎被全部反射回来，而且在界面处反射波声压与入射波同振幅同相位，此时界面处总声压振幅是入射波的两倍。第二，如果 $Z_1 \gg Z_2$ ，则 $\dot{R}_p \approx -1$ 、 $R_I \approx 1$ ，同样说明声能全部被反射回来，所不同的是，界面处反射波声压与入射波声压振幅相等，但相位相反（相位差为180°），界面处总声压为零。对于

振速而言，第一种情况下，界面处反射波振速与入射波振速大小相等相位相反，总振速为零；第二种情况界面处反射波振速与入射波振速大小相等相位相同，总振速为入射波振速的两倍。上述讨论的两种情况中，第一种情况在实际应用中较为多见，例如，声波作用于某些硬反射面。

由于液体的特性阻抗通常比气体大几千倍，而固体的特性阻抗又要比液体大几倍，所以，在空气与液体或固体的界面上，声波能量大部分会被反射回来。

3.3.3.2 平面波斜入射时的反射与折射

当声波斜入射到某一媒质分界面时，其入射方向通常用传播方向与平面法向的夹角 θ 表示。当垂直入射时，$\theta = 0^\circ$。图 3-13 所示为声波斜入射的情形，其中 θ_i、θ_r 和 θ_t 分别表示入射角、反射角和透射角。当声波斜入射时，声压不仅随 x 轴坐标变化，而且随 y 轴坐标变化。

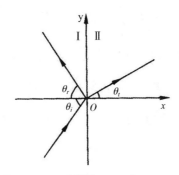

图 3-13 两种媒质界面处声波斜入射

利用与垂直入射相同的分析思路，可以得到斜入射时入射波、反射波和折射波的相互关系。由于斜入射时声波的位置坐标是二维的，其表达式较为复杂，所以这里省略分析过程，直接给出结果。

声波斜入射时，满足斯奈尔声波反射与折射定律，即

$$\begin{cases} \theta_i = \theta_r \\ \dfrac{\sin \theta_i}{\sin \theta_t} = \dfrac{k_2}{k_1} = \dfrac{c_1}{c_2} \end{cases} \tag{3.49}$$

公式推导见附录 14。可见，当声波斜入射到两种媒质分界面时，将产生镜像反射，即反射角等于入射角，而折射角的大小与两种媒质中声速之比有关，媒质 II 的声速越大，则折射波偏离分界面法向的角度越大。

斜入射时，声压反射系数 $\dot{R}_p$、声压透射系数 $\dot{T}_p$、声强反射系数 R_I 和声强透射系数 T_I 分别为

$$\dot{R}_p = \frac{Z_2 \cos \theta_i - Z_1 \cos \theta_t}{Z_2 \cos \theta_i + Z_1 \cos \theta_t} \tag{3.50}$$

$$\dot{T}_p = \frac{2 Z_2 \cos \theta_i}{Z_2 \cos \theta_i + Z_1 \cos \theta_t} \tag{3.51}$$

$$R_I = \left(\frac{Z_2 \cos\theta_i - Z_1 \cos\theta_t}{Z_2 \cos\theta_i + Z_1 \cos\theta_t} \right)^2 \tag{3.52}$$

$$T_I = \frac{4Z_1 Z_2 \cos^2\theta_i}{\left(Z_2 \cos\theta_i + Z_1 \cos\theta_t \right)^2} \tag{3.53}$$

其中，Z_1、Z_2 分别为媒质 I 和媒质 II 的特性阻抗。

声压反射系数可用于计算墙面的吸声系数 α。吸声系数是室内声学的重要参数。吸声系数定义为被壁面吸收的声能与入射声能之比，即

$$\alpha = \frac{E_i - E_r}{E_i} = 1 - \frac{E_r}{E_i} = 1 - \left| \dot{R}_p \right|^2 \tag{3.54}$$

在斜入射时，由于声波的透射偏离了入射波的传播方向，因此借用光学里"折射"这个术语。声波在同一种媒质中也可能发生折射，例如，当空气中温度发生变化时，或空气中由于风速的影响而使不同位置声速不同时。根据式（3.9），声速随温度的增大而增大，因此，当声波从冷空气传播到热空气时，声波的折射角度将变大，而从热空气传播到冷空气时，声波的折射角度将减小。这个特性可以用来解释一些户外的声传播现象。通常空气的温度随着高度的增大而降低，因此，当声波离开声源向远处传播时，声波传播方向呈向上弯曲状态，如图 3-14 所示。这意味着，当地面上的听音者离声源一定距离听音时，听到的声压会产生额外衰减，即比平方反比定律衰减得快。这种现象有利于减小噪声对人的干扰。然而，如果温度随着高度的增加而增大，则声波不会向上弯曲而是向下弯曲，如图 3-15 所示。这种现象经常发生在夏季的夜里，在一定距离处的声压会大于平方反比定律的计算结果。在夏季晚间开露天流行音乐会时，远距离的人们会受到较大的噪声干扰，而离音乐会地点较近的人们反而不会受到这么大的干扰，这种现象正是由声波折射引起的。

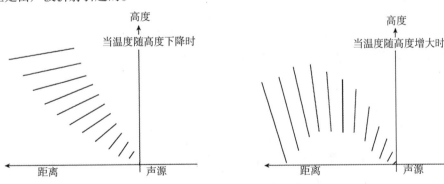

图 3-14 由垂直方向的温度梯度产生的声波折射现象   图 3-15 由相反的温度梯度产生的声波折射现象

风也可能引起折射效应。由于声速不随媒质速度的变化而变化，因此在运动的媒质中，对于某一固定位置，声速是两者速度之和。因此，当声音传播的方向和风速方向相同时，声速增大；当声音传播的方向和风速方向相反时，声速减小。地面处空气的速度一般比地面上方空气的速度小（由于地面处受到摩擦阻力的作用），声波传播方向向下或向上弯曲取决于声波和风速是同向还是反向。声波方向的改变量取决于风速随高度的变化率，风速的变化率越大则声波

方向的改变量就越大。图 3-16 所示为风对声音传播的影响。

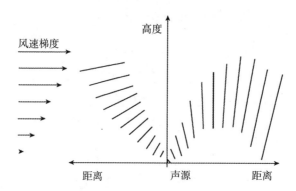

图 3-16　声波由于风速梯度产生的折射现象

3.3.4 声波通过中间层的反射与透射

在前面讨论声波反射与折射时，假定媒质 I 和媒质 II 都无限延伸，但实际应用中有更多的是声波通过中间层的情况，例如隔声屏、隔声墙等，这时就需要了解声波透过中间层的情况。

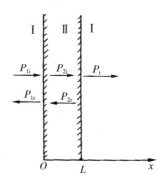

图 3-17　声波垂直通过中间层

声波垂直通过中间层传播的情形如图 3-17。设两种媒质分别为媒质 I 和媒质 II，中间层的厚度为 L，存在于媒质 I 中，此时存在两个媒质分界面，声波在这两个界面处都将产生反射与透射，如图 3-17 所示。通过理论分析和计算，得到声波通过中间层的声强透射系数为

$$T_I = \frac{p_t \big|_{x=L}}{p_{1i} \big|_{x=0}} = \frac{4}{4 + (Z_{12} - Z_{21})^2 \sin^2 k_2 L} \tag{3.55}$$

其中，$Z_{12} = Z_2 / Z_1$，$Z_{21} = Z_1 / Z_2$，Z_1、Z_2 分别为媒质 I 和媒质 II 的特性阻抗，$k_2 = \omega / c_2$。由于分析过程比较复杂，这里只利用公式说明隔声量的定义。

隔离物的隔声效果用隔声量来描述。隔声量定义为透射系数的倒数的对数，即

$$TL = 10 \lg \frac{1}{T_I} \tag{3.56}$$

其中，TL 为隔声量（dB）。从隔声量的定义式可知，隔声量即为隔离物两侧声压级之差。

例 3.5　空气中有一有机玻璃板壁，厚为 1cm，试问其对 1000Hz 声波的隔声量是多少？如

果换成 1cm 厚的铝板，试问隔声量将提高到多少？

解：（1）查表得，有机玻璃 $Z_2 = \rho_2 c_2 = 1.18 \times 10^3 \times 2.70 \times 10^3 = 3.2 \times 10^6$（瑞利）

空气 $$Z_1 = 415 \text{（瑞利）}$$

$$Z_{12} = Z_2 / Z_1 = 7.7 \times 10^3 \text{ , } Z_{21} \approx 0$$

$$k_2 = \frac{\omega}{c_2} = \frac{2\pi \times 1000}{2.7 \times 10^3} = 2.3 \text{ （rad/m）}$$

$$T_I = \frac{4}{4 + \left(Z_{12} - Z_{21}\right)^2 \sin^2 k_2 L}$$

$$
\begin{aligned}
TL &= 10\lg \frac{1}{T_I} = 10\lg\left[1 + \frac{1}{4}\left(Z_{12} - Z_{21}\right)^2 \sin^2 k_2 L\right] \\
&= 10\lg\left[1 + \frac{1}{4}\left(7.7 \times 10^3\right)^2 \sin^2\left(2.3 \times 10^{-2}\right)\right] \\
&= 39\left(\text{dB}\right)
\end{aligned}
$$

（2）查表得，铝 $Z_2 = \rho_2 c_2 = 2.70 \times 10^3 \times 6.26 \times 10^3 = 1.7 \times 10^7$

$$Z_{12} = Z_2 / Z_1 = 4.1 \times 10^4 \text{ , } Z_{21} \approx 0$$

$$k_2 = \frac{\omega}{c_2} = \frac{2\pi \times 1000}{6.26 \times 10^3} = 1$$

$$TL = 10\lg\left[1 + \frac{1}{4}\left(4.1 \times 10^4\right)^2 \sin^2\left(1 \times 10^{-2}\right)\right] = 46\left(\text{dB}\right)$$

3.3.5 声波的衍射

3.3.5.1 衍射现象

众所周知，声音具有绕过建筑物或障碍物的能力。在声波传播过程中，由于障碍物的存在，声波会偏离直线的传播方向而绕过障碍物继续向前传播。这种由于媒质中的障碍物或其他不连续性而引起的声波传播方向改变的现象，称为衍射，也称为绕射。声波绕射的程度与波长有关。频率越低，声波越容易在建筑物或墙等边界处发生显著的绕射现象，图 3-18 为低频和高频时声波遇到障碍物的绕射情况，图中虚线表示绕射部分。

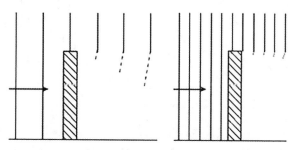

图 3-18　低频和高频时声波遇到障碍物的绕射

当声波穿过小孔时也会产生类似的现象，如图 3-19 所示，这时声波沿着虚线所示的波阵面偏离原来的传播方向。绕射的程度取决于波长相对于小孔的大小，当波长相对尺寸较大时，声波的绕射现象比较明显。

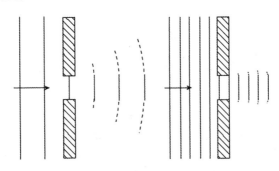

图 3-19　低频和高频时声波穿过小孔的绕射

与声波穿过小孔的情况类似，当声波传播到固体障碍物时也会发生绕射，如图 3-20 所示。我们可以把它们看作是孔洞的相反情况，此时声波绕射到障碍物后并且相遇。绕射的程度也是由波长相对于障碍物的尺寸决定，当波长相对尺寸较大时，声波的绕射现象比较强，当波长相对尺寸较小时，绕射现象比较弱，这时会在障碍物背后产生较为明显的"阴影区"。绕射现象显著与否的频率分界线为：$\lambda=\dfrac{3}{2}d$，其中 d 为障碍物尺寸，λ 为波长。

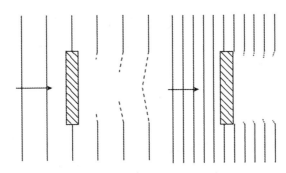

图　3-20　低频和高频时声波遇到障碍物的绕射

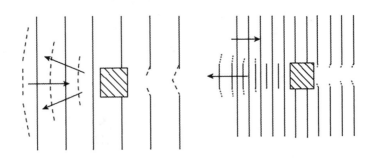

图 3-21　低频和高频时声波遇到障碍物的散射

入射到物体表面的声波不仅仅发生衍射，部分能量将被反射回来，发生散射，如图 3-21 所示。和衍射的情况类似，物体相对于波长的大小决定了散射能量的多少。当物体相对于波长较大时，根据反射定律，大部分的入射声能将被散射，只有少量的入射声能发生衍射。当物体相对于波长较小时，只有少量的入射声能被散射，大量的入射声能发生衍射。同样可以以障碍物的尺寸为波长的三分之二（2/3λ）作为衡量散射强弱的基准，当物体尺寸小于这个基准时，散射往往是全方位的；当物体的尺寸大于这个基准时，散射的方向性变强。

声波在遇到障碍物时，除了发生绕射和散射外，其实还会发生干涉。干涉现象将在下一节单独讨论。可见，声波遇到障碍物时，其传播现象非常复杂，理论上往往只能对一些简单的情况进行分析计算，例如障碍物为圆柱形、球形或立方体等。

3.3.5.2 衍射系数

在实际应用中，有时需要了解声波遇到障碍物时，引起的声场中某点声压的变化情况。因此，声波的衍射效应也经常用来指声波遇到障碍物而使声场发生变化的总体现象，并不特指声波的绕射。在这种情况下，衍射效应的大小可以用衍射系数来衡量。衍射系数定义为

$$D = \frac{p_d}{p_0} \qquad (3.57)$$

或

$$D = 20\lg\frac{p_d}{p_0} \qquad (\text{dB}) \quad (3.58)$$

其中，D 为衍射系数，p_0 为无障碍物时某点的声压，p_d 为有障碍物时该点的声压。

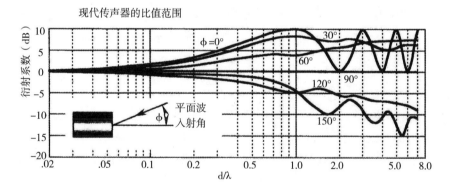

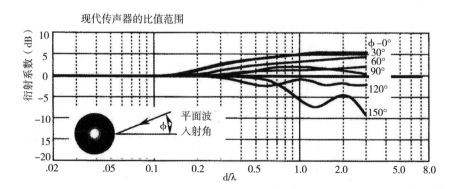

图 3-22　计算所得圆柱形和球形物体的衍射系数

图 3-22 所示为计算所得圆柱形和球形障碍物的衍射系数随频率、声波入射方向变化特性。其中横坐标为 d/λ，d 为障碍物尺寸，当障碍物尺寸不变时，横坐标代表频率。由图可知，无论什么形状的障碍物，当频率较低时，D 接近 0dB，衍射效应很小，并且与声波入射方向无关；当声波从 90° 方向入射时，与其他方向相比，衍射效应最小。物体尺寸与声波波长之比越大，D 也越大，即衍射效应越大。因此，衍射效应与物体相对波长的尺寸有关。

与声衍射效应有关的应用例子很多。例如，用于声学测量的测量传声器灵敏度分为声场灵敏度和声压灵敏度，分别称为声场传声器和声压传声器，前者测量的是传声器置入前的声场声压，后者测量的是传声器置入后所在位置的声压；再如，头部对声波的衍射效应所产生的双耳声级差和声音频谱特性的变化，是听觉对声音进行定位的重要依据。

3.3.6 声波叠加原理

目前为止，我们只讨论了单列声波的传播规律。然而，在大多数情况下，几个声源会同时存在，这些声源可能来自不同的乐器，也可能来自房间的某个反射面。

当几个声源产生的声波同时在一种媒质中传播时，如果这几列声波在某点相遇，则该点的质点振动是各列波产生的分振动之和。也就是说，当几列声波在某点相遇时，该点的质点总位移、总振速和总声压是各列波分别在该点产生的位移、振速和声压之和，这就是声波叠加原理。要注意的是，其中位移和振速是有方向性的矢量，方向相同的才可以直接相加，而声压是无方向的标量，可以直接相加。设空间有 n 列波同时存在，每列波的瞬时声压分别为 $p_1(x,y,z,t)$、$p_2(x,y,z,t)$ … $p_n(x,y,z,t)$，则根据叠加原理，总声压为

$$p = p(x,y,z,t) = \sum_{i=1}^{n} p_i(x,y,z,t) \qquad (3.59)$$

此外，每一列波都将各自独立地保持自己原有特性（如频率、波长、振动方向等），就像在各自的路程上，没有遇到其他声波一样。例如，几种乐器同时演奏时，我们能够分辨出各种乐器独奏的声音，每一种乐器的声压仍然得以保持，不会因为其他声源的存在而发生改变。

3.3.7 声波的干涉

设空间存在两列同频率的声波，其叠加后的声压是增大还是减小，取决于所在位置它们之间的相位关系。由于声波在空间不同位置的相位不同，因此声波叠加后是增强还是减弱，与空间位置有关。在图 3-23（a）中，两个同频率同相位的声源在室内进行重放，当听音者位于 P_1 位置时，由于到两声源的距离相等，因此两列声波是同相的，所以叠加的结果声压是增强的；当听音者位于 P_2 位置时，由于到两声源距离不相等，因此两列声波不一定是同相的。如果两列声波的声程差为半波长，则这两列声波将反相抵消。以上现象称为声波的干涉效应，即两列声波之间发生了干涉。图 3-23（b）为干涉后声场声压振幅分布，阴影部分代表声压振幅加强的区域，白色代表声压振幅减弱的区域。

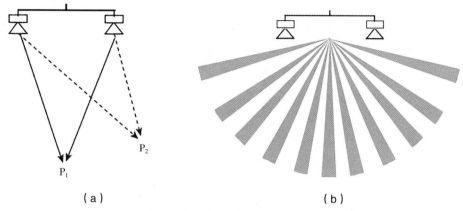

（a）　　　　　　　　　　　　（b）

图3-23　相同频率正弦波的干涉效应

如果图3-23所示的两个声源是具有一定频带宽度的相同声源，则所在位置声压是加强还是减弱，还与频率有关。因为某点声波的相位不仅与传播距离有关，而且与频率有关。对于一些频率，声波之间的声程差或由延时产生的等效声程差等于一个波长或波长的整数倍，此处声压同相加强；而对于另外一些频率，声波之间的声程差或由延时产生的等效声程差可能等于半波长或半波长的奇数倍，则声压反相抵消。图3-24所示为两列宽带波叠加后某点声压振幅随频率变化特性。对于特定位置，声压幅度频率特性的形状看似梳状的齿一样，这种干涉引起的频率特性的变化称为梳状滤波效应。图中给出了不同振幅比时两列波的干涉情况，可见，当两列波振幅不等时，干涉效应就会减弱。如果一列声波的振幅小于另一列声波的1/8，则叠加后声压级的峰值波动范围将小于1dB，此时干涉效应较弱。

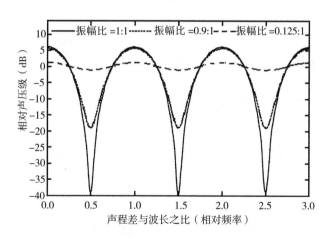

图3-24 声波干涉引起的声压振幅随频率变化特性

综上所述，声波的干涉效应主要以两种方式呈现：一是频率固定，声压振幅随位置变化；二是位置不变，声压振幅随频率变化。

3.3.7.1　相干声源与非相干声源

从声波是否产生干涉效应的角度，声源可分为相干声源和非相干声源。

1. 相干声源

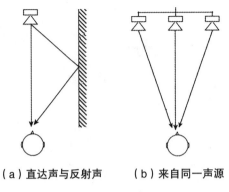

（a）直达声与反射声　　（b）来自同一声源

图 3-25　相干声源的产生

声音具有相互关联性的几个声源，属于相干声源。当几个声源是由同一个声源产生时，就属于这种情况。通常存在两种关联方式：其一，通过简单的反射产生其他声源，例如，由声源附近的反射面反射形成，如图 3-25（a）；其二，声音来自同一个电子信号源，如播放设备、传声器等，并由多只扬声器重放，如图 3-25（b）。由于扬声器被馈给同一个信号源，并且在空间上存在一定的间距，因此可以认为是相关联的声源，具有相干性。

2. 非相干声源

声音不具有相互关联性的几个声源，属于非相干声源。例如，来自不同乐器的声音，或者声音来自同一个声源，但由于多次反射或其他电子设备处理，使得两个声音不具有相关性。对于第一种情况而言，不同的乐器将产生不同的波形和不同的频率成分，即使几个相同的乐器同时演奏，这种不一致性也会存在。对于第二种情况而言，虽然另一个声源源于第一个声源，但是，由于多次反射或其他电子设备处理，使第二个声源的波形较原声源有较大不同，因此可以认为与原声源无关，是非相干声源。图 3-26 所示为这两种非相干声源的产生。

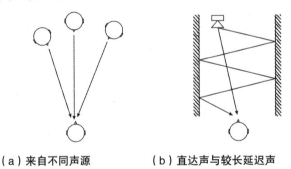

（a）来自不同声源　　　　（b）直达声与较长延迟声

图 3-26　非相干声源的产生

3.3.7.2 非相干声源的能量叠加原理

如果声源是相干声源，其总声压只能通过声波叠加原理进行计算，这时必须考虑声波之间的相位关系。但如果声源是非相干的，除了满足声波叠加原理外，还满足能量叠加原理，即总声能密度为各列波声能密度之和。由于声能密度与声压有效值的平方成正比，因此，非相干声源叠加满足总声压有效值平方为各声压有效值平方和的关系，即

$$P^2 = \sum_{i=1}^{n} P_i^2 = P_1^2 + P_2^2 + \cdots + P_n^2 \quad\quad (3.60)$$

可见，非相干声源的叠加通常能提高声压级。但是，非相干声源叠加后声压级的增量没有相干声源大。对于两个相同的相干声源，其同相叠加后的振幅可以是原来的 2 倍，而两个非相干声源叠加后最大振幅仅为原来的 $\sqrt{2}$ 倍。然而，非相干声源的叠加通常只会带来声级的增加，而不会产生相干声源叠加后可能带来的声压相抵消的现象。

在实际应用中，当采用多个扬声器重放声音时，其直达声之间可能存在相干性。但是，无论其直达声是否相干声源，它们的混响声却属于非相干声源，总是能够满足能量叠加原理，即可以利用式（3.60）进行总声压的计算。

当 n 个非相干声源以相同声压级发声时，其总声压为

$$P = \sqrt{P_1^2 + P_2^2 + \cdots + P_n^2} = \sqrt{nP_1^2} = P_1\sqrt{n} \quad\quad (3.61)$$

总声压级为

$$L_p = 20\lg\frac{p}{p_r} = 20\lg\frac{p_1\sqrt{n}}{p_r} = L_{p1} + 10\lg n \quad\quad (3.62)$$

根据上述公式，以乐队演奏为例，当某种乐器演奏者人数加倍时，这个乐器组声压级将增加 3dB；当演奏者人数增大为 10 倍时，声压级将增大 10dB。

例 3.6 某个机器噪声频带声压级如下：

倍频程中心频率（Hz）	63	125	250	500	1000	2000	4000	8000
声压级（dB）	90	95	100	93	82	75	70	70

试求噪声的总声压级。

解：首先求各分声压为

$$p_1 = p_r 10^{SPL_1/20} = p_r \times 10^{90/20}, \quad \cdots$$

$$p_2 = p_r \times 10^{95/20}$$

利用式（3.60），求得总声压

$$p = p_r\sqrt{10^9 + 10^{9.5} + 10^{10} + 10^{9.3} + 10^{8.2} + 10^{7.5} + 10^7 + 10^7}$$

$$= p_r \times 40.3 \times 10^{3.5}$$

$$L_p = 20\lg\frac{p}{p_r} = 20\lg\left(40.3 \times 10^{3.5}\right) = 32.1 + 70 = 102.1 \text{ (dB)}$$

例 3.7 一个房间内有五个人各自无关地朗读，每个人单独朗读时在某位置上都产生 70dB 声压级，求五个人同时朗读时在该位置产生的总声压级。

解：利用式（3.62）得

$$SPL = SPL_1 + 10\lg n = 70 + 10\lg 5 = 77 \text{ (dB)}$$

3.3.8 驻波

驻波是由两列相同频率相向行进的平面波叠加而产生的。由于两列波之间的干涉作用，形

成了振幅分布随位置变化的主要特点。所以，驻波与平面行波的最大区别是振幅随位置变化，就好像振动状态并没有得到传播，而平面行波的振幅不随位置变化。

以垂直入射到墙面的入射波和反射波为例，两列沿相反方向行进的平面波分别表示为

$$p_i = p_{ia}\cos(\omega t - kx) \tag{3.63}$$

$$p_r = Rp_{ia}\cos(\omega t + kx) \tag{3.64}$$

其中，假设入射波在 $t=0$、$x=0$ 时的初相位为零，且反射波与入射波在界面处不存在相位差，即声压反射系数 R 为实数。根据叠加原理，合成声压为

$$p = 2Rp_{ia}\cos kx \cos \omega t + (1-R)p_{ia}\cos(\omega t - kx) \tag{3.65}$$

可见，合成声场由两部分组成，第一项代表一种典型的驻波场，其振幅的变化范围从 0 到 $2Rp_{ia}$，当 $R=1$ 时，即发生全反射时，最大振幅为 $2p_{ia}$，而且各位置质点作同相振动。图 3-27 所示为这种驻波的声压振幅和速度振幅的分布。第二项显然是一个平面行波，其振幅为两列波的振幅差，当 $R=1$ 时，此项为零。

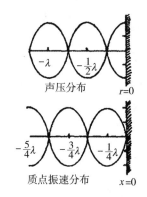

声压分布 $r=0$

$-\lambda$ $-\frac{1}{2}\lambda$

$-\frac{5}{4}\lambda$ $-\frac{3}{4}\lambda$ $-\frac{1}{4}\lambda$

质点振速分布 $x=0$

图 3-27   驻波的声压振 幅和速度振幅分布（$R=1$）

对式（3.65）进一步整理后得

$$p = P_{ia}\sqrt{1 + R^2 + 2R\cos 2kx}\cos(\omega t + \alpha) \tag{3.66}$$

其中，$\alpha = \tan^{-1}\left(\dfrac{R-1}{R+1}\tan kx\right)$。合成后的总声场也是驻波，具有声压振幅随位置变化的驻波特征。振幅的最大值出现在距离墙面 0、$\frac{\lambda}{2}$、λ $\frac{3\lambda}{2}$ 等位置，即 $2n\cdot\frac{\lambda}{4}$（n=0、1、2、⋯）处；振幅的最小值出现在距离墙面 $\frac{\lambda}{4}$、$\frac{3\lambda}{4}$ $\frac{5\lambda}{4}$ 等位置，即 $(2n+1)\cdot\frac{\lambda}{4}$（n=0、1、2、⋯）处。由式（3.66）可知，振幅的最大值和最小值分别为 $(1+R)p_{ia}$ 和 $(1-R)p_{ia}$，当 R=1 时，振幅最小值为零，如图 3-27 所示，此时不同位置的振幅差最大。

驻波是比行波更为常见的一种声波存在形式，因为大多数声波传播的空间都存在边界。当声波在房间里传播，或传播媒质如弦、膜等的尺度有限时，声波就会在边界产生反射，反射波与入射波叠加后便形成驻波，因此，弹性体的振动模式、房间里的声波，都是以驻波形式存在。

3.3.9 拍音

两个频率相近的简谐声波相遇时，由于两者间的相位差时刻在变化而使叠加后的声波振幅作周期性变化的现象，称为拍。听到的声音称为拍音。幅度的周期性变化在听感上是声音强弱的周期性变化，变化的频率等于两个频率之差，称为拍频。当两个频率相近的音叉同时发声时，就可听到强弱按拍频变化的声音。下面通过公式说明拍音的形成。

设两列声波的角频率分别为 ω_1 和 ω_2，且 ω_2 稍大于 ω_1，满足 $\omega_2 - \omega_1 \ll \omega_1 + \omega_2$。为了便于分析计算，设两列波振幅、初相位相同，则声压表示为

$$p_1 = p_a \cos(\omega_1 t + \varphi) \tag{3.67}$$

$$p_2 = p_a \cos(\omega_2 t + \varphi) \tag{3.68}$$

根据声波叠加原理，其合成声场声压为

$$\begin{aligned} p &= p_1 + p_2 \\ &= 2p_a \cos\left(\frac{\omega_2 - \omega_1}{2}t\right) \cos\left(\frac{\omega_2 + \omega_1}{2}t + \varphi\right) \\ &= p_a' \cos\left(\frac{\omega_2 + \omega_1}{2}t + \varphi\right) \end{aligned} \tag{3.69}$$

其中，$p_a' = 2p_a \cos\left(\frac{\omega_2 - \omega_1}{2}t\right)$，为合成波的振幅，其大小按正弦规律周期性变化。由于听觉对响度的感觉与相位无关，所以声音强弱变化的频率为 $(\omega_2 - \omega_1)$，合成波的振动频率为 $\frac{\omega_1 + \omega_2}{2}$。拍的形成如图 3-28 所示。

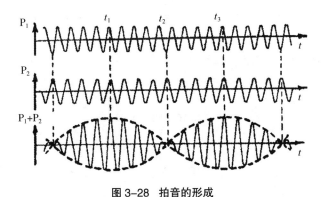

图 3-28 拍音的形成

习题 3

1. 如果两列声脉冲到达人耳的时间间隔约在 1/20 秒以上时，听觉就有可能听到回声，试问人离一堵高墙至少要多远的距离才能听到自己的回声？

2. 试问夏天（40℃）空气中的声速比冬天（0℃）时高出多少？如果平面声波声压保持不变，媒质密度也近似认为不变，求上述两种情况下声强级差。

3. 在20℃的空气里，求频率为1000Hz、声压级为0dB的平面声波的质点位移幅值、质点速度幅值、声压幅值以及声能密度各为多少？如果声压级为120dB，上述各量又为多少？为了使空气质点速度有效值达到与声速相同的数值，借用线性声学结果估计需要多大的声压级？

4. 在20℃的空气里有一平面声波，已知其声压级为74分贝，试求其声压有效值、声能密度和声强。

5. 在一噪声声压级为120dB的环境中通电话，假设耳机在加一定电功率时在耳腔中能产生110dB的声压，如果耳机外的耳罩能隔掉20dB噪声，求此时耳腔中通话信号声压与噪声声压之比。

6. 水和泥沙的特性阻抗分别为1.48×10^6瑞利和3.2×10^6瑞利，求声波由水垂直入射于泥沙，在分界面上反射声压与入射声压之比以及声强透射系数。

7. 空气中有一硬橡胶板，厚为1cm，试问其对1000Hz声波的隔声量是多少？如果换成1cm厚的铝板，试问隔声量将提高到多少？

8. 声波由空气以$\theta_i = 10°$斜入射于水中，试问折射角为多少？分界面声压反射系数为多少？声强透射系数为多少？

9. 设有一沿x方向的平面驻波，其驻波声压可表示为$p = p_{ia}e^{j(\omega t - kx)} + p_{ra}e^{j(\omega t + kx)}$，若已知$p_{ra} = p_{ia}e^{j\frac{\pi}{2}}$，试求该驻波声场的声能密度和声强。

10. 两只扬声器间距1米，辐射相同的声压级。听音者正对其中一只扬声器并距离2米听音，并与两扬声器连线成直角。试问声波发生相消干涉的两个最低频率分别是多少？除了频率很低的情况外，声波发生相长干涉的最低频率是多少？

11. 某测试环境本底噪声声压级为40分贝。若被测声源在某位置上产生的声压级为70分贝，试问置于该位置上的传声器接收到的总声压级为多少？如果本底噪声也为70分贝，总声压级又为多少？

12. 如果测试环境的本底噪声声压级比信号声压级低n dB，试证明由本底噪声引起的测试误差（即本底噪声加信号的总声压级比信号声压级高出的分贝数）为

$$\Delta L = 10\lg\left(1 + 10^{-\frac{n}{10}}\right)$$

若n=0，此时ΔL为多少？为了使$\Delta L < 1$dB，n至少要多大？为了使$\Delta L < 0.1$dB，n至少要多大？

4 声波的辐射

本章将讨论声源辐射的声波，由此了解声场与声源的关系。由于实际声源形状各异，例如人的嘴、扬声器的振膜、各种发出噪声的机器等，要想从理论上严格分析这些声源产生的声场是十分困难的，因此，本章主要通过对理想声源辐射声场的分析，引出辐射阻抗、声源指向性等概念，并得到一些适合于所有声源的普遍规律。

4.1 脉动球源的辐射

脉动球源是指进行着均匀涨缩振动的球面声源，即球源表面各点沿着径向作同振幅、同相位的振动。设球源半径为r_0，到球源的径向距离坐标为r，如图 4-1 所示。

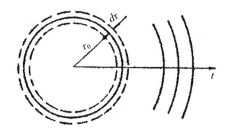

图 4-1 脉动球源示意图

若已知球源表面振速为

$$u = u_a \cos\left(\omega t - kr_0\right)$$

或相量形式为

$$u = u_a e^{j(\omega t - kr_0)} \tag{4.1}$$

由于脉动球源辐射的是球面波，因此利用式（4.17）得，球源表面的振速为

$$v_r\big|_{r=r_0} = \frac{A}{r_0 \rho c}\left(1 + \frac{1}{jkr_0}\right)e^{j(\omega t - kr_0)} \tag{4.2}$$

由式（4.2）与式（4.1）相等，解得

$$A = \frac{j\rho ckr_0^2 u_a}{1 + jkr_0} = |A| e^{j\theta} \tag{4.3}$$

$$|A| = \frac{\rho ckr_0^2 u_a}{\sqrt{1 + \left(kr_0\right)^2}} \tag{4.4}$$

$$\theta = \arctan\left(\frac{1}{kr_0}\right) \tag{4.5}$$

其中，$k = \dfrac{\omega}{c}$，u_a 为球源表面振速振幅，r_0 为球源半径。将 A 值代入式（4.16）得，脉动球源辐射的声场声压为

$$p = \frac{A}{r}e^{j(\omega t - kr)} = \frac{|A|}{r}e^{j(\omega t - kr + \theta)} \tag{4.6}$$

可见，当声源确定后，待定系数 A 就能确定，辐射的声场声压也就确定了。

4.1.1 声压与声源的一般关系

由式（4.6）可知，脉动球源的声场声压大小完全由 $|A|$ 决定。因此，通过式（4.4），可以得到以下两点：

（1）声压大小与球源振速振幅 u_a、频率以及球源半径有关；

（2）声源尺寸越大、频率越高、振速越大，则声压越大；反之，声压越小。

虽然这些结论来自对脉动球源的分析，但是，这个结论可以推广至所有声源，成为声源辐射的普遍规律。

4.1.2 声场对声源的反作用 – 辐射阻抗

当声源表面振动辐射声波时，使相邻的空气受到压缩或膨胀，因此对声源产生了反作用力。因此，声波对振动系统将产生影响，这种影响用辐射阻抗表示。

辐射阻抗定义为

$$Z_r = \frac{F_r}{u} = \frac{S_0\,p\big|_{r=r_0}}{u} = R_r + jX_r \tag{4.7}$$

其中，F_r 为系统对声波产生的作用力，由于作用力向外时，声压为正值，所以作用力与声压同向（无需添加负号）；S_0 为声源表面积；$p\big|_{r=r_0}$ 为声源表面处的声压瞬时值；u 为声源表面振速瞬时值；R_r 称为辐射阻，代表声源辐射损耗，即辐射声功率的大小，X_r 称为辐射抗，代表与声源进行的能量交换。

辐射阻抗可看成附加在声源振动系统上的力阻抗。如果原系统的力阻抗为 Z_m，则考虑辐射阻抗的影响后，系统的力阻抗变为 $Z_m + Z_r$。

下面分析计算脉动球源的辐射阻抗。将式（4.1）、式（4.3）和式（4.6）代入式（4.7）得，脉动球源的辐射阻抗为

$$\begin{aligned}
Z_r &= \rho c\frac{k^2 r_0^2}{1+k^2 r_0^2}S_0 + j\rho c\frac{kr_0}{1+k^2 r_0^2}S_0 \\
&= R_r + jX_r
\end{aligned} \tag{4.8}$$

脉动球源的辐射阻抗公式看起来很复杂，可以作以下简化：

（1）当 $kr_0 \ll 1$ 时

$$R_r \approx \rho c (kr_0)^2 S_0$$
$$X_r \approx \rho c kr_0 S_0 \qquad (4.9)$$

（2）当 $kr_0 \gg 1$ 时

$$R_r \approx \rho c S_0$$
$$X_r \approx 0 \qquad (4.10)$$

图 4-2 所示为脉动球源归一化辐射阻和辐射抗随频率变化特性，在曲线的两端可以看到式（4.9）和式（4.10）的变化趋势。

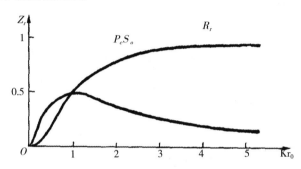

图 4-2 脉动球源辐射阻和辐射抗随频率变化特性曲线

4.1.3 声源辐射声功率的计算

由于辐射阻代表声源的辐射损耗，因此，利用式（1.35），可以计算出声源在辐射阻上损耗的平均功率，即声源辐射的声功率为

$$W_a = \frac{1}{2} R_r u_a^2 \qquad (4.11)$$

其中，u_a 为振速振幅，R_r 国为辐射阻。

可见：（1）当声源振速一定时，辐射阻越大，则辐射的声功率越大。为了提高声源所产生声音的响度，就要提高辐射阻；（2）由式（4.8）可知，辐射阻主要与工作频率和声源尺寸有关，频率越高、声源尺寸越大，则辐射阻越大，反之，则越小。

实际应用中有很多例子可以说明这一点。例如，在乐队中，为了使高音、中音和低音区部声音响度平衡，低音乐器的尺寸往往较高音乐器大。再如，由于小提琴琴弦太细，本身并不能有效辐射声波，而是要把振动通过琴马耦合到共鸣腔和共鸣板，由共鸣板将声波辐射出来。

例 4.1 已知脉动球源半径为 0.01m，向空气中辐射频率为 1000Hz 的声波，设表面振速幅值为 0.05m/s，求距球心 50m 处的声压和声压级为多少？辐射声功率为多少？

解：（1）
$$kr_0 = \frac{\omega}{c} r_0 = \frac{2\pi \times 1000}{343} \times 0.01 = 0.18 \ (\text{rad})$$

$$p_a = \frac{|A|}{r} = \frac{1}{r} \frac{\rho c kr_0^2 u_a}{\sqrt{1+(kr_0)^2}} = \frac{1}{50} \cdot \frac{415 \times 0.18 \times 0.01 \times 0.05}{\sqrt{1+0.18^2}} = 7.35 \times 10^{-4} \ (\text{Pa})$$

$$P = \frac{P_a}{\sqrt{2}} = 5.25 \times 10^{-4} \ (\text{Pa})$$

$$L_p = 20\lg\frac{p}{p_r} = 20\lg\frac{5.25\times10^{-4}}{2\times10^{-5}} = 28.4 \text{ （dB）}$$

（2）

$$W = I \cdot 4\pi r^2 = \frac{P^2}{\rho c} \cdot 4\pi r^2$$

$$= \frac{\left(5.25\times10^{-4}\right)^2}{415}\times4\pi\times50^2 = 2.1\times10^{-5}\text{(dB)}$$

或者利用辐射阻计算：

因为 $kr_0=0.18<<1$，所以

$$R_r \approx \rho c\left(kr_0\right)^2 S_0 = 415\times0.18^2\times4\pi\left(0.01\right)^2 = 0.017(\Omega_m)$$

$$W_a = \frac{1}{2}u_a^2 R_r = \frac{1}{2}\times0.05^2\times0.017 = 2.1\times10^{-5}\text{(W)}$$

4.2 声偶极子的辐射

声偶极子是由两个相距很近 、振幅相等而相位相反的小脉动球源组成。本节将通过分析声偶极子辐射的声场，引入声源指向性的概念。

4.2.1 声偶极子辐射的声压

设两个脉动小球源相距为 l，它们振动的振幅相等而相位相反，组成了声偶极子，如图4-3（a）所示。设偶极子声中心为两个脉动球源连线的中点，声场中某点 P 到声源的距离为 r，P 点相对于声源的方向角为 θ，参考方向为两个脉动球源的连线方向（ $\theta=0^o$ ）。设 P 点处在远场位置，即满足 $r \gg l$ 的条件。

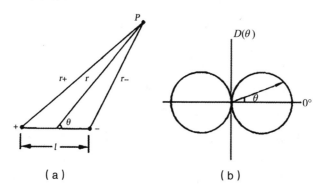

（a）   （b）

图4-3 声偶极子

根据声波叠加原理，声偶极子产生的声压为

$$p = \frac{A}{r_+}e^{j(\omega t - kr_+)} - \frac{A}{r_-}e^{j(\omega t - kr_-)} \tag{4.12}$$

其中

$$\begin{cases} r_+ \approx r + \dfrac{l}{2}\cos\theta \\[3mm] r_- \approx r - \dfrac{l}{2}\cos\theta \end{cases} \tag{4.13}$$

由于 P 点处于远场，因此，可以忽略式（4.12）中由于距离差引起的振幅差，但相位差不能忽略，则 P 点声压为

$$p \approx \frac{A}{r}e^{j(\omega t - kr_+)} - \frac{A}{r}e^{j(\omega t - kr_-)} \tag{4.14}$$

将式（4.13）代入上式得

$$\begin{aligned} p &\approx \frac{A}{r}e^{j(\omega t - kr)}\left(e^{-j\frac{kl\cos\theta}{2}} - e^{j\frac{kl\cos\theta}{2}}\right) \\[2mm] &= \frac{A}{r}e^{j(\omega t - kr)}\left(-2j\sin\frac{kl\cos\theta}{2}\right) \\[2mm] &= \left(2\sin\frac{kl\cos\theta}{2}\right)\cdot\frac{A}{r}e^{j(\omega t - kr - 90^{\circ})} \\[2mm] &= p_a e^{j(\omega t - kr - 90^{\circ})} \end{aligned} \tag{4.15}$$

其中，$k = \dfrac{\omega}{c}$，为波数；p_a 为声压振幅。

可见：（1）当距离 r 一定时，偶极子辐射的声压不仅与频率有关，而且与方向 θ 有关。声压随频率的变化呈现梳状滤波效应，这是两个相干波干涉的结果；（2）当方向 θ 和频率一定时，声压与距离 r 成反比。

4.2.2 声源的指向性

声源辐射的声压随方向变化的特性，称为声源的指向性。声源的指向性用指向性函数描述，定义为任意 θ 方向的声压幅值与参考轴上（$\theta=0^{\circ}$）的声压幅值之比，即

$$D(\theta) = \frac{(p_a)_\theta}{(p_a)_{\theta=0}} \tag{4.16}$$

为了更直观地反映声源的指向性，将指向性函数用极坐标图表示出来，得到指向性图。

根据定义，声偶极子的指向性函数为

$$D(\theta) = \left| \frac{\sin\dfrac{kl\cos\theta}{2}}{\sin\dfrac{kl}{2}} \right| \tag{4.17}$$

当满足 $kl \ll 1$ 时

$$D(\theta) \approx |\cos\theta| \tag{4.18}$$

可见，声偶极子在频率较低时，指向性图呈 8 字形，如图 4-3（b）。低频时，其声辐射呈现对称形式，左右两边大小相等，但相位相反，且 $\pm90^{\circ}$ 方向的声压为零，这是因为两个反

相的脉动球源辐射的声压在这个轴上反相抵消了。

4.2.3 声偶极子辐射的声功率

通过计算声强，再对半径 r 的整个球面积分，可得声偶极子辐射声功率为

$$W = \iint\limits_{s} I dS = \frac{Q_0^2 \rho \omega^2}{4\pi c}\left(1 - \frac{\sin kl}{kl}\right) \tag{4.19}$$

其中，$Q_0 = 4\pi r_0^2 \cdot u_a$，称为脉动球源强度。式（4.19）中括号内的数值随 kl 变化的规律如图 4-4。

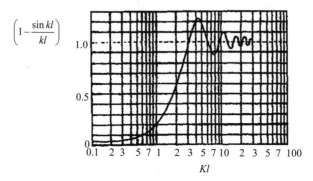

图 4-4　函数 $\left(1 - \dfrac{\sin kl}{kl}\right)$ 随 kl 变化的规律

当 $kl \ll 1$ 时，即工作频率较低时，将式（4.19）用级数展开，并忽略高次微小项后得

$$W \approx \frac{2}{3}\pi \rho c k^4 r_0^4 l^2 u_a^2 \tag{4.20}$$

可见，当工作频率较低时，声偶极子辐射的声功率以每倍频程 12dB 的斜率下降。说明声偶极子低频声功率极小。

在实际应用中，不加障板的锥形扬声器可看成声偶极子，因为其振膜不仅向前方辐射声波，而且还向后方辐射反相声波，可看成两个间距很小的反相脉动球源，如图 4-5（a）。因此，锥形扬声器如果不加障板，其低频声输出几乎为零，称为低频声短路。当扬声器安装障板后，如图 4-5（b），相当于增大了两个反相声源的间距 l，其有效重放下限频率由 $l = \lambda/2$ 决定。

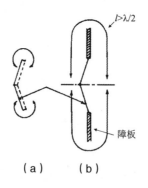

（a）　　（b）

图 4-5　不加障板和加障板的锥形扬声器

4.3 同相小球源的辐射

4.3.1 两个同相小球源的辐射

设两个相距 l 的小球源，它们的振动频率、振幅及相位均相同，如图 4-6 所示。这里设参考轴方向（$\theta = 0^o$）为垂直于两个球源的连线。

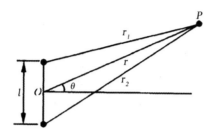

图 4-6 两个同相小球源的辐射

4.3.1.1 远场声压

设 P 点处在远场位置，即满足 $r \gg l$，r 为 P 点到声源中心的距离，r_1、r_2 分别为 P 点到两个声源的距离，根据叠加原理，P 点的声压为

$$p = \frac{A}{r_1}e^{j(\omega t - kr_1)} + \frac{A}{r_2}e^{j(\omega t - kr_2)} \tag{4.21}$$

设 $\Delta = \dfrac{l}{2}\sin\theta$，则 $r_1 = r - \Delta$，$r_2 = r + \Delta$，代入式（4.21），并忽略振幅差、保留相位差后得

$$
\begin{aligned}
p &= \frac{A}{r}e^{j(\omega t - kr)}\left[e^{-jk\Delta} + e^{jk\Delta}\right] \\
&= 2\cos k\Delta \cdot \frac{A}{r}e^{j(\omega t - kr)} \\
&= \frac{\sin 2k\Delta}{\sin k\Delta} \cdot \frac{A}{r}e^{j(\omega t - kr)}
\end{aligned} \tag{4.22}
$$

可见，两个同相小球源辐射的声场与声偶极子具有类似的特点：当距离 r 不变时，声压随方向变化，表现出指向性；当方向 θ 不变时，声压与距离成反比。

需要注意的是，这类组合声源辐射的声压随频率呈现梳状滤波效应以及表现出的指向性，都是声波干涉造成的。

4.3.1.2 指向性

根据式（4.16），得出两个同相小球源的指向性函数为

$$D(\theta) = |\cos k\Delta| = \left|\frac{\sin 2k\Delta}{\sin k\Delta}\right| \tag{4.23}$$

下面对指向性进行分析讨论：

（1）当 $k\Delta = m\pi$，即两个小球源的路程差 $l\sin\theta = m\lambda$（$m = 0,1,2,\cdots$）时

$$D(\theta) = 1$$

即在这些方向上，辐射声压振幅与参考轴方向相同，呈现极大值。也就是说，在这些方向上，

两个小球源的路程差为波长的整数倍，声压同相加强，产生声压极大值。主轴方向称为主极大值，其他方向称为副极大值。

（2）当 $2k\Delta = m'\pi$，即路程差 $l\sin\theta = m'\dfrac{\lambda}{2}\ (m'=1,3,5,\cdots)$ 时

$$D(\theta)=0$$

即在这些方向上，两个小球源的路程差为半波长的奇数倍，声压反相抵消，总声压为零。

出现第一个零点的方向为（取 $m'=1$）

$$\theta = \arcsin\frac{\lambda}{2l} \tag{4.24}$$

如果以零点作为主轴方向主声束（也称为主瓣）的边界，则主声束宽度为

$$\overline{\theta} = 2\arcsin\frac{\lambda}{2l} \tag{4.25}$$

（3）当 $kl \ll 1$ 时，即 $k\Delta \ll 1$ 时

对于所有方向，$D(\theta)=1$。即声辐射无指向性，声压表示为

$$p = \frac{2A}{r}e^{j(\omega t - kr)} \tag{4.26}$$

可见，当两个同相小球源间距远小于波长时，其到达远场某点的相位差可以忽略。这时，声辐射等效为强度加倍的一个脉动球源的辐射，声场为球面波。

图 4-7 所示为两个同相小球源相距 $l=\dfrac{\lambda}{2}, \lambda, \dfrac{3}{2}\lambda, 2\lambda$ 时的指向性图，即频率依次为 f_0、$2f_0$、$3f_0$ 和 $4f_0$ 时的指向性图，f_0 为波长 $2l$ 对应的频率。由图可知，频率越高，则主极大和副极大的数目越多，指向性越复杂。

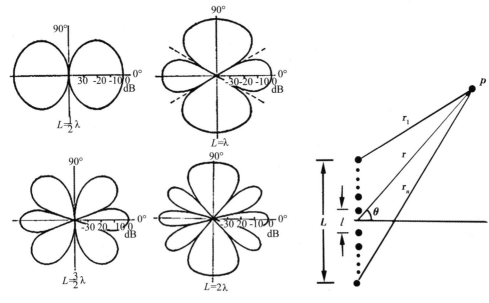

图 4-7　两个同相小球源的指向性图　　　　图 4-8　n 个同相小球源组成的声柱

4.3.2　声柱的辐射

设 n 个振幅相等、相位相同的小球源均匀分布在一条直线上，小球源间距为 l，这种同相小球源以线性排列形成的声源称为声柱。声柱总长度为 $L = (n-1)l$，如图 4-8 所示。

4.3.2.1　远场声压

设 P 点处在远场位置，即满足 $r \gg L$，r 为 P 点到声源中心的距离，r_1、r_2、$\cdots$、r_n 分别为 P 点到 n 个声源的距离，根据叠加原理，P 点的总声压为

$$p = \sum_{i=1}^{n} \frac{A}{r_i} e^{j(\omega t - k r_i)} \tag{4.27}$$

其中

$$\begin{aligned}
&r_2 = r_1 + l \sin\theta \\
&r_3 = r_2 + l \sin\theta = r_1 + 2l \sin\theta \\
&\vdots \\
&r_n = r_1 + (n-1)l \sin\theta
\end{aligned} \tag{4.28}$$

设 $\Delta = \dfrac{l}{2}\sin\theta$，将式（4.28）代入式（4.27），并忽略振幅差、保留相位差后得

$$\begin{aligned}
p &= \frac{A}{r} e^{j(\omega t - k r_1)} \left[1 + e^{-j2k\Delta} + \cdots + e^{-j2k(n-1)\Delta} \right] \\
&= \frac{\sin kn\Delta}{\sin k\Delta} \cdot \frac{A}{r} e^{j(\omega t - kr)}
\end{aligned} \tag{4.29}$$

上式取 $n=2$ 时，结果与式（4.22）相同。

4.3.2.2　指向性

根据式（4.16），得出 n 个同相小球源组成的声柱的指向性函数为

$$D(\theta) = \left| \frac{\sin nk\Delta}{n \sin k\Delta} \right| \tag{4.30}$$

其中，$k = \dfrac{\omega}{c} = \dfrac{2\pi}{\lambda}$，小球源到接收点的声程差由 Δ 决定。可见，声柱的指向性与声程差对波长的比值、小球源个数有关。下面对指向性进行分析讨论：

1. 当 $k\Delta = m\pi$，即相邻两个小球源的路程差 $l\sin\theta = m\lambda\ (m = 0,1,2,\cdots)$ 时

$$D(\theta) = 1$$

即在这些方向上，辐射声压振幅与参考轴方向相同，呈现极大值。在这些方向上，小球源之间的路程差为波长的整数倍，声压同相加强，产生声压极大值。

2. 当 $nk\Delta = m'\pi$，即路程差 $l\sin\theta = \dfrac{m'}{n}\lambda$（$m'$ 为除了 n 的整数倍以外的整数）时

式（4.30）的分子为零、分母不为零，所以

$$D(\theta) = 0$$

即在这些方向上，由于小球源间声波的干涉效应，声压反相抵消为零。

出现第一个零点的方向为（取 $m'=1$）

$$\theta = \arcsin\frac{\lambda}{nl} \tag{4.31}$$

主声束宽度为

$$\overline{\theta} = 2\arcsin\frac{\lambda}{nl} \tag{4.32}$$

3. 当 $nk\Delta = (2m'+1)\dfrac{\pi}{2}$，即 $l\sin\theta = \dfrac{(2m'+1)}{2n}\lambda$（$m'=1,2,\cdots$）时

式（4.30）的分子为 1，因此在这些方向上声压也出现极大值，但它们的数值比主极大值小，故称为次极大值。

最靠近主极大的次极大位置为（取 $m'=1$）

$$l\sin\theta = \frac{3\lambda}{2n} \tag{4.33}$$

第一次极大与主极大的比值为

$$D_1 = \frac{1}{\left|n\sin\dfrac{3\pi}{2n}\right|} \tag{4.34}$$

在实际应用中，一般希望这个值尽量小，使声辐射能量集中在主瓣上。

4. 当频率极低以致波长远大于 L 时，即 $kL \ll 1$ 或 $k(n-1)l \ll 1$ 时

由式（4.30）可知，对于所有方向，$D(\theta) \approx 1$。即声辐射无指向性，声压表示为

$$p = \frac{nA}{r}e^{j(\omega t - kr)} \tag{4.35}$$

这时，各脉动球源产生的声压在任何位置都可视为同相位，声辐射等效为强度为 n 倍的脉动球源的辐射，声场近似为球面波。

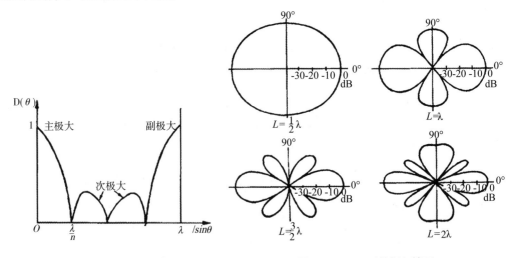

图 4-9　n=4 时的指向性函数　　　　图 4-10　n=4 时的指向性图

图4-9所示为n=4时的指向性函数；图4-10为$L=\dfrac{\lambda}{2},\lambda,\dfrac{3}{2}\lambda,2\lambda$时的指向性图，即频率依次为$f_0$、$2f_0$、$3f_0$和$4f_0$时的指向性图，$f_0$为波长$2L$对应的频率。由图可知，频率越高，则主极大、次极大、副极大的数目越多，指向性越复杂。

4.4 点声源

4.4.1 点声源的辐射

点声源是指半径r_0比波长小很多，即满足$kr_0 \ll 1$的脉动球源。由式（4.4）至式（4.6）可知，脉动球源辐射的声压为

$$p = \frac{A}{r}e^{j(\omega t - kr)} = \frac{|A|}{r}e^{j(\omega t - kr + \theta)}$$

$$|A| = \frac{\rho c k r_0^2 u_a}{\sqrt{1 + (kr_0)^2}}$$

$$\theta = \arctan\left(\frac{1}{kr_0}\right)$$

其中，$k = \dfrac{\omega}{c}$，u_a为球源表面振速振幅，r_0为球源半径。将$kr_0 \ll 1$代入上式得

$$p \approx j\frac{k\rho c}{4\pi r}Q_0 e^{j(\omega t - kr)} \tag{4.36}$$

其中，$Q_0 = 4\pi r_0^2 u_a$，为声源的表面积与振速振幅的乘积，称为声源强度，简称源强。

如果脉动球源放置在无限大平面障板上，向半空间辐射声波，如图4-11所示。设源强为Q_0，利用式（4.17）得

$$Q_0 e^{j(\omega t - kr_0)} = 2\pi r_0^2 \cdot v_r\big|_{r=r_0} = 2\pi r_0^2 \cdot \frac{A}{r_0 \rho c}\left(1 + \frac{1}{jkr_0}\right)e^{j(\omega t - kr_0)} \tag{4.37}$$

整理后得

$$A = \frac{Q_0 \rho c}{2\pi r_0\left(1 + \dfrac{1}{jkr_0}\right)} \tag{4.38}$$

当$kr_0 \ll 1$时

$$A \approx \frac{jk\rho c Q_0}{2\pi} \tag{4.39}$$

因此，点声源向半空间辐射的声压为

$$p \approx j\frac{k\rho c}{2\pi r}Q_0 e^{j(\omega t - kr)} \qquad (4.40)$$

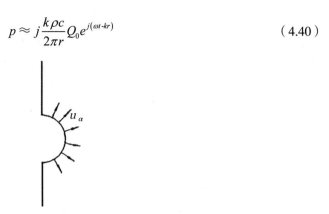

图 4-11 脉动球源向半空间辐射声波

4.4.2 任意面声源的点源组合分析法

点源组合法用于求解任意形状面声源辐射的声压。设这个任意形状面声源安装在无限大平面障板上，总面积为 S_0，如图 4-12 所示。在声源上取一个面元 dS，所在位置坐标为 (x, y, z)，若该点的振速振幅为 $u_\alpha(x, y, z)$，振动初相位为 $\alpha(x, y, z)$，则振速为

$$u = u_a(x, y, z)e^{j[\omega t + \alpha(x, y, z)]} \qquad (4.41)$$

面元 dS 可看成点源，利用式（4.40），面元 dS 在空间某点 P 产生的声压为

$$dp = j\frac{k\rho c}{2\pi h(x, y, z)}u_a(x, y, z)dSe^{j[\omega t - kh(x, y, z) + \alpha(x, y, z)]} \qquad (4.42)$$

其中，$h(x, y, z)$ 为 P 点到面元的距离。

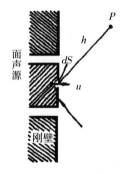

图 4-12 无限大障板上任意形状面声源

利用声波叠加原理，面声源辐射的总声压为所有面元辐射的声压之和，即

$$p = \iint_S j\frac{k\rho c}{2\pi h(x, y, z)}u_a(x, y, z)e^{j[\omega t - kh(x, y, z) + \alpha(x, y, z)]}dS \qquad (4.43)$$

式（4.43）可用于计算任意形状面声源辐射的声压。上述方法称为点源组合法。

4.5 无限大障板上圆形活塞的辐射

活塞式声源是指一种平面状振子，当它沿着平面的法向振动时，其面上各点的振速振幅和

相位都是相同的。虽然在现实生活中并不存在理想的活塞式声源,但是许多声源在一定条件下可看成活塞式声源,例如扬声器的振膜、号筒开口处的空气层等,在低频时可认为作活塞式振动。

通常扬声器工作时是安装在面板上,只要面板的尺寸比声波的波长大很多,就可以认为是无限大障板。因此,无限大障板上圆形活塞的辐射是实际应用中常遇见的一种声波辐射情况。

4.5.1 近场声压

近场是指距离声源较近,不满足 $r \gg l$ 条件的声场区间。其中,r 为到声源的距离,为声源尺寸。由于近场时,声源上各点在空间某点 P 产生的声压的振幅差和相位差都不可忽略,计算比较复杂,因此将所计算的位置 P 点局限在中心轴上,如图 4-13 所示。

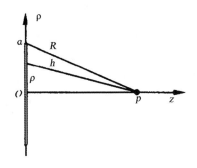

图 4-13 圆形活塞近场声压计算

设 z 轴为圆形活塞的中心轴,ρ 轴为沿着活塞的半径方向,活塞半径为 a,取面元为距圆心 ρ 处的一个圆环,$dS = 2\pi\rho d\rho$,圆环到 P 点距离为 h。活塞的振动速度为 $u_a e^{j\omega t}$(为了计算简便,设初相位为零,这并不影响分析结果),则根据式(4.42),面元在 P 点产生的声压为

$$dp = j\frac{k\rho c}{2\pi h}u_a dS e^{j(\omega t - kh)} \tag{4.44}$$

利用点源组合法得

$$p = jk\rho c u_a e^{j\omega t}\int_0^a \frac{e^{-jkh}}{2\pi h}\cdot 2\pi\rho \,\mathrm{d}\rho \tag{4.45}$$

由于 $h^2 = \rho^2 + z^2$,所以 $h\mathrm{d}h = \rho\mathrm{d}\rho$,对式(4.45)进行变量代换后得

$$
\begin{aligned}
p &= jk\rho c u_a e^{j\omega t}\int_z^R e^{-jkh}\,\mathrm{d}h \\
&= jk\rho c u_a e^{j\omega t}\cdot\frac{1}{-jk}\left(e^{-jkR} - e^{-jkz}\right) \\
&= -\rho c u_a e^{j\omega t}e^{-jk\frac{R+z}{2}}\left[e^{jk\frac{z-R}{2}} - e^{-jk\frac{z-R}{2}}\right] \\
&= 2\rho c u_a \sin\left[\frac{k}{2}(R-z)\right]e^{j\left[\omega t - \frac{k}{2}(R+z)+\frac{\pi}{2}\right]}
\end{aligned}
\tag{4.46}
$$

其中,$R = \sqrt{a^2 + z^2}$,$k = \dfrac{\omega}{c}$。

可见,近场中心轴上的声压将随频率和位置 z 变化。其随频率的变化呈现梳状滤波效应,这是由于声源不同位置辐射的声波之间干涉的结果；其随位置的变化也是由函数$\sin\left[\dfrac{k}{2}(R-z)\right]$决定，呈现类似梳状滤波效应的峰谷起伏变化。图 4-14 所示为不同频率时主轴声压随距离 z 的变化规律。

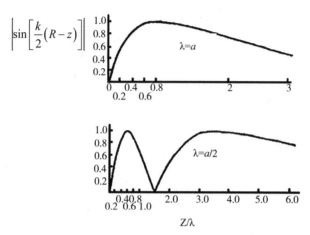

图 4-14　不同频率时主轴声压随距离 z 的变化规律

图 4-15 所示为函数$\sin\left[\dfrac{k}{2}(R-z)\right]$随距离 z 的变化规律。可见，在距声源较近处，声压随距离的变化非常快，即峰谷的间隔很小；随着距离增大，峰谷间隔越来越大。出现最后一个峰值的距离称为区分远场和近场的临界距离，记为 z_g。当距离大于 z_g 后，声压的变化趋于稳定，不再出现峰谷交替的快速变化。下面推导 z_g 的计算公式。

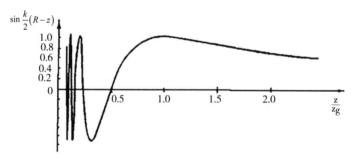

图 4-15　函数$\sin\left[\dfrac{k}{2}(R-z)\right]$随距离 z 的变化规律

当 z 较大以致于 z>2a 时，函数$\sin\left[\dfrac{k}{2}(R-z)\right]$相位角中的 $R=\sqrt{z^2+a^2}$ 可以展开为级数，并忽略二次以上的微小项，整理后得

$$\sin\frac{k}{2}\left(\sqrt{z^2+a^2}-z\right)\approx\sin\frac{ka^2}{4z}=\sin\frac{\pi}{2}\frac{z_g}{z} \tag{4.47}$$

其中，z_g 为远近场临界距离，并且

$$z_g = \frac{a^2}{\lambda} \quad\quad (4.48)$$

由此可见，活塞式声源近场声压随位置的变化较为剧烈，因此，在使用或测量扬声器时，听音点和测试点要选择在远场，否则声压将不够稳定，影响听音效果和测量结果。设某低频扬声器单元振膜直径为 165mm，利用式（4.48）可计算出在 10kHz 的临界距离为 $z_g \approx 0.2m$。可见，距离扬声器 1m 以外，就可以认为处在远场区。

4.5.2 远场声压和指向性

4.5.2.1 远场声压

取活塞中心为坐标原点，活塞所在平面为 xy 平面。由于声场对穿过活塞中心的 z 轴是旋转对称的，因此可以不失一般性地设 P 点在 xz 平面上。设 P 点到活塞中心点的距离为 r，r 与 z 轴的夹角为 θ。在活塞上取一面元，P 点到面元的距离为 h，dS=ρdφdρ，φ 为 h 在 xy 面的投影与 x 轴的夹角，如图 4-16 所示。

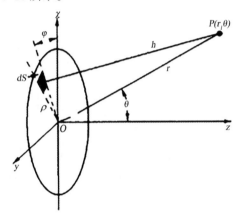

图 4-16 圆形活塞远场声压计算示意图

根据式（4.42），面元在 P 点产生的声压为

$$dp = j\frac{k\rho c}{2\pi h}u_a dS e^{j(\omega t - kh)}$$

利用点源组合法，P 点的总声压为

$$p = \iint_S dp = \iint_S j\frac{k\rho c}{2\pi h}u_a e^{j(\omega t - kh)}dS \quad\quad (4.49)$$

由于 $h^2 = r^2 + \rho^2 - 2r\rho\cos(\rho; r)$，可改写为 $h = r\sqrt{1 - \frac{2\rho}{r}\cos(\rho; r) + \frac{\rho^2}{r^2}}$。当远场时，满足 $r \gg a$ 或 $r \gg \rho$，所以利用级数展开并忽略二次以上的微量后得

$$h \approx r - \rho\cos(\rho; r) \quad\quad (4.50)$$

由解析几何可知

$$\cos(\rho;r) = \frac{\vec{\rho} \cdot \vec{r}}{|\rho||r|} = \frac{|\rho|(i\cos\varphi + j\sin\varphi) \cdot |r|(i\sin\theta + k\cos\theta)}{|\rho||r|} \qquad (4.51)$$
$$= \sin\theta\cos\varphi$$

所以

$$h \approx r - \rho\sin\theta\cos\varphi \qquad (4.52)$$

将式（4.52）代入式（4.49），并忽略距离产生的强度差，得

$$p = j\frac{k\rho cu_a}{2\pi r} e^{j(\omega t - kr)} \int_0^a \rho\,\mathrm{d}\rho \int_0^{2\pi} e^{jk\rho\sin\theta\cos\varphi}\,\mathrm{d}\varphi$$
$$= j\frac{k\rho cu_a a^2}{2r}\left[\frac{2\mathrm{J}_1(ka\sin\theta)}{ka\sin\theta}\right] e^{j(\omega t - kr)} \qquad (4.53)$$

其中，$\mathrm{J}_1(x)$ 称为一阶柱贝塞尔函数（见附录 21）。

4.5.2.2 指向性

由贝塞尔函数性质可知，$\left.\dfrac{\mathrm{J}_1(x)}{x}\right|_{x=0} = \dfrac{1}{2}$，所以圆形活塞远场声辐射指向性为

$$D(\theta) = \frac{(p_a)_\theta}{(p_a)_{\theta=0}} = \left|\frac{2\mathrm{J}_1(ka\sin\theta)}{ka\sin\theta}\right| \qquad (4.54)$$

可见，其指向性与 ka 有关，即与活塞的尺寸对波长的比值有关。前面讨论的声偶极子、两个同相小球源、声柱等都有类似的特性，因此，可以认为这是所有声源的共性。

只要了解函数 $\dfrac{2\mathrm{J}_1(x)}{x}$ 的变化特性，就可以得到圆形活塞在不同频率的指向性图。图 4–17 所示为函数 $\dfrac{2\mathrm{J}_1(x)}{x}$ 随 x 变化的曲线。图 4–18 所示为 ka 分别为 1、3、4 和 10 时的指向性图。

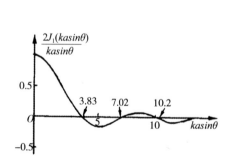

图 4–17　函数 $\dfrac{2\mathrm{J}_1(x)}{x}$ 随 x 变化规律

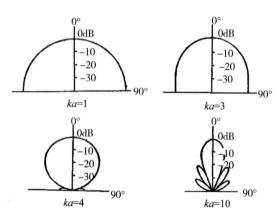

图 4–18　ka 分别为 1、3、4 和 10 时的指向性图

同样地，当工作频率很低时，即在满足 $ka \ll 1$ 的条件下，指向性函数 $D(\theta) \approx 1$。此时，由式（4.53）得

$$
\begin{aligned}
p &= j\frac{k\rho c u_a a^2}{2r}e^{j(\omega t - kr)}\\
&= j\frac{k\rho c Q_0}{2\pi r}e^{j(\omega t - kr)}
\end{aligned}
\tag{4.55}
$$

其中，$Q_0 = \pi a^2 u_a$，为声源强度。这是典型的球面波声压表示式，即声场可看成球面波。由此可以得到一般性的结论：对于大多数声源，当工作频率很低或满足 $ka \ll 1$ 的条件时，其声辐射可看成球面波。

例 4.2 有一直径为 30cm（12 英寸）的纸盆扬声器嵌在无限大障板上向空气中辐射声波，假设它可以看作是活塞振动。（1）试分别画出其在 100Hz 与 1000Hz 时的指向性图；（2）当 $f = 2$kHz 时，主声束角宽度为多少？此扬声器临界距离为多少？

解：（1）由于

$$
D(\theta) = \left| \frac{2J_1(ka\sin\theta)}{ka\sin\theta} \right|
$$

根据图 4-16 所示的函数 $\dfrac{2J_1(x)}{x}$ 随 x 变化的曲线，可画出不同频率时的指向性图。利用指向性图的对称性，只需画出 θ 从 $0°\sim90°$，即 $x = ka\sin\theta$ 从 $0\sim ka$ 的指向性图即可。

当 $f = 100$Hz 时，$ka = \dfrac{2\pi f}{c}a = \dfrac{2\pi \times 100}{343} \times 0.15 \approx 0.27$

当 $f = 1000$Hz 时，$ka = \dfrac{2\pi f}{c}a = \dfrac{2\pi \times 1000}{343} \times 0.15 \approx 2.7$

因此，可以得到类似于 $ka = 1$ 和 $ka = 3$ 的指向性图（图略）。由于 ka 小于第一个零点的值 3.83，所以指向性图中不会出现零点。

（2）当 $f = 2$kHz 时，$ka = \dfrac{2\pi f}{c}a = \dfrac{2\pi \times 2000}{343} \times 0.15 \approx 5.5$，所以指向性图中会出现第一个零点，其方向为

$$
ka\sin\theta_1 = 3.83
$$

主声束角宽度为

$$
\theta = 2\theta_1 = 2\sin^{-1}\frac{3.83}{ka} = 2\sin^{-1}\frac{3.83}{5.5} = 88°
$$

远近场临界距离为

$$
z_g = \frac{a^2}{\lambda} = \frac{a^2 f}{c} = \frac{0.15^2 \times 2000}{343} \approx 0.13\,(m)
$$

4.5.3 圆形活塞的辐射阻抗

当活塞振动时，活塞表面各处的声压是不均匀的，因此活塞表面各处所受作用力也不同。

将活塞表面分割成无限多个面元，如图 4-19 所示，设由于面元 dS 的振动在 dS' 处产生的声压为

$$dp = j\frac{k\rho c}{2\pi h}u_a dSe^{j(\omega t - kh)} \tag{4.56}$$

其中，h 为 dS 与 dS' 的间距。

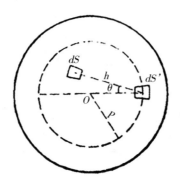

图 4-19　辐射阻抗计算示意图

活塞上所有面元 dS 在 dS' 处产生的总声压为

$$p = \int dp = j\frac{k\rho c}{2\pi}u_a e^{j\omega t}\iint_S \frac{e^{-jkh}}{h}dS \tag{4.57}$$

dS' 处（声源对媒质）的作用力为

$$dF_r = pdS' \tag{4.58}$$

活塞表面的总作用力为

$$F_r = \iint_S pdS' = \frac{jk\rho cu_a}{2\pi}e^{j\omega t}\iint_S dS'\iint_S \frac{e^{-jkh}}{h}dS \tag{4.59}$$

将式（4.59）代入式（4.7），并设 $u = u_a e^{j\omega t}$，利用高等数学公式，即可求得辐射阻抗为

$$Z_r = \rho cS\left[1 - \frac{2J_1(2ka)}{2ka} + j\frac{2K_1(2ka)}{(2ka)^2}\right] \tag{4.60}$$

$$= R_r + jX_r$$

$$R_r = \rho cS\left[1 - \frac{2J_1(2ka)}{2ka}\right] \tag{4.61}$$

$$X_r = \rho cS\frac{2K_1(2ka)}{(2ka)^2} \tag{4.62}$$

其中，$S = \pi a^2$，为活塞面积，$k = \dfrac{\omega}{c}$，a 为活塞半径，且

$$J_1(2ka) = ka\left[1 - \frac{(2ka)^2}{2\cdot 2^2} + \frac{(2ka)^4}{2\cdot 4^2\cdot 6} - \cdots\right] \tag{4.63}$$

$$\mathrm{K}_1(2ka) = \frac{2}{\pi}\left[\frac{(2ka)^3}{3} - \frac{(2ka)^5}{3^2 \cdot 5} + \frac{(2ka)^7}{3^2 \cdot 5^2 \cdot 7} - \cdots\right] \quad (4.64)$$

分别为一阶柱贝塞尔函数和一阶修正柱贝塞尔函数。图 4-20 所示为圆形平面活塞辐射阻和辐射抗随频率（ka）变化的特性。

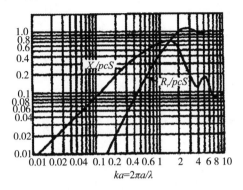

图 4-20 圆形平面活塞辐射阻和辐射抗随频率变化特性

圆形活塞辐射阻抗的表达式较为复杂，但是，在频率较低和较高两种情况下，可在一定程度进行简化：

（1）当 $ka < 1$ 时

$$\begin{cases} R_r \approx \dfrac{\rho c k^2}{2\pi}S^2 \\ X_r \approx \rho c S\left(\dfrac{8}{3\pi}ka\right) \end{cases} \quad (4.65)$$

（2）当 $ka > 5$ 时

$$\begin{cases} R_r \approx \rho c S \\ X_r \approx 0 \end{cases} \quad (4.66)$$

例 4.3 一半径为 10cm 的活塞嵌在无限大障板上向空气中辐射声波，为了使离活塞中心 20m 处对 100Hz 声波有 80dB 声压级，声源声功率要多大？振速振幅要多大？同振质量为多少？

解：（1）由于 $r = 20\mathrm{m} \gg 0.1\mathrm{m}$，满足远场条件，且

$$ka = \frac{2\pi f}{c}a = \frac{2\pi \times 100}{343} \times 0.1 \approx 0.18 \ll 1$$

可看成点源辐射，因此

$$p = p_r 10^{SPL/20} = 2 \times 10^{-5} \times 10^{80/20} = 0.2 \text{（Pa）}$$

由于 $I = \dfrac{W}{2\pi r^2}$，所以

$$W = I \cdot 2\pi r^2 = \frac{P^2}{\rho c} \cdot 2\pi r^2$$

$$= \frac{0.2^2}{415} \times 2\pi \times 20^2 = 0.24(\mathrm{W})$$

（2）当 $ka<1$ 时

$$R_r \approx \frac{\rho c k^2}{2\pi}\left(\pi a^2\right)^2 = \frac{\rho c (ka)^2 \pi a^2}{2}$$

$$= \frac{415 \times 0.18^2 \times \pi \times 0.1^2}{2} = 0.2(\Omega_m)$$

因为 $W = \frac{1}{2} u_a^2 R_r$，所以

$$u_a = \sqrt{\frac{2W}{R_r}} = \sqrt{\frac{2 \times 0.24}{0.2}} = 1.5 \ (\text{m/s})$$

（3） $M_r = \frac{8}{3}\rho a^3 = \frac{8}{3} \times 1.21 \times 0.1^3 = 3.2 \times 10^{-3} \ (\text{kg})$

习题 4

1. 对于脉动球源，在满足 $kr_0 \ll 1$ 的条件下，如果使球源半径比原来增加一倍，表面振速及频率仍保持不变，试问其辐射声压增加多少分贝？如果在 $kr_0 \gg 1$ 的情况下，使球源半径比原来增加一倍，振速和频率不变，试问声压增加多少分贝？

2. 已知脉动球源半径为 0.01m，向空气中辐射频率为 1 000Hz 的声波，设表面振速幅值为 0.05m/s，求距球心 50m 处的声压及声压级为多少？该处质点位移振幅、速度振幅为多少？辐射声功率为多少？

3. 两只 20.32cm（8 英寸）扬声器纸盆对着纸盆紧密合口，这样可以模拟"脉动球源"辐射。设脉动球源半径 $r_0=0.1$m，求 $f=100$Hz 时的同振质量。假定每个扬声器本身的力学质量为 0.01kg，同振质量和力学质量之比为多少？

4. 半径为 15cm 的活塞嵌在无限大障板上向空气中辐射声波，已知振速幅值 $u_\alpha=0.002$m/s，求 $f=300$Hz 时轴上 1m 处的声压级、辐射声功率及同振质量。

5. 求无限大障板上，活塞辐射当 $ka=5$ 时，相对于轴上声压下降 3dB 的角度 θ。

6. 振膜半径为 a 的锥形扬声器嵌在无限大障板上向空气中辐射声波。假设它可以当作活塞振动，振速幅值为 u_α。在 $ka<1$ 的情况下：

（1）试写出扬声器总辐射声功率表示式，并讨论如果 u_α 不随频率改变，其声功率频率特性将如何？

（2）试写出在 1m 远处轴上声压幅值表示式。

（3）如果希望在轴上 1m 远处对 1 000Hz 声波能获得 0.2Pa 的声压有效值，已知 $a=0.12$m，纸盆、音圈及同振质量共 $M_m=0.025$kg，$C_m=1.8 \times 10^{-4}$ m/N，试问加于音圈上的力 F_α 必须等于多少？

5　心理声学基本理论

5.1 听觉构造及各部分机能

人类听觉器官的构造如图 5-1 所示，它可分为外耳、中耳和内耳三大部分。外耳是由耳廓和一直通到鼓膜的外耳道组成。耳廓起到将声波导向外耳道的作用，并对声源的方向定位特别是高频声的定位起重要作用；外耳道是一个直径约为 0.5cm、长约为 2.5cm 的近似于圆形的一端封闭的管子，起着将声音传至鼓膜的作用，并保护鼓膜不受外界物体的机械损伤。外耳道的自然谐振频率约为 3400Hz。由于外耳道的共鸣以及头部对声音的衍射作用，使外耳的传输增益在 2~4kHz 的频率范围较高，这是人类听力敏感区产生的一个重要原因。

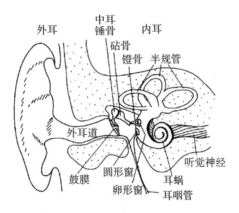

图 5-1　人类听觉器官构造

中耳主要是由鼓膜、鼓室、三个听小骨和通入内耳的卵形窗和圆形窗组成。鼓室是指鼓膜内中耳部分的空气腔；三个听小骨分别是锤骨、砧骨和镫骨，是人体中最小的三块骨头；鼓膜是一个面积约为 $0.8cm^2$、厚约为 0.1mm 的浅锥形薄膜，具有较大的刚性，在频率小于 2.4kHz 时，它与相连的锤骨一起作整体运动，但是，在较高频率时，耳膜将作分割振动。中耳有三个主要作用：其一，中耳里的听小骨组成杠杆机构，锤骨牢固地附于锥状鼓膜，锤骨、砧骨和镫骨相互衔接，由韧带固定，镫骨的底面积约为 $3.2mm^2$，与通往内耳的由膜覆盖的卵形窗相连，因此，可以使加在鼓膜上的声压被放大后加给卵形窗；其二，通过鼓膜与卵形窗的面积比，使外耳的空气声阻抗和内耳中流体声阻抗相匹配，空气中的声能能够有效地传到内耳，从而减少了反射引起的声能损失；其三，听小骨上附有能对强声起条件反射作用的肌肉，使强声减弱后再传入内耳，以保护内耳。因此，中耳是听觉非线性产生的原因之一。但是，听觉产生反射需要一定的时间，因此，对于短促的强声听觉不能起到自我保护作用。中耳通过耳咽管与鼻腔和咽腔相通，平时耳咽管是闭合的，当咽东西时它才打开，使外耳和中耳的气压保持平衡，保护鼓膜不致因过强气压而破裂。

内耳主要是由耳蜗和半规管组成，其中耳蜗与听觉有关，是听觉的神经部分；半规管是起保持身体平衡作用的，与听觉无关。耳蜗的外形如同蜗牛的外壳，直径约为 9mm，高约为 5mm，由卷曲成 $2\frac{3}{4}$ 圈的螺旋形骨质小管组成，管长约 2~3cm，内部充满淋巴液。耳蜗展开后的示意图如图 5-2 所示。耳蜗沿长度方向由基底膜分为前庭阶和鼓阶两个部分，这两个阶在顶端蜗孔处相通。基底膜由外端的 0.16mm 宽逐渐变宽，到最里端时宽度约为 0.52mm。基底膜上分布着约 3 万根毛细胞，每根毛细胞都与末梢神经相连，当声音（振动）经镫骨传

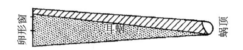

图 5-2　耳蜗展开后示意图

到卵形窗后，由淋巴液传到基底膜，使基底膜上与声音频率相应的部分产生共振，靠近卵形窗处与高频产生共振，离卵形窗越远则共振频率越低。共振使该部分的毛细胞刺激相应的末梢神经产生电脉冲，通过神经纤维送至大脑皮层中的听觉中枢，从而使人听到相应频率的声音。对于由许多频率组成的复音，各频率声音分别使基底膜上的相应部分产生共振，使人感觉到复音的音色。声强越大，细胞区的激发范围越大，相应地有较多的神经电脉冲送到大脑，大脑感觉到的声音响度越大。因此，耳蜗是听觉的频谱分析仪，它既可以检测出各种不同的频率成分，又可以分析出各种频率成分的大小。毛细胞的作用具有非线性，如果把它比喻为放大器，它对弱信号的放大倍数远大于对强信号的放大倍数。图 5-3 所示为不同频率正弦波作用下基底膜的振幅包络曲线。

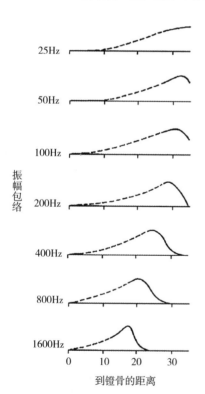

图 5-3　不同频率正弦波作用下基底膜的振幅包络曲线

5.2 听觉的声压和频率范围

听觉并不能感受到所有频率和所有声强的声音，而只能感受到一定声压和频率范围的声音。正常听觉范围如图 5-4 所示，是用持续时间不小于 100ms 的稳态纯音测得。图中纵坐标所示为声压级和相应的声强

级，横坐标采用频率的对数坐标，只有这样，才能把听觉范围内的所有频率和声压在坐标中表示出来。因为声压的最大值和最小值之间相差若干个数量级，是无法用线性坐标全部表示出来的。由图可知，声音的频率范围大约是 20Hz~20kHz；声压级范围是在听阈曲线和痛阈曲线之间，最大值和最小值相差约 140dB。听阈是指能够听得见的声音的最低声压级。听觉范围的上限有时取在不舒适阈，它的声压级大约为 120dB，与频率无关，但更常用的是取 140dB 的痛阈为极限。声压级大于 140dB 时会使人耳感到疼痛。听阈曲线和痛阈曲线如图中下方实线和上方虚线所示。

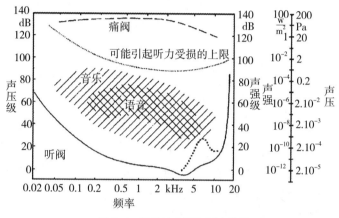

图 5-4　听觉的声压和频率范围

图中还表示出语声和音乐所在的声压和频率范围。语声的频率范围大约是 100Hz~7kHz，声压级变化范围大约是 30dB~70dB；音乐的频率范围大约是 40Hz~10kHz，声压级范围是 20dB~95dB。同时还可以看出，语声和乐声都呈现在远高于听阈的位置。

图 5-4 中另一条由点画线形成的上限是可能引起听力损害的上限，是多人参加测试后的统计结果。曲线说明，在较低频率时，可能引起听力损害的上限可以达到很高，在 1~5kHz 的频率范围，上限下降到约 90dB。这样高的声压级在一些工厂车间是很容易达到的，因此要注意采取一些措施保护听觉。另外，当使用耳机听音乐时，也很容易使声压级过大，如果不加注意很可能会引起听力的暂时性损失甚至损坏。该曲线是按每星期 5 天、每天 8 小时的承受时间统计分析的结果，如果听觉承受的时间减小一半，则上限声压级可以增加 3dB，若承受时间减小 10 倍，则上限声压级可以增加 10dB。当听觉承受过高的声压时，最初时会引起听阈暂时上移，当不再承受过高声压时可以恢复到正常听力。但如果长期承受高声压级，就可能使听力受损，产生不可恢复的听阈上移。图 5-4 中听阈曲线上的点画线部分表示经常用耳机大声听音乐的年轻人的听阈，引起的听力损失主要表现在 3~12kHz 的频率范围。

图 5-5 所示是一组正常听力的听阈曲线，曲线上的百分数表示达到此听阈曲线的人数占受测试总人数的百分比。90% 对应的曲线表明了绝大多数正常听力人的听阈，因此当听阈不超过所示值时，基本上可以认为听力是正常的；而 50% 对应的曲线表示的是听阈的平均值，一般作为标准的实验结果和数据曲线。由图中还可以看出，1kHz 纯音的听阈并不是像人们常说的 0dB，而是约 3dB。

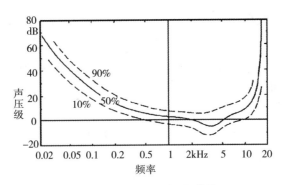

图 5-5　正常听力的听阈曲线

5.3 掩蔽效应

人耳能在寂静的环境中分辨出轻微的声音，但在嘈杂的环境中，这些轻微的声音就会被嘈杂声所淹没而听不到了，这种由于第一个声音的存在而使第二个声音听阈提高的现象称为掩蔽效应。第一个声音称为掩蔽声，第二个声音称为被掩蔽声，第二个声音听阈提高的数量称为掩蔽量。研究听觉的掩蔽效应时，一般以不同性质的声音作为掩蔽声，如纯音、复音、窄带噪声、宽带噪声等，研究其对纯音的掩蔽规律。研究还发现，当掩蔽声和被掩蔽声不同时到达时也会发生掩蔽，这种掩蔽现象称为非同时掩蔽。

听觉的掩蔽效应一般是用掩蔽声存在时的新的听阈曲线来表示，因此这里涉及的被掩蔽声一般是指纯音。掩蔽声存在时的听阈称为掩蔽阈。

5.3.1 纯音的掩蔽

纯音虽然是最简单的一种声音，但是，由于拍音的存在，使纯音的掩蔽现象并不像想象的那样简单。图 5-6 所示为以 1kHz、80dB 纯音为掩蔽声时测得的纯音的听阈随频率变化的特性。图中虚线为听阈曲线，实线为掩蔽阈曲线，文字表示出在不同区域所能听到的声音。可见，在大约 700Hz 以下和 9kHz 以上的频率范围，纯音的听阈几乎不受掩蔽声存在的影响；在 700Hz 到 9kHz 的频率范围内，纯音的听阈比无掩蔽声时明显地提高了，而且越接近掩蔽声的频率，掩蔽量就越大；除了在 1kHz 附近能听到拍音外，在 2kHz 和 3kHz 附近也能听到拍音，图中用斜线画出的阴影区域表示能同时听到掩蔽声、被掩蔽声和拍音的区域。

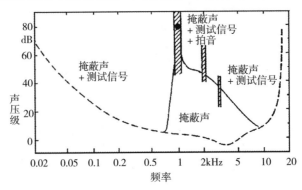

图 5-6　以 1kHz、80dB 纯音为掩蔽声时测得听阈随频率变化特性

　　图5-7所示为排除了拍音干扰后测得的不同掩蔽声声压级时的掩蔽特性曲线，其中掩蔽声为1kHz的纯音。从图中可以明显看出，掩蔽曲线并不是左右对称的，在掩蔽声声压级较低时，左侧的坡度要缓于右侧的坡度，而在掩蔽声声压级较高时，右侧的坡度要缓于左侧的坡度，而且最大掩蔽阈出现在非常靠近掩蔽声频率的位置。

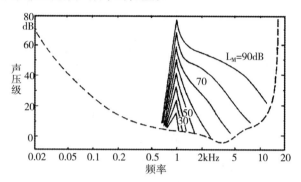

图5-7　不同掩蔽声声压级时的掩蔽特性

　　由图5-6和图5-7可以得出纯音的掩蔽规律：

　　第一，低音容易掩蔽高音，而高音较难掩蔽低音；

　　第二，频率相近的纯音容易互相掩蔽；

　　第三，提高掩蔽声的声压级时，掩蔽阈会提高，而且被掩蔽的频率范围会展宽。

5.3.2　复音的掩蔽

　　由多个不同频率的纯音组成的声音称为复音。大多数声音是以复音形式存在的，例如语声、各种乐器产生的声音等。乐音一般是由一个基频和多个谐波组成，音色主要取决于其频谱结构。例如长笛的声音中谐波成分很少，主要是以基频为主，因此其音色类似于纯音；小号的声音则含有丰富的谐波成分，因此其掩蔽作用要比长笛强得多。图5-8所示为某个复音的掩蔽特性曲线，其中作为掩蔽声的复音是由200Hz纯音及其九个谐波组成，频率依次为200Hz、400Hz、600Hz、800Hz、1 000Hz、1 200Hz、1 400Hz、1 600Hz、1 800Hz和2 000Hz，每个频率成分具有相同的强度，但是相位关系是无规的，两条曲线对应的是不同掩蔽声声压级时的测量结果。可见，复音的掩蔽范围主要是由复音所包含的频率成分决定，在每个所包含的频率附近都产生一个最大掩蔽量，当频率小于复音所包含的最小频率或大于其所包含的最大频率时，掩蔽效应逐渐减弱，并且掩蔽阈趋近于无掩蔽声时的听阈。对于音乐来说，具有类似的掩蔽特性，只是音乐所包含的谐波成分更多、更密集，掩蔽曲线上的峰谷更加不明显。

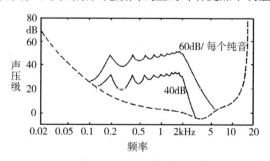

图5-8　复音的掩蔽特性曲线

5.3.3 窄带噪声的掩蔽

窄带噪声通常是指带宽等于或小于听觉临界频带（约为三分之一倍频程）的噪声。用纯音作为掩蔽声时，由于存在拍音和差音，掩蔽阈的测量比较困难。如果用窄带白噪声作为掩蔽声，则测量较为容易，结果也比较可靠。图 5-9 所示为不同中心频率的窄带噪声作为掩蔽声时的听阈曲线，其中窄带噪声的中心频率分别为 0.25kHz、1kHz 和 4kHz，带宽分别是 100Hz、160Hz 和 700Hz，声压级同为 60dB。图 5-10 所示为掩蔽声中心频率为 1kHz、声压级不同时的掩蔽曲线。可见，窄带噪声的掩蔽特性和纯音的掩蔽特性十分相似，只是曲线的左右不对称性不那么强。

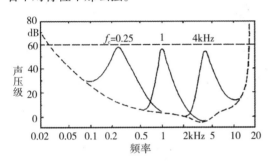

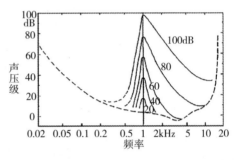

图 5-9 不同中心频率的窄带噪声作为掩蔽声时的听阈曲线　　图 5-10 掩蔽声中心频率为 1kHz 但声压级不同时的掩蔽曲线

5.3.4 白噪声的掩蔽

以不同声强级的白噪声作为掩蔽声时测得的听阈曲线如图 5-11 所示，图中 l_{WN} 为噪声的声强谱密度，即每赫兹的声强级。由图中看出，听阈曲线随着噪声强度的增大而均匀提高；听阈曲线在 500Hz 以下是水平的，在 500Hz 以上就逐渐提高，在 1~10kHz 频率范围内提升约 10dB，接近于以每 10 倍频率 10dB 斜率上升的直线。这是因为在 500Hz 以下听觉滤波器的带宽是恒定的，因此感觉到的噪声强度也是一定的；在 500Hz 以上，听觉滤波器的带宽随频率正比例增长，因此当中心频率由 1kHz 增大到 10kHz 时，听觉滤波器的带宽大约也增大 10 倍，噪声强度也增大 10 倍，因此听阈也提高 10dB。也就是说，当掩蔽声为宽带噪声时，只有以纯音为中心频率的很窄的频带内的噪声才与掩蔽有关。

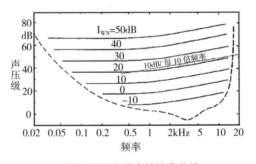

图 5-11 白噪声的掩蔽曲线

5.3.5 非同时掩蔽

前面讨论的是持续时间较长的稳态声的掩蔽特性。然而，声音信号包括语声和乐声绝大多数是非稳态的瞬时信号，声压级随时间变化很快，即强音后面跟随着弱音，弱音后面又跟随着强音。在语声中，元音的声压级较大，而一些清辅音的声压级较小，因此较强的音往往会掩蔽随后到来的较弱的音。因此，掩蔽现象不仅在有混响声的听音环境中存在，而且在无反射的自由声场中也存在。由于听觉的非同时掩蔽效应，声音本身前后也存在相互掩蔽的现象。被掩蔽声发生在掩蔽声之前的掩蔽，称为前掩蔽；被掩蔽声发生在掩蔽声之后的掩蔽，称为后掩蔽。

为了了解听觉的非同时掩蔽现象，选择一个持续时间为200ms的声音作为掩蔽声，被掩蔽声则选取持续时间很短的正弦波，测得非同时掩蔽的掩蔽量随时间关系变化的特性如图5-12所示。图中横坐标采用了两个时间变量 Δt 和 t_d，其中 Δt 为测试信号（被掩蔽声）相对于掩蔽声起始时间的落后时间；t_d 则表示测试信号相对于掩蔽声的结束时间的延时，图中表示了前掩蔽、同时掩蔽和后掩蔽三种情况下的掩蔽特性。由图可知，同时掩蔽效应最强，其掩蔽量最大；后掩蔽效应要大于前掩蔽效应，因为后掩蔽发生作用的延迟时间长达100ms，直到200ms才完全结束，而前掩蔽的有效延迟时间只有约20ms，在50ms时完全消失。

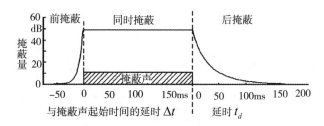

图 5-12　非同时掩蔽的掩蔽量随时间关系变化的特性曲线

掩蔽声发生在测试信号之前的掩蔽现象较容易理解，因为听觉具有记忆功能或称为积分效应。掩蔽声发生在测试信号之后的掩蔽现象似乎不那么好理解。听觉并没有预知未来的功能，但是听觉对声音的感觉需要一个建立过程或者说有一定的延时，而听觉对较强声音感觉的建立要快于对较弱声音感觉的建立，因此听觉存在前掩蔽现象。

5.3.6 声频指标的相对性

听觉的掩蔽效应在工作中经常遇到并加以利用。例如，人对那些不需要的声音的察觉程度与这个声音的相对强度有关，只要这个声音的强度与有用声音的强度相比足够弱，人们就感觉不到它的存在，这时有用声音信号掩蔽了不需要的声音信号。根据这个道理，声频系统中的那些不可避免的本底噪声电平究竟应该多么低，就要取决于声音信号的电平值，即要根据有用声音信号的强度来规定允许的最大噪声强度，这就是电声技术指标"信号噪声比"的来源。出于相同的原因，声频设备产生的非线性失真的大小也要用失真分量与有用信号的相对比例来表示，如"谐波失真系数""互调失真系数"等，因为失真分量和有用信号之间也可以看作有一种掩蔽关系。

5.4 响度感觉

任何复杂的声音都可以用声压的三个物理量来表示，即幅度、频率和相位。对于人耳听觉，声音也可以用另外三个属性来描述，即响度、音调和音色，这三个属性有时被称为声音主观感觉的三要素。

5.4.1 响度级和等响曲线

人耳对声音强弱的感觉称为响度。声音的响度主要与声压有关，声压越大，响度越大，但响度与声压并不是呈线性比例关系，而是大致与声压的指数成正比。响度还与频率、波形和声音的持续时间有关。人耳对不同频率声音的响度感觉是不同的。也就是说，对于频率不同而强度相同的声音，会感觉到不同的响度。为了进一步说明人耳的响度感觉，定义了响度级。响度级用来表示响度的大小，其单位为"方"（phon）。定义一个声音的响度级在数值上等于和它同样响的 1kHz 纯音的声压级。

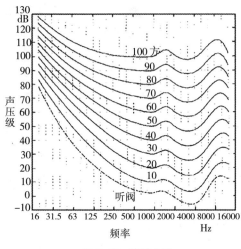

图 5-13 等响曲线

等响曲线用来表示具有相同响度级的纯音的声压级随频率变化的特性。图 5-13 所示为近年来由 ISO（Internaional Organization for Standardization，国际标准化组织）在大量测量数据的基础上确定的标准等响曲线，该曲线是在自由声场的条件下测得，声音来自听音者的正前方。图中描绘出响度级从 10 方到 100 方的等响曲线，同时也描绘出听阈曲线。等响曲线反映了听觉对不同频率的声音有不同的响度感觉；听觉对 3 000~4 000Hz 频率范围的声音比较敏感，而对较低或较高频率的声音的敏感度有所减弱；在较低声压级时，听觉的频率特性很不均匀，而在较高声压级时，听觉的频率特性变得较为均匀。

根据上述听觉响度感觉的特点，当改变声音重放装置的音量时，各个频率的声音的响度级也将随之改变，人们会感到声音的音色有变化。即使是一个高级的放音装置，在低声级放音时，也会感到声音频带变窄，声音显得单薄；相反，即使是一个低级的放音装置，只要提高放音音量，就会感到放音频带展宽，声音较丰满。这是因为在较低声级时，低声频段和高声频段声音的响度下降很多，甚至会使有些频率的声音听不见。为了改变这种情况，有些音响系统在前置放大器部分安装了响度控制器，使在低音量放音时，能根据等响曲线自动地将低声频段和高声频段的声音进行提升，使在较低声级放音时，声音听起来同样真实自然。

测量噪声级的声级计也要利用等响曲线。因为在测量噪声这种复音时，必须要反映人耳的感觉特点，不能简单地对声音各个频率成分进行相加，而需要对它们按等响曲线的相反特性曲线来计权相加，使测量结果更符合人耳的听觉特性。声级计上的 A、B、C 三种计权频率特性分别是按 40 方、70 方和 100 方等响曲线设计的。

5.4.2 响度"宋"值

由于响度级"方"值并不与人耳感觉到的响度成正比，即响度级增大一倍时，人耳感觉到的响度并不增大一倍，因此，又定义了与人耳感觉成正比的响度单位，称为"宋"（sone）。规定声压级为 40dB 的 1kHz 纯音的响度为 1 宋，比它高一倍的响度则为 2 宋，比它小一半的响度定为 0.5 宋。

图 5-14 中实线所示为 1kHz 纯音的响度与声压级的关系曲线。由于 1kHz 纯音的声压级与响度级在数值上相等，因此该曲线也反映了声音的响度与响度级之间的关系。在响度级大于约 30 方时，响度和响度级之间呈现较为简单的关系，可用下式表示：

$$N_{1kHz} = \frac{1}{16}\left(\frac{I_{1kHz}}{I_0}\right)^{0.3} \approx 2^{0.1(L_{1kHz}-40)} \tag{5.1}$$

式中，N 为响度，I 为声强，I_0 为参考声强，L_{1kHz} 为 1kHz 纯音的声压级，即响度级。上式一方面说明了在一定的条件下，听觉的响度感觉与声压或声强的指数成正比，即所谓的响度指数定律，另一方面反映了响度和响度级的数值关系：在响度级大于 30 方时，响度级变化 10 方，对应的响度宋值变化两倍，响度级变化 20 方，对应的响度宋值变化 4 倍；当响度级小于 30 方时，宋值和方值之间不再满足指数关系；当响度级小于 10 方时，响度迅速下降，并在响度级为 3dB 时响度趋近于 0 宋。图 5-14 中点画线所示为均匀掩蔽噪声（Uniform Masking Noise 或 Uniform Exciting Noise，UEN）的响度与声压级的关系曲线。所谓均匀掩蔽噪声是指能够在全频带产生均匀的掩蔽阈的宽带噪声信号。

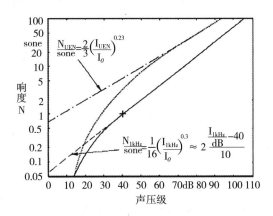

图 5-14 响度与声压级的关系曲线

响度曲线通常给出的是 1kHz 纯音的测量结果，但是，结合等响曲线，可以得出其他频率纯音的响度随声压级变化曲线。在图 5-13 所示的等响曲线中，响度级方值可以改用响度宋值表示，对应于 20 方、30 方、40 方、50 方、60 方、70 方、80 方和 90 方的宋值分别是 0.15 宋、0.5 宋、1 宋、2 宋、4 宋、8 宋、16 宋和 32 宋。

5.4.3 响度与持续时间的关系

响度除了与声压级、频率等因素有关外，还与声音的持续时间有关。图 5-15 所示为以 57dB、2kHz 纯音测得的响度级随持续时间变化的特性。由图可知，当持续时间大于 100ms 时，响度级基本保持在 60 方，等于持续时间较长的稳态声的响度级；当持续时间小于 100ms 时，响度级随持续时间以大约每 10 倍时间 10 方的斜率下降，即持续时间从 100ms 下降到 10ms 时，

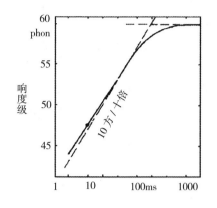

图 5-15 以 57dB、2kHz 纯音测得的响度级随持续时间变化的特性

响度级大约从 60 方下降到 50 方，当持续时间继续下降到 1ms 时，响度级大约下降到 40 方。对其他频率进行测量后也得到类似的结果。

　　大量的测试结果表明，响度与声音的持续时间有关，在大约 100ms~200ms 的持续时间以内，声音的响度随持续时间的增大而增大。这一特性说明听觉的响度感觉具有时间积分效应。换句话说，听觉是有记忆的。在设计反映声音响度的音量单位表时，就考虑到了人耳响度感觉的时间积分效应。虽然音量单位表的积分时间是 300ms，与听觉的积分时间有一定的差距，但是，它还是在一定程度上反映了人耳这一特性。

　　电影画面是不连续的，但视觉看到电影中的动作却是连续的，这种现象称为视觉住留现象。当人耳听一个短促的脉冲声时，如果强度不变，长度由 1ms 变为 2ms，则听起来不是长度变了，而是更响了。这说明人耳听到的响度不是简单地与声音的强度有关，而是与它的强度和时间的乘积有关。因此，当人耳倾听频度超过一定值的一系列脉冲声时，并不能感觉到响度的不连续性。因此，类似于视觉住留现象，听觉也存在住留现象。

　　考虑到听觉对声音强弱的感觉大致与声压级成正比的特点，电声设备中的音量控制器一般做成对声音信号电平均匀调节的结构，这样才能使人感到声音强弱随控制器的变化而均匀变化。

5.5 音调和音色

5.5.1 音调

　　人耳对声音高低的感觉称为音调。音调主要与声音的频率有关，同时也与声压级和声音的持续时间有关。音调随频率的增大而提高，但不与频率呈线性关系。

　　音调的单位为"美"（mel），定义 40dB、125Hz 纯音的音调为 125 美。音调的"美"值与主观音高感觉成正比，例如，比 125 美高一倍的音调为 250 美，比 2 200 美低一半的音调为 1100 美。音调与频率的关系可以用主观评价方法来确定，图 5-16 所示为用纯音测得的音调与频率的关系曲线，图中频率和音调均采用线性坐标。由图看出，在频率小于 500Hz 时，音调和频率基本上呈线性关系，并且比例系数约为 1；当频率大于 500Hz 以后，音调和频率不成线性关系，曲线向横轴方向偏移，使得当频率为 16kHz 时，音调只有 2 400 美。

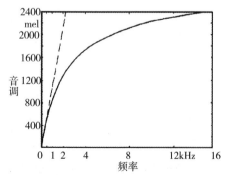

图 5-16 音调与频率的关系曲线

　　其他影响音调的因素还有声音的声压级以及声音的持续时间，但是，相比于频率，这两个因素的

影响要小得多。

低频的纯音，声压级高时要比声压级低时感到音调变低；频率在 1 000Hz~5 000Hz 范围的纯音，音调与声压级几乎无关；频率再高的纯音，声压级升高时会感到音调变高。

复音的音调由复音中频率最低的声音决定，即由基频决定。复音的声压级高低对音调的影响比纯音的要小得多。

声音持续时间在 0.5s 以下要比 1s 以上感到音调较低，持续时间再短，为 10ms 左右时会使听音人感觉不出它的音调，只能听到咔嗒声。使人耳能明确感觉出音调所必需的声音持续时间，随声音频率不同而不同，频率低的声音要比频率高的声音需要较长的持续时间。

5.5.2 音色

音色是人们区别具有相同响度和音调的两个声音的主观感觉。每个人讲话都有自己的音色，不同乐器演奏相同曲调时，人们也能区别出它们各自的音色。

人的讲话声和乐器的演奏声都不是纯音，而是复音，是由基频与谐频组成的声音。两个音调相同的声音是它们的基频相同，但谐频的成分及大小可能不同，从而使人感到音色的不同。因此，音色主要是由声音的频谱结构决定的。同时，音色还与声音的强度、持续时间等有关。

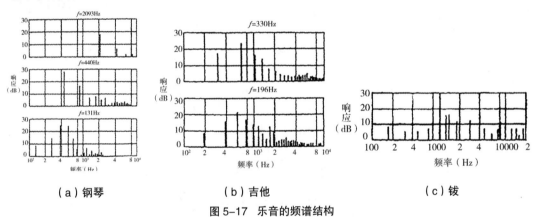

（a）钢琴　　　　　　　　（b）吉他　　　　　　　　（c）钹

图 5-17　乐音的频谱结构

频谱是以频率作为横坐标，以声压级作为纵坐标，将基频及谐频按幅度大小以相应高度的纵线表示在相应频率坐标上的图形。图 5-17（a）所示为钢琴的频谱，它的谐波较多；图 5-17（b）为吉他的频谱，它的谐波更多；图 5-17（c）为钹的频谱，它的各频率与基频之间不成整数倍关系，因而声音音调性较差，声音比较浑浊。

5.6 听觉对声压级和频率变化的分辨力

5.6.1 声压级变化的分辨阈

听觉对声压级和频率变化的分辨力用分辨阈表示。分辨阈是指人耳刚刚能够觉察到声音某个属性发生了变化的差值，也称为可觉差（Just Noticeable Difference，JND）。

声压级变化存在两种形式：一种是声压级连续变化，可以采用调幅波作为测试信号，进行分辨阈的测量；另一种是声压级不连续的变化，即两个不同声压级的测试信号之间有短暂的时间间隔。由于听觉对这两种不同的声压级变化将启动不同的声音信号处理方式，因此，在两种情况下测得的分辨阈各不相同，它们之间不存在等价联系。

5.6.1.1 声压级连续变化

图 5-18 所示为白噪声信号和 1kHz 纯音信号的声压级分辨阈，图中横坐标为测试信号的声压级，纵坐标左侧所示为调幅波的调幅指数，右侧为相应的声压级变化，调制频率都为4Hz。可见，对于 1kHz 纯音，声压级变化的分辨阈与声压级大小有关，当声压级较小时，分辨阈较大，约为 3dB，当声压级逐渐增大时，分辨阈逐渐减小到 0.5dB 以下；对于白噪声，当声压级大于约 30dB 时，分辨阈基本上稳定在不到 1dB 的位置。听音实验表明，对于其他频率的纯音信号，其分辨阈随声压级变化的情况与 1kHz 纯音的测试结果十分相似，测试结果如图5-19 所示。

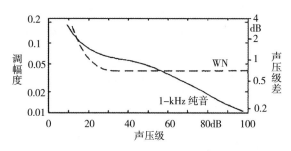

图 5-18　白噪声和 1kHz 纯音的声压级变化分辨阈

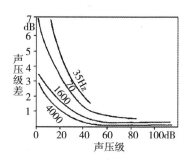

图 5-19　不同频率纯音的声压级变化分辨阈

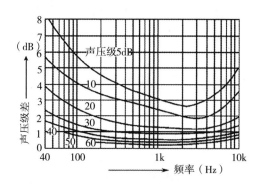

图 5-20　声压级变化的分辨阈随频率变化特性

不同声压级的声音，其声压级变化的分辨阈随频率变化的特性如图 5-20 所示。可以看出，当声压级在 50dB 以上时，人耳能分辨的最小声压级变化大约为 1dB，当声压级小于 40dB 时，声压级变化需达 1~3dB 才能察觉出来。由此可见，人们对声音强弱变化的察觉能力是有限的，相当多的人对同一声音信号在其声压级突然变大或变小量不大于 3dB 时是察觉不出的，只有那些经过专门训练的音乐工作者和录音师才能察觉出 1~2dB 的声压级突变。因此，在声频工程中常以 3dB 这个数值作为某些特性指标如频率特性不均匀度的上限，而高质量的声频设备则常用 1~2dB 这个数值来衡量其质量。出于同一道理，声频设备中控制声音信号大小的音量控制器也并不一定需要对信号电平连续调整，长期以来，许多专业电声设备的音量控制器就是采用 1~2dB 一档的步进式结构，这种步进式音量控制器不会引起听觉的音量突变，反而给工作人员带来定量调节的方便。

5.6.1.2 声压级不连续变化

声压级不连续变化时，听觉对两个不同声压级声音的分辨阈要小于声压级连续变化时的情况。图 5-21 所示为 1kHz 纯音在两种情况下的声压级分辨阈，其中实线代表声压级连续变化的情况，虚线代表声压级不连续变化的情况。可见，当声压级由 30dB 增大到 70dB 时，连续变化的分辨阈由 2dB 下降到 0.7dB，而非连续变化的分辨阈却由 0.7dB 下降到约 0.3dB，因此分辨阈大约相差一个 2.5 的系数。尽管如此，非连续变化时纯音的声压级分辨阈随声压级变化的趋势维持不变，如图 5-22 所示。

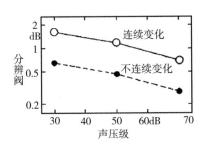

图 5-21　1kHz 纯音在两种情况下的声压级
分辨阈

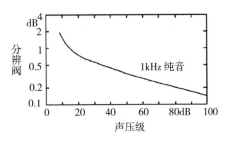

图 5-22　非连续变化时 1kHz 纯音声压级分辨阈
随声压级变化特性

5.6.2 频率变化的分辨阈

频率变化也存在两种形式：一种是频率连续变化，可以采用调频波作为测试信号，进行分辨阈的测量；另一种是频率不连续的变化，即两个不同频率的测试信号之间有短暂的时间间隔。

5.6.2.1 频率连续变化

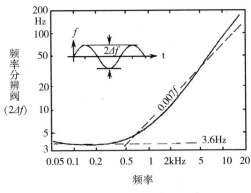

图 5-23　响度级为 60 方、调制频率为 4Hz 时
频率分辨阈随频率变化特性

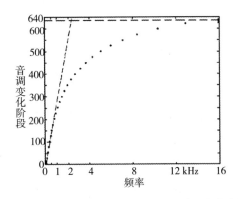

图 5-24　一定频率范围内可感觉到的音调变化阶数

由于听觉对 4Hz 的调制频率引起的频率变化最敏感，因此选用测试信号的调制频率为 4Hz。图 5-23 所示为响度级为 60 方、调制频率为 4Hz 时测得的频率分辨阈随频率变化的特性。可见，较低频率时频率分辨阈保持在约 3.6Hz，当频率在 500Hz 以上时，频率分辨阈几乎随频率成正比例增大，比例系数约为 0.007。在较高频率时，频率分辨阈相当于中心频率的 0.7%，而在较低频率如 100Hz 时，分辨阈约为中心频率的 3.6%。因此，听觉对低频区域的频率变化

的感觉较中高频区要迟钝一些，而对中高频区的频率变化相当敏感。音乐信号一般是复音，包含有基频和较高频率的谐频成分，而这些较高频率的谐频成分的频率变化要比基频的频率变化更容易被察觉，因此，音乐演奏家在调音时往往倾听频率较高的谐频，以提高调音的准确度。

大量研究表明，频率分辨阈对应于一定的音调变化，与中心频率所在位置无关。如果把一个频率分辨阈称为一阶，可以算出，一个倍频程大约包含 100 阶，在 0Hz~16kHz 的频率范围内，大约存在 640 阶，即 640 个可感觉的音调变化。如果用一个点表示一个阶，则在此频率范围内应画出 640 个点。可见，听觉的频率分辨率是相当高的。图 5-24 所示为一定频率范围内可感觉到的音调变化阶数，图中只画出其中的一部分点。

频率分辨阈对声压级或响度的依赖性较小。声压级越小，频率分辨阈越大。当响度级从 100 方下降到 30 方时，频率分辨阈增大为 1.5 倍。

5.6.2.2 频率不连续变化

在倾听两个相继出现的不同频率的声音信号时，听觉的频率分辨率更高，而分辨阈随频率以及声音响度级的变化规律与频率连续变化时的情况相似。听音试验表明，在频率不连续变化的情况下，频率分辨阈与频率连续变化时的分辨阈大约相差一个 3 的系数，即在频率小于 500Hz 时，分辨阈约为 1Hz，在频率大于 500Hz 时，分辨阈下降为约 $0.002f_0$。这个结果进一步说明了听觉的频率分辨能力是相当强的。

5.7 临界频带

5.7.1 临界频带概念的提出

听觉临界频带的概念是由美国声学家弗莱彻（H.Fletcher）首先提出的。弗莱彻于 1940 年进行了一项听音实验，以有限带宽的白噪声作为掩蔽声来测定某一纯音信号的听阈。在测试过程中，使噪声的中心频率等于信号频率，只改变噪声的带宽同时保持噪声的功率谱密度不变，测出纯音听阈随掩蔽噪声带宽变化的特性。这就是弗莱彻著名的增大带宽实验（Band-widening Experiment）。之后，这个实验在不同的实验室重复进行了多次。图 5-25 所示为此项实验的部分结果。实验表明，纯音的听阈随掩蔽噪声带宽的增大而增大，在带宽增大到某一特定值后听阈保持恒定不变。

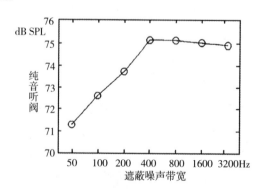

图 5-25 2kHz 纯音听阈随掩蔽噪声带宽变化的特性

　　为了解释这一现象，弗莱彻提出了一个假设，认为听觉在处理声音信号时可以看成一组中心频率连续、通带互相重叠的带通滤波器，即声音信号经过听觉系统到达大脑的过程，就像是信号经过一组并联的不同中心频率的带通滤波器，中心频率与信号频率相同的滤波器具有最大响应，而中心频率偏离信号频率较多的滤波器则不会产生响应。这些带通滤波器称为听觉滤波器（auditory filter）。弗莱彻指出耳蜗中的基底膜导致了听觉的这种信号处理方式，因为声音信号首先使基底膜产生振动，而基底膜上的特定位置只对一定频率或有限带宽频率的信号产生响应。换句话说，不同位置的基底膜、与之相对应的听觉毛细胞和相关的听觉神经纤维构成了一个具有特定中心频率的听觉滤波器，而听觉系统可以看成由许许多多这样的不同中心频率的听觉滤波器组成，而且中心频率是连续的。因此，当听音者在噪声中聆听某一纯音信号时，为了获得最好听音效果（最大输出信噪比），听觉只启用中心频率与信号频率相同的那个听觉滤波器，纯音信号会顺利通过该滤波器，而作为掩蔽声的噪声信号，则只有在通带范围内的部分信号能够通过，通带以外的频率成分则被抑制，而只有通过该滤波器的噪声才对掩蔽起作用。

　　另一个受到普遍认可和证实的假设是，纯音的听阈是由听觉滤波器输出端一定的信噪比决定的，只要信噪比大于或等于这一特定值，人耳就能听到信号。当听觉滤波器输出端的噪音增大时，信号的听阈必然随之增大，当听觉滤波器输出端的噪音减小时，信号的听阈必然随之减小，当听觉滤波器输出端的噪音保持不变时，信号的听阈也保持不变。上述有关掩蔽阈的假设称为功率谱模型。之所以称为功率谱模型，是因为在考虑输出端信噪比时，忽略了激励信号的瞬时变化，而只考虑了它们的平均功率谱。听觉在达到听阈时所需的信噪比称为听阈因子（threshold factor），听阈因子是随信号频率变化的。

　　在弗莱彻的实验中，当听音者聆听纯音信号时，为了获得最大信噪比，听觉只启动以纯音信号频率为中心频率的听觉滤波器。当掩蔽噪声的带宽小于该听觉滤波器的带宽时，通过听觉滤波器的输出噪声信号随带宽的增大而增大，为了达到听阈所需要的临界信噪比，信号的功率应随之而提高，因此信号的听阈随噪声带宽的增大而增大。当噪声带宽增大到等于该听觉滤波器的带宽时，继续增大噪声的带宽将不会改变听觉滤波器输出噪声的大小，因此信号的听阈在某一带宽之后保持不变。弗莱彻把上述听阈开始保持不变时的带宽称为临界频带（Critical Band）。实际上，临界频带是听觉滤波器的有效带宽。

　　需要指出的是，听觉并不总是只启用一个听觉滤波器。当聆听复音时，复音的频率范围可能远大于一个临界频带，这时听觉将启动多个听觉滤波器。人耳对复音音色的感觉与各滤波器输出相对大小有关。当存在噪声作为掩蔽声时，听觉能够计算各滤波器输出端的信噪比，当信噪比达到或超过听阈因子时，这一频率成分便可以听到。

5.7.2 临界频带带宽的测定

　　弗莱彻曾经假设当声音信号功率与临界频带内的掩蔽噪声功率相等时，人耳就能够听到声音。根据这一假设，只要测出不同频率的纯音信号在已知的白噪声掩蔽下的听阈，就可以间接地测出不同中心频率的临界频带的带宽。例如，测得 500Hz 以下的某个纯音的听阈比掩蔽白噪声的功率谱密度（每 Hz 声强级）高 17dB，则该临界频带带宽为 1Hz 的 $10^{17/10}$ 倍，约为 50Hz。然而，后来的许多对临界频带进行直接测评的听音实验结果证明了弗莱彻的这一假设是错误的。实验表明，当声音达到听阈时，声音信号功率仅为临界频带内的掩蔽噪声功率的 0.5~0.25 倍，而且比值随频率而变化。

听觉临界频带是描述人耳听觉的一个十分重要的概念。换句话说，许多听音现象都与听觉临界频带密切相关。因此，听觉临界频带的测评方法大多是以与听觉临界频带直接相关的听音实验为基础的。这些实验又大多为掩蔽实验，通过测量声音信号的听阈或掩蔽阈（存在掩蔽声时的听阈）来测定临界频带带宽。下面列举两个测试临界频带带宽的方法。

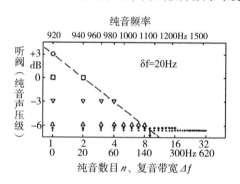

图 5-26　达到听阈时复音中单个纯音的声压级随纯音数目变化的特性

第一种方法是通过测量等频率间隔、等幅度的纯音组成的复音的听阈来测定临界频带。测量时使纯音的数目逐渐增加，测出达到听阈时单个纯音的声压级。图 5-26 所示为达到听阈时纯音声压级随纯音个数或最高纯音与最低纯音的频率差△ƒ 变化的曲线。图中不同组纯音及个数用不同的符号直观地表示出来，上方横坐标表示每个纯音的频率，第一个纯音频率为 920Hz，相邻纯音的频率间隔保持为 20Hz，下方横坐标为纯音个数和复音带宽。可见，当纯音个数在一定数目以内或复音频带在一定带宽之内时，纯音数目每增加一倍，达到听阈时纯音的声压级就减小 3dB，当纯音个数超过一定数目后，纯音的声压级就不再随纯音数目的增加而减小，而是基本上保持不变。这说明只有临界频带内的信号成分对听阈产生影响，临界频带以外的信号成分对听阈没有影响。因此，当复音带宽在临界频带以内时，达到听阈时信号的总声压级应保持不变，单个纯音的声压级就随纯音数目的增大而减小，当复音带宽超过临界频带时，单个纯音的声压级应保持不变，总声压级则随纯音数目的增加而增大。在上述例子中，这一转折点的纯音数目是 9，相应的复音的带宽是（9-1）× 20Hz=160Hz，因此，所测临界频带带宽为 160Hz，中心频率为（920Hz+1080Hz）/2=1kHz。

上述实验只有在听阈不随频率变化的情况下才有意义，而无掩蔽声的听阈只有在 500Hz 和 2kHz 之间可认为与频率无关，因此，为了测得整个听觉频率范围的临界频带，需要采用均匀掩蔽噪声。均匀掩蔽噪声是指能够在全频带产生均匀的掩蔽阈的掩蔽噪声信号。当以频带限制在 20Hz 和 20kHz 之间的白噪声作为掩蔽声时，在大约 500Hz 以上的频率范围，掩蔽阈随频率的增大而提高。因此，均匀掩蔽噪声可以通过将白噪声经过一个具有白噪声的掩蔽曲线的镜像对称频率特性的滤波器处理后获得。听音实验表明，当存在掩蔽声时，等频率间隔、等幅度的若干个纯音组成的复音达到掩蔽阈时，每个纯音的声压级同样存在上述无掩蔽声情况下的随复音带宽的变化规律。图 5-27 所示为最低纯音频率仍为 920Hz、纯音频率间隔仍为 20Hz 时的测量结果。图中各曲线上的数值为均匀掩蔽噪声在低频段的功率谱密度，最下方的一条表示不存在掩蔽声时测得的曲线。因此，利用均匀掩蔽噪声，通过改变测试信号的频率，即改变第一个纯音的频率，可以在整个声频范围内测得临界频带的带宽。

第二种方法是以频率间隔为 △f 的两个等幅度纯音作为掩蔽声，测出中心频率位于两个纯音之中心对称轴的窄带噪声的掩蔽阈。窄带噪声的带宽应远小于预计的临界频带带宽，改变两个等幅度纯音之间的频率间隔 △f，测出窄带噪声的掩蔽阈随 △f 变化的情况。图 5-28 所示为中心频率为 2kHz 的窄带噪声的掩蔽阈随两个纯音频率间隔变化的特性，其中作为掩蔽声的两个纯音的声压级分别是 50dB。测试结果表明，当 △f 较小时，掩蔽阈几乎不随 △f 的变化而变化，而当 △f 超过一定值时，掩蔽阈则随 △f 的增大而逐渐减小。这两个不同的变化区域的分界点所对应的 △f，就是所测的临界频带带宽。图 5-28 的测量结果说明，中心频率为 2kHz 的临界频带的带宽约为 300Hz。

为了对听觉临界频带带宽进行合理评估，德国声学家兹维克（E.Zwicker）进行了大量的听音实验，并对实验得到的数据进行分析和统计。图 5-29 为采用包括上述两种在内的五种方法对 50 个听音者进行听音实验后测得的不同中心频率临界频带带宽的平均值。结果表明，当中心频率在 500Hz 以下时，临界频带带宽基本上保持不变，约为 100Hz，当中心频率大于 500Hz 时，临界频带带宽随中心频率的增大而增大，在 500Hz 和 3kHz 之间增大速度略小于与频率成正比，在 3kHz 以上增大速度略大于与频率成正比。通常 500Hz 以上的临界频带可以用中心频率的 0.2 倍来近似计算，这一带宽与三分之一倍频程带宽非常接近。在整个声频范围临界频带带宽随中心频率变化的规律可表示为

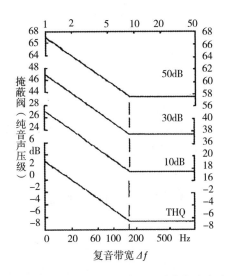

图 5-27　以均匀掩蔽噪声作为掩蔽声时达到掩蔽阈时复音中单个纯音声压级随纯音数目变化的特性

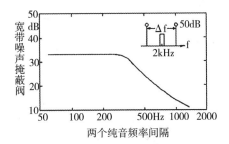

图 5-28　窄带噪声掩蔽阈随两个纯音频率间隔变化的特性

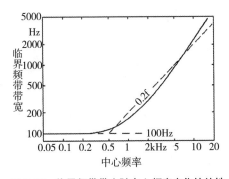

图 5-29　临界频带带宽随中心频率变化的特性

$$\Delta f_G = 25 + 75\left(1 + 1.4 f^2\right)^{0.69} \tag{5.2}$$

式中，临界频带带宽△ f_G 以 Hz 为单位，中心频率 f 以 kHz 为单位。

5.7.3 频率的"巴克"单位

如前所述，许多听觉现象如掩蔽、响度、听觉对相位变化的感觉等与临界频带密切相关，因此，在描述听觉特性时，其频率度量应充分反映临界频带的影响。因此引入一个新的频率单位，即"巴克"（Bark）单位，用 z 表示，它是指在对应频率内所含临界频带的数目。表 5-1 所示为兹维克提出的声频范围内按临界频带划分频带的方法，已为国际标准化组织所采用。其中较低的一个临界频带的上限频率等于相邻的较高的一个临界频带的下限频率，因此，在声频范围 20Hz~16kHz 内可分为 24 个临界频带，即 24Bark，中心频率从 50Hz 到 13.5kHz，并包含常用的测量频率 250Hz、1kHz 和 4kHz。

这里需要强调指出，上述的临界频带划分法只是众多划分法之一，也就是说，临界频带并不只存在于上述所示的 24 个中心频率之上，事实上听觉能够调节临界频带的中心频率于任何位置，换句话说，听觉对绝对频率的辨别力是相当高的。

表 5-1 频率 z、中心频率 f_c、临界频带下限频率 f_l 和上限频率 f_u、带宽△ f_G

z Ba Bark	f_c Hz	f_l, f_u Hz	Δf Hz	z Bark	f_c Hz	f_l, f_u Hz	Δf Hz
0		20		13	1850	2000	280
1	50	100	80	14	2150	2320	320
2	150	200	100	15	2500	2700	380
3	250	300	100	16	2900	3150	450
4	350	400	100	17	3400	3700	550
5	450	510	110	18	4000	4400	700
6	570	630	120	19	4800	5300	900
7	700	770	140	20	5800	6400	1100
8	840	920	150	21	7000	7700	1300
9	1000	1080	160	22	8500	9500	1800
10	1170	1270	190	23	10500	12000	2500
11	1370	1480	210	24	13500	15500	3500
12	1600	1720	240				

由频率换算到"巴克"的公式是

$$z = 13\arctan(0.76f) + 3.5\arctan(f/7.5)^2 \quad (5.3)$$

其中，f 是以 kHz 为单位。

"巴克"度量的引入是以听觉将宽带信号按临界频带划分后进行分析这一现象为基础的，因此它符合听觉的一般规律。分析表明，频率 z 与频率的关系，与耳蜗中基底膜长度与频率的关系完全相同，也与纯音音调的 mel 值与频率的关系完全相同。换句话说，1Bark 的频率变化对应于基底膜的一定长度（1.3mm）和一定的音调变化（100mel），它们之间满足线性关系，如图 5-30 所示。因此，将频率用 z 轴表示，便于对听觉特性进行分析，便于找出人耳的主观感觉与声音的物理性质之间的关系，对于解决与听觉有关的各种问题以及建立听觉模型是十分有用的。

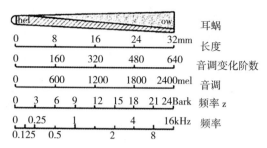

图 5-30 音调、频率 z 和展开的耳蜗长度之间的线性关系

5.8 听觉定位特性

人类对声源方向的判别机理问题，不但涉及声波传播的物理过程，而且涉及人类听觉系统的生理和心理因素，甚至还涉及视觉、触觉等对听觉的影响，因此是一个较复杂的多元问题。多年来，为了了解人类听觉定位特性，人们进行了大量的心理声学实验，对听觉定位特性有了一定的了解，但是，仍然存在一些不能明确解释的听觉定位现象。在探讨听觉定位机理之前，首先应了解人类听觉定位能力。

5.8.1 听觉定位能力

人类对声源方向的定位能力是有限的，也就是说，听觉对方向的分辨率小于物理测量时能够达到的方向分辨率。一个实际点声源在听觉上产生的方位感并不是空间某一位置上的一个点，而是向四周扩展开一定的度数。听觉定位能力可以用听觉对方向的辨别阈（localization blur）来衡量。听觉对方向的辨别阈可以通过听音实验来测定，定义为在所有参加听音实验的人中，其中 50% 的听音人认为声源的方位改变时的最小声源位置变化角度。方向辨别阈也可以理解为方向变化可觉差。图 5-31 所示为下面讨论将要涉及的声源或声像方位和所在平面的示意图。声源或声像的方位可用坐标 (ϕ,θ,r) 表示，其中 r 为声源的距离，ϕ 为水平方位角，θ 为垂直方位角，听音者正前方为 $\phi=0°$、$\theta=0°$，水平面为 $\theta=0°$ 决定的平面，中垂面为 $\phi=0°$ 决定的平面。下面将主要讨论听觉在水平面、中垂面以及对距离的定位能力。

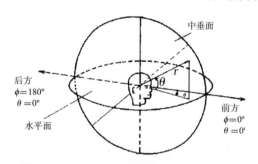

图 5-31 声源或声像方位和所在平面示意图

5.8.1.1 水平面的方向辨别阈

在水平面上，听觉对正前方的方向辨别阈最小，即方向分辨率最高。当声源方位侧移时，

方向辨别阈逐渐增大，在正左侧和正右侧时达到最大，约为正前方的3~10倍。当声源水平方位角继续增大并向后移动时，方向辨别阈再次变小，在正后方时方向辨别阈大约是正前方的2倍。图5-32所示为听觉在水平面的方向辨别阈，是由多人参加听音实验的测量结果，实验采用的测试信号是持续时间为100ms的白噪声。

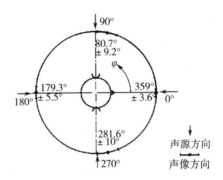

图5-32　听觉在水平面的定位及方向辨别阈

　　听觉的方向辨别阈与测试信号有很大关系，如果采用不同持续时间或不同频谱特性的测试信号，会得到不同的测量结果。听音实验表明，如果延长白噪声的持续时间到700ms，听觉的方向辨别阈会变小。当听音信号采用正弦波或窄带信号时，和采用宽带噪声时的情况一样，听觉对正前方的方向辨别阈最小，随着声源向两侧移动，方向辨别阈逐渐增大，并且除了正前方外，在其他方向还会出现辨别阈极小的情况，这些辨别阈极小的方向也随频率变化。此外，当采用正弦波或高斯正弦波列（Gaussian tone bursts，即高斯形状的正弦波列，可理解为一种窄带信号）进行定位时，产生的声像方位和宽带信号产生的声像方位并不相同，并且随中心频率变化。因此，当在野外倾听鸟的叫声时，有时感觉声音来自不同的方向，实际上鸟并没有改变它的位置。

　　听觉在对窄带信号进行定位时，还经常出现所谓的镜像位置声像定位混乱的现象，即声像不出现在声源所在的方向，甚至不在声源附近，而是出现在大约对称于两耳连线的另外一个方向，如图5-33所示。这是因为对于镜像对称位置的声源，由于时间差和声级差相同，听觉主要依据两耳信号的音色差进行定位，而对于单频或窄带信号而言，可能只存在声级差和时间差，而缺乏足够的音色差信息。实验进一步表明，信号持续时间足够长并允许头部轻微转动来判断声源方位时，听觉往往就能够正确定位，从而避免出现镜像位置声像定位混乱的现象。

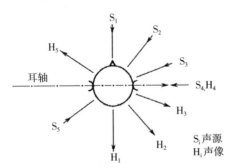

图5-33　镜像位置声像定位混乱示意图

研究还表明，人耳在水平面的定位要比垂直方向的定位准确，并且定位能力与频率有关。对于频率低于 300Hz 的声音，确定声音传来的方向实际上是困难的，只有在约 1000Hz 以上的中频和高频，声源的定位才变得可能，因此中高频声对定位起主要作用。在设置声音重放系统时，一般要求音箱的中高频单元和人耳在同一水平面上，或者将中高频的主轴指向人耳，就是出于上述原因。

5.8.1.2　中垂面的方向辨别阈

当声源在中垂面上时，双耳信号几乎没有差别，听觉不能应用双耳信号差来判别声源的方位，因此听觉在中垂面的定位与水平面的定位有本质上的区别。听觉在中垂面上的方向辨别阈也与测试信号有关，当采用不熟悉的语声进行定位时，正前方的垂直方位角辨别阈约为 17°；当采用熟悉的语声进行定位时，正前方的垂直方位角辨别阈大约为 9°；当采用白噪声进行定位时，正前方的垂直方位角辨别阈约为 4°。图 5-34 所示为用熟悉的语声进行定位得到的在 θ 为 0°、36° 和 90° 方向的垂直方位角辨别阈。可见，听觉对在头顶和头后方的声源定位不如前方和前上方的定位好，而且中垂面的定位能力明显低于水平面的定位能力。

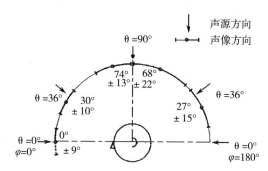

图 5-34　用熟悉语声定位得到的垂直方位角辨别阈

当声音信号是持续时间较短的脉冲声时，听觉可能把前方的声源错误地定位在后方，在中垂面上产生前后声像定位混乱的现象。如果在定位之前先让听音者熟悉一下声音，那么前后声像混乱的现象可以得到消除。可见，对声音的熟悉程度在中垂面定位中起着一定作用。

当声音信号为正弦波或小于 2/3 倍程的窄带信号时，无法测定听觉在中垂面上的方向辨别阈。因为听音实验表明，此时声像位置并不是由实际声源的方位决定的，而是由信号的频率或中心频率决定，即无论声源位于中垂面上的任何位置，只要信号频率不变，声像总是定位于某一固定的位置。图 5-35 所示为中垂面上不同频率时声像定位的轨迹。

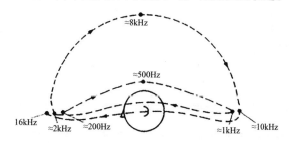

图 5-35　中垂面上不同频率声像定位的轨迹

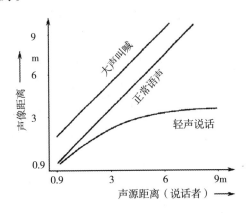
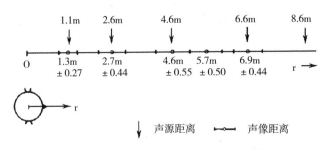

随时间变化。例如，在听音实验进行的过程中，听觉定位的准确性可能越来越高。另外，听觉定位具有惯性，即声像方位只能以有限的速度变化，如果声源位置变化太快，听觉有可能跟不上快速变化的声源位置。因此，当研究对象是快速移动的声源时，必须考虑到听觉定位的惯性问题。

5.8.2 外耳和头部对声波的影响

5.8.2.1 外耳和头部对声波的影响

从人耳听觉构造来看，声波首先经过头部和耳廓的作用，然后经过外耳道传输到达耳膜，因此耳膜是听觉的声接收器。从声接收原理上说，人耳是压强式声接收器，即耳膜所受的激振力与声压成正比，输入信号是耳膜处的声压。换句话说，耳膜处声压信号包含所有的听觉信息，人耳听觉以此为依据感受到原声场声音的音质特性和空间特性。所谓双耳信号，准确地说，是指双耳鼓膜处的声压信号。双耳信号包含所有的声场信息。

以此为出发点，人们很早以前就尝试过用真人或仿真头进行录音，目的是记录原声场中的双耳信息，期望能在其他时间或其他地点通过耳机或扬声器再现原声场的听音效果。然而，所有的仿真头录音系统都存在或多或少的缺憾，相对来说，那些既能模拟人头的形状又能模拟出耳廓、外耳道和耳膜的仿真头，其录音重放效果较好。这一点充分说明了双耳信号是听觉空间定位的最重要信息，只要双耳信号稍有变化，就会导致感知的声场特性的变化。

声波在传播过程中遇到耳廓和头部时会发生反射、遮蔽、散射、绕射等与声衍射有关的复杂现象，甚至还会产生干涉和共振现象。从信号分析的角度看，耳廓和头部对声波传播的影响相当于线性滤波器，滤波器的传输特性取决于声源的方向和距离。声音信号通过耳廓与头部作用后，产生了所谓的线性失真，而这种线性失真或音色的改变与声源的方位有关。因此，耳廓和头部具有将声场的空间信息转换为声音信号的时域和频域特性的功能，对听觉定位起十分重要的作用。

由于耳廓形状的不规则性，耳廓对声波的散射和衍射作用很难用数学式子表示出来。然而，研究表明，耳廓对高频声的反射对声源定位起重要作用。人类耳廓的形状很特别，它是一个凹壳，形成一个空腔，里面是形状复杂的曲面，主要包含两个凸起的脊状物，对声音起反射作用。当声波到达耳廓时，一部分声波直接进入耳道，另一部分则经过耳廓反射后才进入耳道，二者产生干涉形成梳状滤波效应，在频率特性上形成峰谷。由于声音到达的方向不同，反射声和直达声之间的强度比和时间差会发生变化，因此形成一种与声源方位相关的频谱特性，听觉系统据此判断声音的空间方向。图 5-38 所示为耳廓效应示意图。

5.8.2.2 头相关传输函数 HRTF

在声波从声源到达耳膜的传输路径中，经过了头部和外耳的作用，使声压产生了变化，这种变化可以用一个线性系统的传输函数来表示，称为头相关传输函数（Head-Related Transfer Functions，HRTF），用来代表头部及外耳以至肩部对声波产生的影响，它在频域定义为

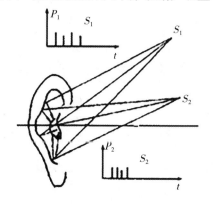

图 5-38 耳廓效应示意图

$$H_l\left(\varphi,\theta,r,\omega\right)=\frac{P_l\left(\varphi,\theta,r,\omega\right)}{P_0\left(r,\omega\right)}$$

$$H_r\left(\varphi,\theta,r,\omega\right)=\frac{P_r\left(\varphi,\theta,r,\omega\right)}{P_0\left(r,\omega\right)}$$

（5.4）

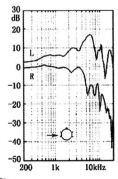

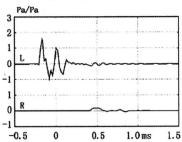

图 5-39　水平面上正左方向的 HRTF

其中 P_l、P_r 分别表示在自由场条件下声源在听音者左、右耳鼓膜处产生的声压，P_0 为在自由场条件下听音者不在时同一声源在中心位置产生的声压。一般情况下，H_l、H_r 是声源方位角 φ、θ、声源到头部距离 r 以及声波角频率 ω 的函数，但通常选择 r 不小于 2m，声波可以看成平面行波，这时传输特性与距离无关，r 可以省略。HRTF 可以通过真人头或仿真头实际测量得到，也可以利用一些听觉模型（如人头的钢球模型）计算得到。由于外耳道的传输特性与声波的入射方向无关，因此可以选择外耳道入口 5mm 以内的任意点作为声压测量点，测出相应的声压传输函数，这一声压传输函数是与声波入射方向有关的，然后测出从该点到耳膜之间的外耳道传输函数，两者相乘即可得到所需的头部相关函数，这样做可以避免多次将探管传声器置于耳膜处。图 5-39 所示为水平面正左方向的一对 HRTF 的频域和时域特性。HRTF 在 VR 声音的耳机重放技术中起重要作用。

5.8.3 听觉定位机理

5.8.3.1 双耳时间差和声级差定位

双耳时间差（Interaural Time Difference，ITD）是指来自某个声源的声音到达听音者左右耳的时间差。ITD 一般可以用到达左右耳的路程差进行近似计算。假设声源位于水平面，并且声源的距离远大于头部尺寸，则声线 AL 和 BR 近似为平行，根据图 5-40（a），双耳时间差为

$$\Delta t\approx\frac{LD}{c}=\frac{l}{c}\sin\theta\approx\frac{21\times10^{-2}}{340}\sin\theta=0.6\sin\theta\text{（ms）}$$

其中，l 为左右耳间距，可以取 21cm。ITD 随声源水平方位角变化曲线如图 5-40（b）。实际测量值和这个理论计算值之间可能存在微小偏差。

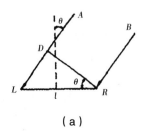

（a）

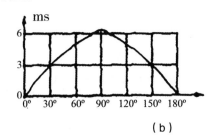

（b）

图 5-40　双耳时间差

双耳声级差（Interaural Level Difference，ILD）是指由于头部对声波的衍射效应，使来自某个声源的声音到达左右耳时产生的声级差。通常同侧的声压级大于对侧声压级。图 5-41 为 ILD 随频率、水平方位角变化示意图。

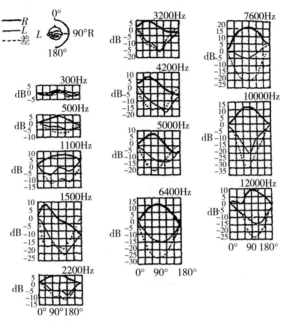

图 5-41　ILD 随频率、水平方位角变化示意图

　　探讨听觉利用双耳时间差和声级差定位的规律，常用的方法是用耳机向听音者馈送试听信号。只有这样才能够分别研究时间差和声级差定位的规律，即在研究时间差定位规律时，使双耳声级差为零，而在研究声级差定位规律时，使双耳信号的时间差为零。实验时往往使双耳信号的时间差和声级差对各种频率成分保持不变，这显然与实际听音时的情况存在差距。另一方面，在进行这样的实验时，声像往往出现在头部里面或离头部很近，因此，声像的方位往往用其在连接双耳的轴线上的投影与头部中心之间的距离即侧向位移来表示，如图 5-42 所示，图中 H 表示声像位置，L 表示侧向位移。虽然存在这些与实际听音不完全相符的情况，但这并不影响对听觉定位规律的探讨。

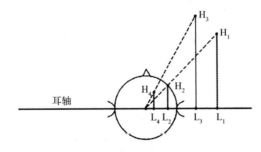

图 5-42　侧向位移与声像位置关系

1. 时间差定位

时间差定位实验装置如图 5-43 所示。声音信号通过一个延时单元后到达双耳，延时器可

以独立进行调整，以便在双耳产生只有延时的两个完全相同的信号。

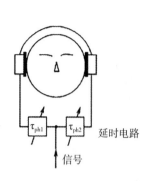

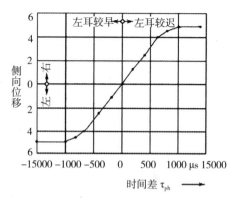

图 5-43 时间差定位实验装置   图 5-44 侧向位移随双耳时间差变化的特性曲线

听音实验证实了双耳时间差能够产生侧向位移，侧向位移随延时的增大而线性地增大，当延时达到约 630μs 时，声像完全偏移到未延时的一侧，处在外耳道入口处；当延时继续增大时，侧向位移的变化极小；当延时超过 1ms 时，侧向位移不再变化。图 5-44 所示为典型的侧向位移随双耳时间差变化的特性曲线，其中测试信号为瞬态声或包含瞬态声的噪声和语声，图中纵坐标表示声像侧向位移的相对值，即 0 代表头部中心，5 代表最大侧向位移。值得一提的是 630μs 的延时对应于 21cm 的声程差，这正是自由场中声音来自正侧向时的双耳声程差。

可见，听觉能够精确判断声音信号的达到时间。关于听觉对声音信号到达时间的判断，存在一个"阈值"理论：当输入信号强度超过某一个阈值时，听觉系统即被"触发"。根据这一假设，到达时间是由瞬态信号的前沿上升达到阈值的时间决定的。

人们还发现，当双耳信号呈反相关系时，会感觉到声像扩大了或产生了不确定性。这是因为听觉的内耳具有频谱分析仪的功能，它总是首先对声压信号进行频谱分析，分别判断各频率成分的双耳时间差，只有当各频率成分的双耳时间差较为接近或某一时间差占主导地位时，才会产生一个较清晰的声像。当双耳信号呈反相关系时，不同频率的双耳时间差各不相同，因此无法形成一个明确的声像定位。有些商家将听觉的这一特性应用于声音重放系统，用来产生空间感的错觉。

上述是瞬态声或包含瞬态声的声音的时间差定位特性，下面将讨论以正弦信号为代表的稳态声的时间差定位特性。根据听觉判断声音到达时间的"阈值"假设理论，在每一个正弦信号周期听觉只被触发一次，但是双耳时间差却存在两个不同的值，取决于是定义左耳还是右耳为首先被触发的，如图 5-45 所示。听音实验表明，听觉确实能够感觉到两个声像同时存在，但是，较靠近中垂面的声像即与较短的时间差相对应的声像占主导地位。也就是说，听觉还是能够较清晰地感觉到一个声像的存在。

由于当双耳时间差达到 630μs 时，声像的侧向位移最大，因此，只有当正弦信号的半周期不小于 630μs 时，才可能获得最大侧向定位位移，也就是说，当正弦信号的频率小于和等于 800Hz 时，才可能由时间差获得较大范围的侧向定位。当频率大于 800Hz 时，由于 $T/2$ 值小于 630μs，因此最大侧向位移不是对应于 630μs，而是对应于 $T/2$。由于 $T/2$ 值随频率的增大而减小，听觉时间差定位范围随频率的增大越来越小。因此，当频率大于 1.5~1.6kHz 时，正弦信号的时间差几乎失去了定位作用。然而，大量的听音实验表明，如果高频正弦信号被低于 1.6kHz 的正弦信号或窄带噪声信号所幅度调制，那么，声像定位将重现，这时声像的侧向位移是由双耳信号包络之间的时间差所决定的。因此，当声音信号不包含 1.6kHz 以下的频率成分时，听觉将忽略其随时间的细小变化，而依据其包络的时间差进行定位。听觉在依据信号包络进行定位时，并不是对整个信号的包络进行分析，而是首先进行频谱分析，将信号分解为受听觉频率分辨率所限的有限个频带，分别对各频带的包络进行分析，只有当不同频带的包络的时间差呈现一定程度的相似性时，才能形成一个较为明确的声像。如果声音信号包含 1.6kHz 以下的频率成分，那么信号包络的时间差是否起作用，与信号本身和包络的形状有关。

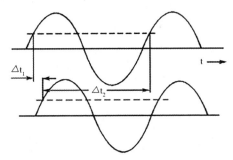

图 5-45 正弦信号的双耳时间差存在两个不同的值

从以上分析还可以得出，时间差定位对瞬态声比较有效，而对于稳态声，时间差定位能力较差。

2. 声级差定位

在研究声级差定位规律时，同样采用耳机来馈送双耳信号，实验装置如图 5-46 所示。信号分别经过一个可独立调整衰减量的衰减器后送给左耳和右耳，由此产生两个除了声级差以外完全相同的信号。用这种方法产生的双耳声级差不随频率变化，这一点与实际听音的情况有所差别。在实际听音时，由于头部和外耳对声波的衍射作用，使双耳时间差和时间差都随频率变化。当两个衰减器的衰减量相同时，声像位于中垂面上，当分别调整衰减器使它们的衰减量不同时，声像将偏移向声压级较大的一边。由这一简单听音实验可以看出，双耳声级差可以使声像偏离中垂面，而产生一定的水平方位角。

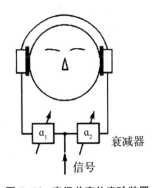

图 5-46 声级差定位实验装置

当用耳机重放只有声级差的双耳信号时，同样会产生所谓的"头中定位效应"，因此声像位置也用其在耳轴上的投影与头部中心之间的距离即侧向位移来表示。图 5-47 所示为用持续时间很短的噪声信号进行声级差定位实验后得到的结果，图中纵坐标表示侧向位移的相对大小，即 0 相对于头部中心位置，5 相对于最大侧向位移，一般在外耳道入口处。由图可知，在侧向位移达到最大值之前，声像的侧向位移基本上与双耳声级差呈线性关系；当双耳声级差接近 12dB 时，侧向位移达到最大值，这时即使再增大声级差，声像的位置也不会改变。同时还可以看出，当声级差超过 8~10dB 时，声像的宽度变大即声像变得模糊，这也是侧向位移最大时的声级差很难精确测定的原因。

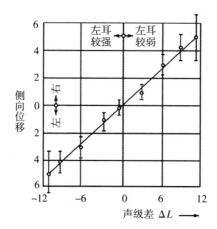

图 5-47　侧向位移随双耳声级差变化的特性曲线

听音实验还表明，当声音信号包含 1.6kHz 以下的频率成分时，听音者有时能听到两个声像。一个声像由双耳时间差决定，当不存在时间差时，无论声级差怎样变化，这个声像始终位于头部中心；另一个声像则由声级差决定。通常在聆听时，两个声像就会结合形成一个较宽的声像，这是声级差越大声像越宽的主要原因。

3. 时间差和声级差共同作用

前面讨论了时间差和声级差单独作用时对听觉定位的影响，了解到听觉能够同时检测出两种时间差：一种是信号本身的时间差，或称为载波时间差，简称为时间差；另一种是信号包络的时间差。这两个时间差在不同的频率范围起作用，图 5-48 所示为时间差、包络时间差和声级差起作用的频率范围。时间差主要对频率低于 1.6kHz 的声音信号的定位起作用；对于高频信号，包络的时间差对定位起主要作用，随着频率降低其作用减小；而声级差在整个频率范围都起一定的定位作用。

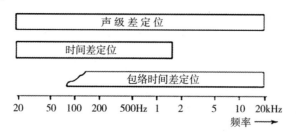

图 5-48　时间差、包络时间差和声级差起定位作用的频率范围

在实际听音中，双耳时间差和声级差同时存在，为了了解哪个因素对定位起主导作用以及它们之间的相互作用，一种可行的方法是测量时间差和声级差之间的等效关系，具体方法如下：首先使双耳信号有一定的时间差或声级差，使声像偏离中心位置，然后往相反方向调整双耳信号的声级差或时间差，使声像回到中心位置。时间差和声级差的等效关系可以用相应的时间差和声级差的比值来表示，称为补偿因子（compensation factor），单位为 μs/dB。图 5-49

所示为典型的时间差与声级差之间补偿关系曲线，所用测试信号为宽带脉冲声。由图可知，曲线并不完全是一条直线，即补偿因子只是近似为一常数，并且随着测试信号声压级增大，补偿因子逐渐减小，即需要较大的声级差来补偿一定的时间差，换句话说，声级差的定位作用相对变小。图 5-50 所示为将脉冲声经过低通滤波器处理后测得的时间差和声级差补偿关系曲线，低通滤波器的截止频率分别为 1kHz、1.4kHz、2kHz、2.8kHz 和 4kHz，而测试信号的声压级保持在较低值即 20dB。由图看出，当截止频率高于 1.6kHz 时，即测试信号包含 1.6kHz 以上的频率成分时，曲线明显变得陡峭，声级差的定位作用较大；当截止频率低于 1.6kHz 时，即测试信号不包含 1.6kHz 以上的频率成分时，补偿因子明显变小，声级差的定位作用较小。因此可以认为，时间差定位和声级差定位哪一个占主导地位主要取决于声音信号的性质，当声音信号包含较多 1.6kHz 以下的低频成分时，时间差定位起主导作用；当声音信号包含较多的 1.6kHz 以上的高频成分时，声级差定位起主导作用，而且声级差的定位作用随声压级的增大而减弱。

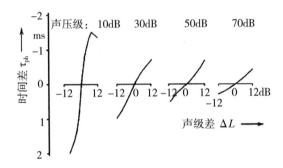

图 5-49　时间差与声级差之间补偿关系曲线

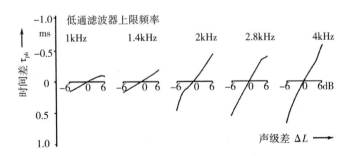

图 5-50　脉冲声经过低通滤波器处理后测得的时间差和声级差补偿关系曲线

5.8.3.2　中垂面定位和距离定位

1. 中垂面定位

当声音来自中垂面上的各个方向时，理论上可以认为不存在双耳时间差和声级差，此时，双耳时间差和声级差显然不是听觉判断声源方位的依据，因此可以说听觉对垂直方位角的定位依据主要来自单耳信号。

首先，头部和外耳对声波产生的线性失真（频率特性的变化）对定位起重要作用。这一点可以用一个简单实验来证实：在消声室中用宽带噪声作为试听信号，使声音分别来自听音者的正前方和正后方（φ = 0°和180°、θ = 0°），由听音者判断声源的方向。当没有对外耳传输特性进行任何修正即正常情况下，听音者基本上能够分辨出声音的前后方向，进行正确定位。当在听音者外耳道插入3cm长的声管，管子外端接一个漏斗状物时，听音者总是判断声音来自后方；当将漏斗状物用仿真耳廓代替时，正确的听觉定位得到恢复。这个实验说明，头部特别是耳廓对声波作用产生的音色变化对中垂面的定位起重要作用。

其二，当声音信号的频带较窄时，听觉在中垂面的定位主要取决于声音的频率，而与实际声源的方位无直接关系。例如，频率200Hz、2kHz和16kHz与正前方声像对应，频率8kHz与正上方声像对应，频率1kHz和10kHz与正后方声像对应。在一般情况下，听觉是依据所接收信号的主要频率成分定位的。

上述结论是通过用正弦信号和窄带信号进行听音实验后得到的，随后研究人员进行了大量的研究和实验工作，来进一步证实这一理论，以了解听觉是依据输入信号的什么属性进行中垂面定位的。进一步的论证实验主要由两个基本部分组成。

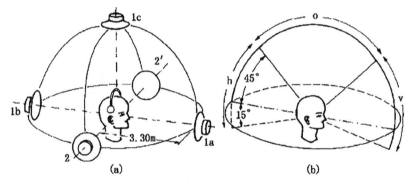

图5-51 中垂面听觉定位实验设置

第一部分主要是进行听觉定位实验，采用1/3倍频程窄带噪声脉冲作为测试信号，听音者在没有反射声的消声室环境进行听音实验，实验设置如图5-51（a）所示，其中扬声器2-2'成对使用并且输出信号相同，耳机也是一种信号馈送方式，扬声器1a、1b和1c单独使用。这五种信号馈送方式都可以模拟中垂面的听音情况，使双耳信号相同，听觉将声像定位于中垂面上。测试信号的持续时间为200ms和1s，声压级为30dB、40dB、50dB和60dB不等，信噪比不小于65dB，信号的中心频率在125Hz和16kHz之间变化，测试信号对扬声器、频率和声压级而言以随机方式呈现，每一次听音实验的人数在5~20人。为了使听音实验不至于太复杂，定位方向分成3个区域，如图5-51（b）所示，其中v表示前方（θ=-15°~45°），o表示上方（θ=45°~90°），h表示后方（θ=-15°~45°）。测试结果表明，在上述实验中，声像位置与实际声源的位置并无直接关系，中垂面上的声像定位与频率有很大的关系。将上述实验结果进行统计分析，得到在某一方向的定位次数大于其他两个方向定位次数之和的听音者人数占总人数的百分比，如图5-52所示。在某些频率范围某一方向的定位次数大于其他两个方向定位次数之和的听音者人数超过总人数的一半，即百分比大于50%，将这些频率范围称为"方向频带（directional bands）"，如图5-52上方所示。

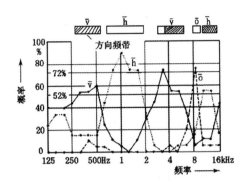

图 5-52　某一方向的定位次数大于其他两个方向定位次数之和的听音人数所占百分比

第二部分的论证工作主要是通过对中垂面方向的外耳传输函数即 HRTF 的测量与分析，找到与中垂面定位相关的信号属性。具体做法如下：首先对若干个听音者进行正前方（用 v 表示）、正上方（用 o 表示）和正后方（用 h 表示）三个不同方向的 HRTF 测量，然后分别将正前方和正上方的 HRTF 与正后方的 HRTF 相减，得到不同频率的声压级差，统计平均的结果如图 5-53所示。由图可知，对于前方声源，其在 4kHz 和 8kHz 之间的频带以及 16kHz 的传输增益明显地大于来自后方声源的传输增益；同样，对于上方声源，其传输函数在 8kHz 左右有一个明显的提升。因此，采用类似与"方向频带"的统计方法，可以分析计算出大多数人在某一方向传输增益高于其他两个方向的传输增益的频率范围，称为"增强频带（boosted bands）"。正前方和正后方定位的"增强频带"和"方向频带"的对比如图 5-52 示。可见，不论是前方定位还是后方定位，增强频带和方向频带之间基本上是互相对应的。

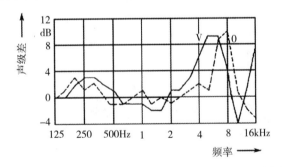

图 5-53　正前方和正上方的 HRTF 与正后方的 HRTF 相减后得到频率特性

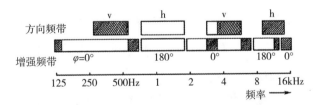

图 5-54　正前方和正后方定位的"增强频带"和"方向频带"对比

实验表明，当声音信号为窄带信号时，外耳传输函数只能改变信号的声压级，并不存在所谓音色的变化，因此，窄带信号不包含听觉定位所需的声源方向信息，听觉只能依据声音信号的中心频率进行定位，定位规律用"方向频带"理论来描述；当声音信号不是窄带信号而具有一定的频带宽度时，外耳传输函数将对声音信号产生影响，使声音信号的频谱发生变化，听觉能够根据最终听到的"增强频带"所在的频率范围进行正确定位。

2. 距离定位

把距离定位和中垂面定位放在同一节进行讨论，是因为当声源处在 3m 以外的远场时，可以认为听音者处在平面声场中，当不改变声源方向时，双耳信号差并不随声源距离而变化。因此，在这种情况下双耳信号差并不能作为听觉判定声源距离的依据，这时听觉主要依靠单耳信号的某些属性进行定位，从这一点上看和中垂面的定位很相似。

听音实验表明，对于一般的宽带声音信号，听觉能够较好地判定声源距离的远近，当声源的距离增大时，声像的位置也相应变得较远。因此，听觉信号中必然存在某些与距离有关的信号属性，听觉完全地或部分地依据这些信号属性来判定声源的距离。听觉距离定位的主要依据有以下几点。

（1）声压级

当声源距离在 3m~15m 之间时，可以认为只有声压级随距离按平方反比定律或 1/r 定律变化（r 为声源的距离），当距离增大一倍时，声压级衰减 6dB。听音实验证明，声像的距离随着听到的声压级的增大而减小，图 5-55 所示为典型的声像距离随听音者所在位置的声压级变化的曲线，实验中扬声器分别置于正前方 3m 和 9m 处，只改变扬声器输出信号的大小而不改变扬声器的位置，由听音者判断声像的距离，测试信号为语声，测试环境为消声室。由测试结果看出，声像距离主要与听音者所在位置的声压级有关，而与实际声源（扬声器）所在位置基本无关；当声压级是听觉距离定位的唯一依据时，声像距离与声压级的关系比实际期望的要小，即为了使声像距离增大一倍，声压级需要减小 20dB，而不是 6dB。

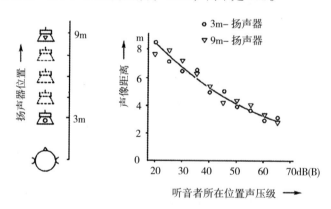

图 5-55　声像距离随听音者所在位置声压级变化曲线

（2）空气声吸收引起的频率特性变化

当声源距离大于 15m 时，空气声吸收的影响不能忽略。图 5-56 所示为自由声场中空气声吸收引起的衰减率随频率变化的特性。可见，空气声吸收主要表现在 1kHz 以上的频率范围。由于空气声吸收与频率有关，一般高频的声吸收远大于低频的声吸收，因此，空气声吸收引起的高频衰减随距离增大而增大，听觉可能以此作为距离定位的一个依据。

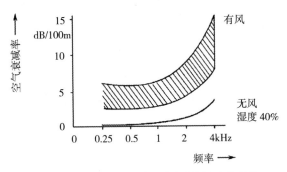

图5-56 空气吸收引起的衰减率随频率变化特性

（3）直混比

直混比是房间中直达声与混响声比例的简称，定义为封闭空间内直达声声压级与混响声声压级之差。直混比是听觉在封闭空间中进行距离定位的重要依据。当听音者距离声源较近时，直混比较大，听觉的声像定位较明确，同时感觉声像距离较近；反之，当听音者距离声源较远时，直混比较小，听觉感觉到声像宽度变大，同时感觉声像距离较远。在自由声场中，由于不存在反射声，因此直混比不能作为距离定位的一个依据。

综上所述，听觉在距离定位时会综合考虑各种因素，但是在上述各种因素中，声压级和直混比对定位所起的作用最大。声压级和空气声吸收对判断熟悉声源的距离、多个声源同时存在时到听音者的相对距离等较为有效，但直混比对不熟悉的声源以及单个声源绝对距离的判断都非常有效。听觉距离定位的能力是有限的，对于不熟悉的声源，定位的准确率并不高，大约只有20%；而且，当声源距离较近时，听觉往往过大估计声源的距离，而当声源距离较远时，又往往过小估计声源的距离。

5.8.3.3 头中定位效应

头中定位效应是指声像出现在颅内的现象。最常见的头中定位效应是出现在用耳机重放声音的时候。很早以前人们就发现了这种现象，并且一直在寻找产生这一现象的原因，有人认为这一现象的产生是由于传声器和耳机的共振频率特性，也有人认为是由于当人头转动时双耳信号不能跟随变化、耳膜的辐射阻抗与自然听音时的辐射阻抗不同、耳机对头部产生的压迫感、身体的其他部位感受不到声波的作用、两个声道传输特性存在差异等，但都没有得到充分的证实。

当离左、右耳足够近的两个扬声器发出相同或者相关性很强的声音信号时，头中定位效应就会产生。从这一观察结果可以得出解释头中定位效应的非常重要的结论，即头中定位效应仅仅与双耳信号有关。研究人员用实验证实了上述结论，实验中用白噪声作为测试信号，用耳机重放，听音环境为消声室。实验中采用了两组试听信号，一组模拟3m处扬声器产生的双耳信号，即将白噪声信号经过一对HRTF滤波器处理后再由耳机重放；另一组是没有经过均衡处理的信号直接由耳机重放。图5-57所示为两种情况下声像位置随输入信号响度变化的特性。由图看出，当耳机信号未经过均衡处理时，无论响度如何变化，头中定位效应无法避免；当耳机信号经过均衡处理后，头中定位效应不再发生，声像较自然地定位在头部以外，而且声像距离随响度的变化规律和自然声源定位时完全一致。近年来，仿真头录音和重放系统的质量有很大的提高，实践证明了当使用高质量的仿真头录音和重放系统时，即使使用耳机重放，也不会产生头中定位效应。

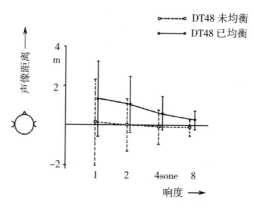

图 5-57　两种情况下声像位置随响度变化特性

5.8.3.4 小结

听觉定位机理总结如下：

第一，头部及外耳对声波的衍射作用引起的双耳信号差对听觉定位起重要作用；

第二，时间差主要对频率低于 1.6kHz 的声音信号定位起作用；对于高频信号，包络的时间差对定位起作用，随着频率降低其作用减小；

第三，当声音信号包含较多的 1.6kHz 以上的高频成分时，声级差定位起主导作用，而且声级差的定位作用随声压级的增大而减弱，声级差在整个频率范围都起一定作用；

第四，当声音来自中垂面上的各个方向时，头部特别是耳廓对声波作用产生的音色变化对定位起决定性作用。当声音信号的频带较窄时，听觉在中垂面的定位主要取决于声音的频率，而与实际声源的方位无直接关系，定位规律用"方向频带"理论来描述。当声音信号不是窄带信号而具有一定的频带宽度时，外耳传输函数将对声音信号产生影响，使声音信号的频谱发生变化，对大多数信号而言，听觉能够根据"增强频带"所在的频率范围进行正确定位；

第五，听觉主要依据声压级、空气声吸收引起的频谱变化和直混比进行距离定位。

5.9 延迟声对听音的影响

室内声场是由直达声和反射声组成，是最常见的存在延迟声的实际听音场所。在听音实践中人们发现，在大多数情况下，人们并不能明显感觉到延迟声的存在，例如在具有良好声学环境的厅堂听音乐，人们感觉到声音来自舞台方向，反射声很好地融入直达声，不会干扰直达声的听音。但是，在某些存在声学缺陷的厅堂听音时，有时会听到来自其他方向的延迟声，即回声。反射声或延迟声是否形成回声并对直达声的听音产生干扰，取决于它和直达声的相对强度、延迟时间、信号类型和它们之间是否存在其他延迟声等。

5.9.1 哈斯效应

对延迟声的研究是从最简单的两个声源开始的。图 5-58 所示为常规的双声道立体声重放设置，两只扬声器被馈给无声级差的完全相同的声音信号，但是其中一只扬声器的信号经过了延时处理，并且延迟时间可调。听音实验表明，当延时为 0 时，声像位于两只扬声器之间的中心位置；当延时增大时，声像位置偏向未延时的扬声器；当延时增大到约 1.5~3.5ms（与扬声器的张角、重放声压级等有关）时，声像定位于未延时的扬声器，此时，如果继续增大延时，声像位置不会改变，即声像位置由先到的声源位置决定，这一现象称为优先效应。当延时继续增大时，听到的声像将发生一些变化，例如声像变宽、声像偏离第一声源方向、音色发生变化等，当继续增大延迟时间时，声像将分离为两个，一个来自先到的扬声器，另一个来自有延时的扬声器。产生两个声像的最小延迟时间称为回声阈值（echo threshold）。由此可见，先导声定位只是在一定的延时范围内起作用，其下限由"求和定位法则（summing localization）"起作用的延时决定。所谓"求和定位"是指当延时小于一定数值时，听觉产生的声像位置是由直达声和延迟声叠加后在双耳产生的时间差和声级差决定的，而不仅仅由先导声所决定。例如在上述两只扬声器设置的情况下，下限时间大约为 1.5~3.5ms。先导声定位有效的上限延时是由回声阈值决定的。图 5-59 为双扬声器听音时声像位置随延迟时间变化的特性，其中听音信号为正常速度的语声，直达声和延迟声的声压级同为 50dB。

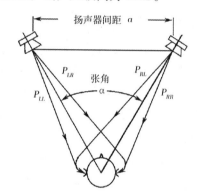

图 5-58　常规双声道立体声重放设置

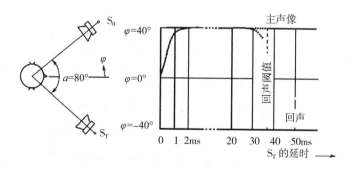

图 5-59　声像位置随延迟时间变化特性

图 5-60 为同样扬声器设置下（扬声器到听音位置的夹角为 80°，语声速度为每秒 5 个音节，先导声的声压级约为 50dB）延迟声的各种阈值的比较，其中最低的阈值曲线称为掩蔽阈值（masked threshold），表示听觉完全不能察觉延迟声存在时的延迟声与直达声的相对声压级，它是随延迟时间增大而减小的；回声阈值比掩蔽阈值高得多，而且由回声阈值曲线看出，如果

延迟时间小于 30ms，则当延迟声比直达声高出 5dB 时，都可能不会产生回声的任何感觉；产生回声干扰的阈值曲线在回声阈值之上，可见，当延迟时间小于 65ms 时，回声干扰阈值随延迟时间的减小迅速增大，当延迟时间小于 50ms 时，即使延迟声的声压级比直达声大得多，也不会对直达声听音形成干扰,这种现象称为哈斯效应(哈斯是第一个对这一问题进行阐述的人)。

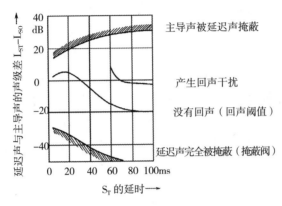

图 5-60 延迟声各种阈值比较

哈斯的实验结果如图 5-61 所示（曲线上的参数为延迟声相对直达声声压级 ），其实验设置与上述相同，同样是用语音进行测试，但测试环境具有一定混响时间。在实际应用中，哈斯效应泛指听觉不能察觉延迟声的存在而定位于先导声的现象。一般认为，如果延时在 5~35ms，听觉不会感觉到延迟声的存在；当延时在 35~50ms 时，延迟声的存在能够被识别出来，但仍然感觉声音来自先导声方向；只有当延时超过 50ms 时，第二声源才可能以清晰的回声被听到。哈斯效应在室内声学和扩声工程中是必然要遇到并加以利用的，因为壁面的反射声、不同扬声器对同一信号的重放声等都是典型的延迟声，利用哈斯效应，可以在分布式扬声器系统的声场中，保证听众视觉和听觉的一致性。在声音重放技术中也经常要利用哈斯效应，例如在多声道环绕声系统中，往往将后置环绕声声道进行适当延时，避免由于声道之间隔离度不够而影响前方声像定位。

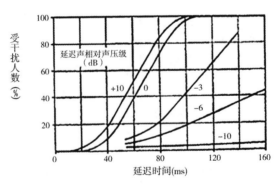

图 5-61 哈斯实验结果

5.9.2 多个延迟声

当声源多于两个即延迟声不止一个时，无论它们的方向如何，"总和定位法则"仍然有效。当延迟时间小于一定数值（大约几个毫秒）时，所有的直达声和延迟声都对听觉定位产生影响，声像位置由它们的总和决定。当延迟时间较大时，优先效应起作用，听觉定位完全由先导声决定。当某个延迟声的强度和延迟时间达到它的回声阈值时，听觉产生回声感觉，但不一定形成干扰，当延时达到回声干扰阈值时，才会对直达声听音形成干扰。在多于两个声源即延迟声不止一个的情况下，总和定位和优先效应就可能同时发生。

对于存在多个延迟声的情况，有一点特别需要指出，当某个延迟声和先导声之间存在其他延迟声时，这个延迟声的掩蔽阈值、回声阈值等会大大提高，即这个延迟声变得不易被听到。图 5-62 所示为某个延迟声和直达声之间存在和不存在另一个延迟声时的掩蔽阈值，其中测试信号为语声，S_0 代表直达声，S_T 代表延迟声，S_1 代表直达声和延迟声之间的另一个延迟声，并且 S_0 和 S_1 的声压级都是 70dB。听觉对延迟声产生的这些效应说明了房间脉冲响应或回声图与音质的关系：在时间上和空间上均匀分布的反射声对室内音质是有利的，在室内音质设计时应避免个别的、时间分布上稀疏的反射声出现。

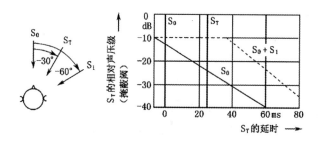

图 5-62　延迟声的掩蔽阈（实线—只有先导声；虚线—还有另一个延时声）

5.10　鸡尾酒会效应

在日常生活中人们常常注意到这样的现象，即在很多人同时谈话的场合如聚会、公共场所等，人能够在不同声音组成的嘈杂声中分辨出自己要听的某个说话人的声音，甚至不用将面部朝向说话人。但是，如果将一只耳朵堵上，听觉就丧失了这种从多种声音中分辨出想要听的声音的能力。听觉的这种能够从众多声音中分辨出自己想要听的声音的能力，称为鸡尾酒会效应。

鸡尾酒会效应是除双耳定位外的另一个双耳听觉效应。产生这种听觉效应的根本原因是，双耳听音时声音的掩蔽阈小于单耳听音时的掩蔽阈。当存在来自其他方向的掩蔽噪声时，双耳听音比单耳听音不容易被掩蔽。

5.11　听觉的非线性

非线性是指输出信号大小和输入信号大小之间的非线性关系。当系统的输出信号大小和输入信号大小之间具有线性关系时，称之为线性系统；否则称为非线性系统。当系统具有非线性时，输入某一频率的声音信号，在输出端除了产生该频率的输出外，还会产生其谐波成分；如果输入的是两种不同频率的信号，则在输出端除了产生这两种频率的信号外，还会产生谐波、和频和差频信号。因此，输出和输入之间的非线性关系是信号产生失真的原因之一，这种失真称为非线性失真。另一种失真称为线性失真，是指由系统频率特性不均匀产生的失真。

前面提到，人耳听觉具有非线性，这种非线性主要产生于听觉的中耳和内耳。也就是说，声音信号在人的听觉系统中会被非线性加工，这种非线性正是听觉对强声的一种保护性反应。听觉的这种非线性也常被音乐家和作曲家所利用，成为音乐中和声学和配器法的生理基础，因为两个音同时演奏或两种乐器同时演奏会产生单独演奏时所不具有的音色，这是由于听觉的非线性使人听到输入声音信号中不存在的谐频、和频及差频信号。

习题 5

1. 简述听觉构造及各部分机能，并简述耳蜗的选频机理。
2. 什么是听觉的掩蔽效应？有什么基本规律？有何实际应用？
3. 什么是前掩蔽和后掩蔽？如何解释非同时掩蔽效应？
4. 什么是响度、音调和音色？有什么基本规律？
5. 什么是响度级和等响曲线？
6. 什么是听觉的积分效应？
7. 听觉对声压级变化和频率变化的分辨阈如何？有何应用？
8. 什么是听觉临界频带？有什么实际应用？
9. 从水平面、中垂面和距离定位等方面简述听觉定位能力。
10. 什么是头相关传输函数？如何定义？有何实际应用？
11. 什么是双耳时间差和声级差？
12. 什么是头中定位效应？产生的主要原因是什么？
13. 简述听觉定位机理。
14. 什么是哈斯效应？有何应用？

6 语声、乐声和噪声

6.1 语声

6.1.1 人类发声器官构造及发声机理

人的发声器官是通过长期进化过程而形成的，其构造如图 6-1 所示。发声器官主要是由肺、气管、咽喉、声带、鼻和口组成，这些器官形成一条由肺到唇的形状复杂的通道，咽喉以上的部分称为声道。肺呼吸空气，在声道中形成气流，它是声音能量的来源。声带的振动使稳定的气流变为周期性脉动气流。人讲话时，在中枢神经的支配下，声道中喉头、口腔、鼻腔等形状发生变化，其中舌尖位置的改变对空腔形状的变化起着主要作用。这种声道形状的变化，使人能够发出不同的语音。

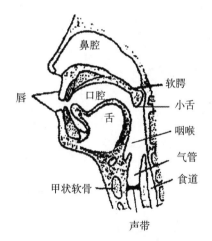

图 6-1 发声器官构造

声带位于气管上方的喉内，它是由左右突出的小筋肉形成，呼吸时声带打开，发声时声带稍微闭合，使中间留有窄缝，当气流从窄缝中穿出时，声带受气流冲击而振动。因此，在日常呼吸时，气流是不受阻碍的，但在发声时，气流会受到阻碍而产生声音。气流继续向上到达口腔，如果软腭与小舌上升并与咽壁接触，则气流或声带振动产生的声波就从口腔发出；如果软腭和小舌下垂，则气流或声带振动产生的声波就从鼻腔发出，形成鼻音。

气流到达口腔时，随着说话时声道形状的改变，能发出不同的语音。这是因为气流受到口腔、鼻腔所形成的声学共鸣作用的影响。气流经过声门到口唇时，实际上是通过了一个声滤波器。随着发音时声道形状的变化，声滤波器的频率特性将发生变化，即滤波器的

共振频率发生了变化，因此产生了不同的声音。例如，发汉语元音 [i:] 时，舌位的前面部分比较高，

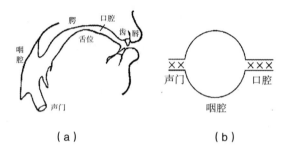

（a）　　　　　　　　　　　（b）

图6-2　发汉语元音 [i:] 时口腔形状和等效声学滤波器结构

因而声道的前腔即口腔直径很小，已退化为一个声管，后腔即咽腔部分仍然是一个腔体，如图 6-2（a）所示，其等效声学滤波器结构如图 6-2（b）；再如，发汉语元音 [u] 时，舌位后面部分比较高，舌位将声道分隔成两个腔体即咽腔和口腔，成为一个双腔共鸣器，如图 6-3（a）所示，其等效声学滤波器结构如图 6-3（b）。在声振动系统中，细管相当于串联电感和电阻，空腔相当于并联电容，因此上述声滤波器等效为由多个电感和电容组成的多谐振系统，存在多个共振频率。

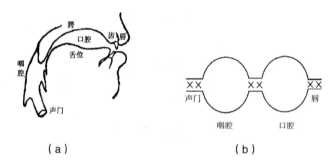

（a）　　　　　　　　　　　（b）

图6-3　发汉语元音 [u] 时口腔形状和等效声学滤波器结构

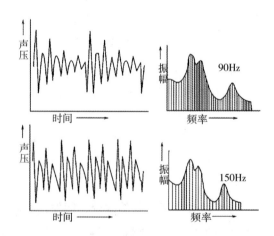

图6-4　不同基频的元音 [a] 的声压波形及频谱包络线

图 6-4 为不同基频的元音［a］的声压波形及频谱包络线。口腔的共振效应反映在频谱包络线的峰值结构上，这些峰值称为共振峰，并按频率的高低依次命名为第 1、第 2、第 3……共振峰，通常记为 F_1、F_2、F_3……。由于发音时口腔的形状不同，因此发不同语音时共振峰结构也不同。每个人发相同的语音时，音高和音色虽然不同，但共振峰结构或频谱包络线却大致相同，因此，利用共振峰结构可以进行语音的自动识别与合成。

6.1.2 语音的频谱

6.1.2.1 语音的频谱特点

语言中的每句话是由一个个词连接构成的，一个个词又是由一个个音节连接构成。对于汉语来说，音节和汉字是一一对应的，一个音节就是一个汉字。

仔细观察语音信号的波形会发现，语音信号的波形有些呈现出较明显的周期性，有些则不然。研究表明，发音时伴随声带振动的音具有明显的周期性波形，如汉语韵母中的 a、o、e 等元音；而不伴随声带振动的音则具有非周期性的波形，如汉语中的 s、c、sh 等声母（属于辅音）。根据傅里叶变换原理，周期信号可以用傅里叶级数形式来表示，即周期信号可以分解成一系列不同频率的正弦信号，这些单频信号是由基频及其谐频组成的，因此周期性声音信号具有线状的离散频谱；而非周期信号可以用傅里叶变换来表示，具有非离散的连续频谱。

图 6-5 所示为汉语元音 [a] 的波形和频谱。图中所示为取较平稳一段的分析结果。这些线状频谱的声音在听觉上具有明显的音高感觉，称为有调声，它们具有乐音性，其音高取决于频谱中最低频率分量的频率值，这个最低频率称为基频，其他较高频率分量的频率为基频的整数倍，称为谐波分量。通常基频分量在整个频谱中幅度是较大的，但并不一定是最大的。基频的频率大小主要与声带本身的性质及其张弛程度有关，因此，不同的人说话声调的高低不同。

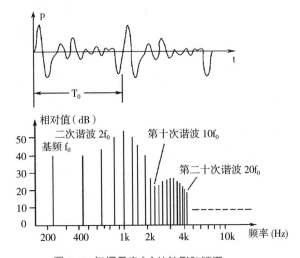

图 6-5 汉语元音 [a] 的波形和频谱

一般元音有 6~7 个共振峰，但区别不同元音只需 2~3 个共振峰，因此元音的频谱特性可以简单地用主要频率范围内的 2~3 个共振峰频率来描述。从测试结果看，所有元音的第一共振峰频率都在 1kHz 以下，这个频率范围是元音能量集中的区域；男声的平均基频为 216Hz，

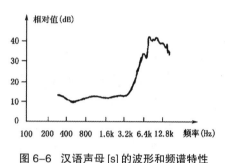

图 6-6　汉语声母 [s] 的波形和频谱特性

女声的平均基频为 320Hz，童声的平均基频则为 400Hz；女声不仅基频较高，而且所发声音的各个共振峰频率也要比男声高约 20%，若平移频率坐标，则男声和女声的频谱包络线特性可以非常好地相吻合。

除了元音以外，剩下的音素统称为辅音。一般浊辅音也具有乐音性质，和元音一样具有离散频谱，也可以求出共振峰频率，但频谱和元音稍有不同。清辅音是由发音器官中某部分破裂气流形成，具有噪声性质，其频谱为连续频谱，并在一定的频率范围内出现能量集中现象。图 6-6 所示为汉语声母 [s] 的波形和频谱特性。可见，连续谱的声音信号的声压瞬时值波形不具有周期性，这种声音在听觉上不产生音高感，因此又称为无调声。清辅音的能量主要集中在 1kHz 以上的高频区域。

6.1.2.2　声调的基频变化

声调反映了语音的基频随时间作升降变化的特性，这种变化是由声带松紧决定的。汉语普通话四个声调的基频变化规律是：第一声的基频高而平；第二声的基频由中升至高；第三声的基频开始时由中降至低，然后再由低升至高；第四声的基频则先略为升高，再由最高降至最低。

研究表明，普通话四声的基频覆盖范围大约为 1.2~1.6 倍频程。如果把这样一个频率范围按对数频率坐标分成五等分，则阴平约为 4.5，阳平约为 3~5，上声约为 2.5~1.5~4，去声约为 4~5~1。男声基频平均由 100Hz 变化到 300Hz，女声基频平均由 160Hz 变化到 400Hz。

声带振动近似为三角波，随着基频的变化，各次谐波的频率位置和大小也会发生变化，因此，声调信息存在于整个频谱中。

6.1.2.3　歌声的频谱

歌声的频谱特性基本上与语音类似，但歌唱时共振峰频率的位置和讲话时稍有不同，图 6-7 所示为男低音唱元音时和讲元音时共振峰频率的差别。

6.1.2.4　小结

实际上大多数声音信号的频谱是离散频谱和连续频谱的混合体。声音信号的频谱随时间变化很快，在某一瞬间可能是以离散谱为主，在另一瞬间则可能是以离散谱为主，而且离散谱中常常混杂着一些连续谱。通过三维频谱分析仪可以测出声音信号的

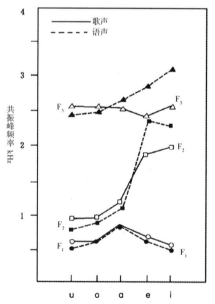

图 6-7　男低音唱元音时和讲元音时的共振峰频率

频谱随时间变化的特性，即将声音用时间、频率及强度的三维动态频谱来描述。图 6-8 所示为一段英语语音的三维动态频谱。

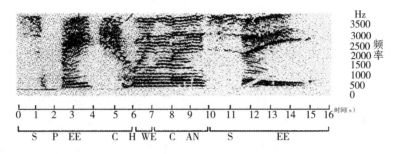

图 6-8 英语语音的三维动态频谱（颜色深浅表示强度大小）

6.1.3 语声的统计特性

6.1.3.1 汉语普通话的平均频谱

语声是典型的随机过程，但是，许多人同时朗读各种内容不同的读音材料混合而成的语言噪声，却具有稳定的特性，形成稳定的随机信号，可以计算其平均特性。用足够长时间的这种语言噪声测得的汉语普通话平均频谱如图 6-9 所示，其中图 6-9（a）为汉语普通话女声的平均频谱，图 6-9（b）为汉语普通话男声的平均频谱，图 6-9（c）为不同发声强度时普通话男声的平均频谱，图 6-9（d）为汉语普通话和部分外语的平均频谱的比较。由图可知，虽然接收点的位置、说话声音的强弱对频谱有一定的影响，但频谱的基本规律是不变的，外语和普通话也具有类似的频谱特性；在 200Hz~600Hz 频率范围的

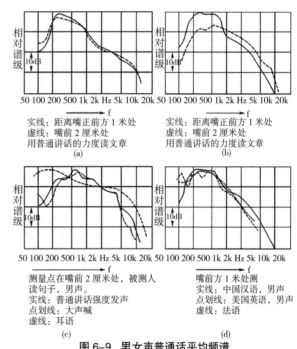

实线：距离嘴正前方 1 米处
虚线：嘴前 2 厘米处
用普通讲话的力度读文章
(a)

实线：距离嘴正前方 1 米处
虚线：嘴前 2 厘米处
用普通讲话的力度读文章
(b)

测量点在嘴前 2 厘米处，被测人读句子，男声。
实线：普通讲话强度发声
点划线：大声喊
虚线：耳语
(c)

嘴前方 1 米处测
实线：中国汉语，男声
点划线：美国英语，男声
虚线：法语
(d)

图 6-9 男女声普通话平均频谱

相对声压级最大，语声能量主要分布在 100Hz~5kHz 的频率范围内，换句话说，在 1kHz 以下的频率范围几乎包含了 80% 的声功率，在 100Hz~6kHz 的频率范围内包含了 96% 的声功率。因此，在通信中把每一路电话信号的频带限制在 300Hz~3.4kHz，就能把语声中的大部分能量传输出去，从而达到一定程度的信息传输目的。当然，频带较窄带来的实用性是以声音质量的降低为代价的，如果要完美地传输和记录语声信号，电声设备的频带应比电话频带宽得多，特别是要求能够传输高达 8~10kHz 的高频信号。这是因为语声中的高频成分虽然很微弱，但它们却是语声中辅母的主要成分，对语声的清晰度起重要作用。因此，高质量的传输语声信号的电声设备的频率范围一般要求不窄于 80Hz~12kHz。

6.1.3.2 语声的动态范围

动态范围是指语言或音乐的最大声压级和最小声压级之差。由于声音信号是典型的随机信号，因此要采用概率论和数理统计的方法来描述它。工程上规定最大声压级为统计分析后出现小于此声压级的概率为98%时的声压级；最小声压级则规定为统计分析后出现小于此声压级的概率为2%时的声压级。对多数人和大量语音材料的长时间测量表明，一般语言信号的动态范围约为30dB，峰值比平均值高约12dB，而最小值比平均值低约18dB。

语声声压级随时间变化的特性除了用动态范围表示外，还可以用概率密度函数来表示。在概率论中，概率密度函数是指随机过程中出现某一事件的概率。当声音信号的随机过程用概率密度函数来描述时，是指声音信号出现某一声压级的概率大小。图6-10所示为语声和其他信号的概率密度特性曲线。由于正弦信号是确定性信号，所以其概率密度曲线与语声有较大的区别。而语言、音乐和无规噪声信号的概率密度曲线很相似，都满足正态分布，其中平均值都设为参考值，即平均声压级为0dB，但它们并不是完全相同的随机过程。正因为无规噪声信号和声音信号有一定的相似性，所以在声学测量中经常用噪声代替声音信号作为标准测试信号。

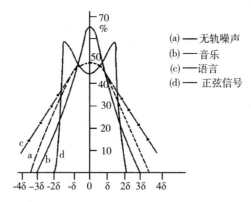

图6-10　语声和其他信号的概率密度曲线

6.1.3.3 语声的平均声功率和声压级

语声的声功率非常小，人耳对声音信号是非常敏感的。以正常音量进行对话的语声声功率大约为50μW，相当于一个50W灯泡功率的百万分之一。

语声的声功率随时间变化较大。正常谈话时，男声的声功率变化范围大约为10~90μW，女声的声功率变化范围约为8~50μW；大声喊叫时，男声的峰值功率可超过3.6mW，女声的峰值功率可超过1.8mW。

正常音量正前方1m处的语声平均声压级约为66dB，大声讲话约为72dB，喊叫约为84dB。

6.1.4 语声的指向性

声源的指向性是指辐射的声压随方向变化的特性，一般用指向性图表示，即将不同方向的相对声压级随方向变化的特性在极坐标系中用曲线表示出来。语声在辐射时具有指向性。测量结果表明，在4 000Hz以下的频率范围，语声的指向性较弱，声音基本上可以看成向全方位均匀辐射，声强近似地与距离的平方成反比；在频率高于4 000Hz时，语声表现出较强的指向性。

图 6-11 为语声在水平面和垂直面的指向性图。由图可知，在水平面左右偏离 40° 和在垂直面上下偏离 40° 的范围内，各频率的声压级基本上与轴向声压级相同，即这个辐射范围内的频率特性与正前方轴向频率特性比较一致。因此，在上述区域内听到或用传声器拾取的说话声比较真实自然，与在正前方听到的声音相差不大，但是，如果在讲话者背后听音，则由于高频分量急剧减弱而使语声的清晰度大为下降。

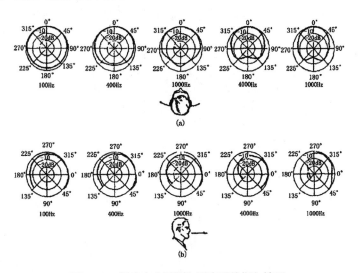

图 6-11　语声在水平面和垂直面的指向性图

6.1.5 语声的可懂度和清晰度

6.1.5.1 可懂度和清晰度的定义

可懂度和清晰度是对语声的质量进行主观评价的主要参数之一。语声可懂度是指有字义联系的发音内容如单词或单句，通过房间或电声设备的传输后，能被听音者正确辨认的百分数；清晰度则指无字义联系的发音内容如单字，通过系统传输后，能被听音者听清的百分数。

由于听音者可以联系上下文猜测、推断字义上有联系的发音内容，因此同一评价对象的可懂度往往高于清晰度。

6.1.5.2 清晰度的主观评价

语言清晰度可以通过主观听音实验来测定。测试的一般方法是采用 20 个不同韵母的汉字组成发音字表，让口齿清楚、发音准确的人念，并由听音者在相应的判别字表上根据听音结果选择打钩。判别字表由 20×5 个汉字组成，对应每个韵母有 5 个汉字可供选择，例如，对应于发音字表上的留字，有秋、休、纠、留、丢 5 个汉字可供选择。测试完毕后，算出每位听音者正确选择的字数占 20 个字的百分数，再加上猜测修正项，即得每位听音者的清晰度百分数。将所有听音者的测听结果取平均值，即为所求的语言清晰度。猜测修正项的计算公式为

$$\frac{1}{N-1}\left(\frac{E}{T}\right)\times100\% \tag{6.1}$$

式中，T 为发音字数；E 为听错字数；N 为测听时每个字可供选择的字数，通常取 N=5。具体的测试方法可依据有关测试标准进行。

6.1.5.3 影响语声清晰度的因素

语声清晰度主要与传输系统的频带宽度、声压级、信噪比和房间混响有关。图 6-12 所示为语声通过不同截止频率的高通和低通滤波器后的清晰度变化。由图可见，当滤除 1 000Hz 以下低频时，清晰度还能保持在 90%；而滤除 1 000Hz 以上的高频后，清晰度则下降为 40%，这说明高频成分对语声的清晰度起主要作用；它同时说明：要获得足够的语声清晰度，传输系统的有效工作频带上限应不小于 3~4kHz，这正是通信话路带宽的上限频率。

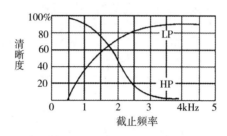

图 6-12 语声通过不同截止频率的高通和低通滤波器后的清晰度

如果传输系统的频率范围相同，但放音时的声压级不同，清晰度也会不同。清晰度随声压级的增大而增大，当声压级增大到一定数值以上时，清晰度几乎不再改变，当声压级继续增大时，清晰度反而开始下降。在相同声压级的情况下，信噪比越大，清晰度越高。

在混响较强的房间内谈话时，前一个音节的混响声会与后一个音节相混，使后一个音节的清晰度下降，因此，混响对清晰度的影响相当于一种噪声，它会使语声的清晰度下降。

6.1.5.4 语言清晰度的客观评价指标 STI

在厅堂内讲话时，无论使用扩声系统与否，从讲话人到听话人形成的传输通路中，由于房间内混响和噪声干扰的存在，会使接收到的信号和原来的信号相比产生失真，主要表现在声音信号时间包络波形被平滑，或者说信号的调制度变小。因此，通过测量传输通路的调制转移函数（Modulation Transfer Function，MTF），可以导出语言传输指数（Speech Transmission Index，STI），用 STI 对厅堂的语言清晰度进行客观评价。假设输入信号的调制度为 1，经过系统传输后，接收信号的调制度下降为 m，则 m 定义为调制转移函数。如果房间和噪声的频率特性不均匀，那么 MTF 与调制频率以及被调制信号的频率有关。STI 的计算方法如图 6-13 所示。计算时一般只对语言的调制频率范围感兴趣，即在 0.63~12.5Hz 调制频率范围内用 1/3 倍频程带宽分为 14 个调制频率，被调制信号采用 125Hz~8kHz 频率范围内的 7 个倍频程带宽噪声信号，这样测得 7×14 个 MTF 值，由这些数据可

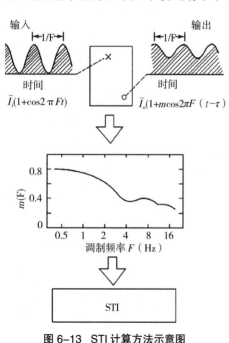

图 6-13 STI 计算方法示意图

以计算出与主观清晰度评价相一致的语言清晰度评价指数。STI不仅在厅堂建成以后，而且在厅堂和扩声系统的设计阶段都可以用来评价其语言清晰度。此外，一种简化的快速语言传输指数（RASTI）测量方法由此被提出，并且专用仪器出现了。国际电工委员会（IEC）和我国电声标准委员会先后建议用STI或者RASTI作为厅堂和扩声系统的一种评价参数。

6.2 乐声

6.2.1 自然音阶和等程音阶

两个声音的音调间距离称为音程。组成音乐的所有音可以从低到高按一定的音程排列，称为音阶。音阶中频率比为2:1的频率间隔称为倍频程，对应的音程在音乐声学中称为八度。由于在等程音阶中要涉及倍频程的概念，因此我们首先来介绍倍频程和1/3倍频程。

6.2.1.1 倍频程和1/3倍频程

两个频率f_1和f_2之间的间隔除了可以用频率差值表示外，还可以用倍频程来表示。如果

$$\frac{f_2}{f_1} = 2^n \tag{6.2}$$

则f_1和f_2之间的频率间隔称为n倍频程。当$n=1$时，$f_2=2f_1$，称为一倍频程，简称为倍频程（Oct）；当$n=1/3$时，$f_2=2^{1/3}f_1$，其频率间隔称为1/3倍频程。

在对数频率坐标上，不论中心频率位置的高低，倍频程是等间隔的，而在线性频率坐标上，倍频程间隔是随着中心频率的增大而增大的。如果在对数频率坐标上将一个倍频程三等分，则每个频率间隔为1/3倍频程。

频率f_0和f_n之间所具有的倍频程数n可以按下式计算：

$$n = \log_2 \frac{f_n}{f_0} \tag{6.3}$$

6.2.1.2 自然音阶

自然音阶是音程为小整数比的音阶。自然音阶相邻两个音之间的音程有大全音、小全音和半音三种，频率比分别为9/8、10/9和16/15。表6-1所示为以c^1为第一音的一个倍频程的自然音阶表。通常以频率为440Hz的a^1音为基准音。

表6-1 自然音阶表

音程	一度	二度	三度	四度	五度	六度	七度	八度
音名 与c^1音的频率比频率 比值 频率	c^1 1 1.000 264	d^1 9/8 1.125 297	e^1 5/4 1.250 330	f^1 4/3 1.333 352	g^1 3/2 1.500 396	a^1 5/3 1.667 440	b^2 15/8 1.875 495	c^2 2 2.000 528
相邻二音的频率比	9/8 大全音	10/9 小全音	16/15 半音	9/8 大全音	10/9 小全音	9/8 大全音	16/15 半音

自然音阶中两个音之间的音程又可分为极完全谐和音程、完全谐和音程、不完全谐和音程和不谐和音程四种，如表6-2所示。极完全谐和音程的两个音一起出现时，听起来非常悦耳，不谐

和音程的两个音一起出现时，会感到非常不悦耳。通常频率为小整数比的音程听起来较为谐和。

表 6-2　自然音阶的协和性

音程比（频率比）	音程	谐和性
2：1	纯八度	极完全谐和音程
3：2	纯五度	完全谐和音程
4：3	纯四度	完全谐和音程
5：4	大三度	不完全谐和音程
5：3	大六度	不完全谐和音程
9：8	大二度	不谐和音程
10：9	大二度	不谐和音程
15：8	大七度	不谐和音程

6.2.1.3 等程音阶

将一个倍频程分为 12 个等倍频程所得律音组成的音阶称为等程音阶，也称为十二平均律音阶。将一个倍频程等分为 12 份，每份相当于一个半音的音程，相差一个半音的频率关系是

$$\frac{f_2}{f_1} = 2^{\frac{1}{12}} \approx 1.059 \tag{6.4}$$

钢琴各键的频率是按等程音阶组成的。表 6-3 为以 c^1 音为第一个音的一个倍频程的等程音阶表，它只列出钢琴上的白键。对比自然音阶和等程音阶可以看出，它们之间的差别是很小的。歌唱家和演奏家们改变音调时，常常宁愿选用自然音阶而不喜欢用等程音阶，因为前者更符合听觉的要求。表 6-4 为钢琴上的 88 个键的音名和频率。

表 6-3　等程音阶表

音程	一度	二度	三度	四度	五度	六度	七度	八度
音名 与 c^1 音的频率比 与 c^1 音的频率比值 频率（Hz）	c^1 1 1.000 261.63	d^1 $2^{1/6}$ 1.122 293.66	e^1 $2^{1/3}$ 1.260 329.63	f^1 $2^{5/12}$ 1.325 349.33	g^1 $2^{7/12}$ 1.498 391.99	a^1 $2^{3/4}$ 1.682 440.00	b^2 $2^{11/12}$ 1.887 493.88	c^2 2 2.000 523.25

表 6-4　钢琴键的音名和频率

钢琴键	音名	频率 (Hz)	钢琴键	音名	频率 (Hz)
1	A_0	27.500	45	F_4	349.23
2	$A_0^{\#}$	29.135	46	$F_4^{\#}$	369.99
3	B_0	30.868	47	G_4	392.00
4	C_1	32.703	48	$G_4^{\#}$	415.30
5	$C_1^{\#}$	34.648	49	A_4	440.00
6	D_1	36.708	50	$A_4^{\#}$	466.16
7	$D_1^{\#}$	38.890	51	B_4	493.88
8	E_1	41.203	52	C_5	523.25

9	F_1	43.654	53	$C_5^{\#}$	554.37
10	$F_1^{\#}$	46.249	54	D_5	587.33
11	G_1	48.999	55	$D_5^{\#}$	622.25
12	$G_1^{\#}$	51.913	56	E_5	659.26
13	A_1	55.00	57	F_5	698.46
14	$A_1^{\#}$	58.271	58	$F_5^{\#}$	739.99
15	B_1	61.735	59	G_5	783.99
16	C_2	65.406	60	$G_5^{\#}$	830.61
17	$C_2^{\#}$	69.296	61	A_5	880.00
18	D_2	73.416	62	$A_5^{\#}$	932.33
19	$D_2^{\#}$	77.782	63	B_5	987.77
20	E_2	82.407	64	C_6	1 046.5
21	F_2	87.307	65	$C_6^{\#}$	1 108.7
22	$F_2^{\#}$	92.499	66	D_6	1 174.7
23	G_2	97.999	67	$D_6^{\#}$	1 244.5
24	$G_2^{\#}$	103.82	68	E_6	1 318.5
25	A_2	110.00	69	F_6	1 396.9
26	$A_2^{\#}$	116.54	70	$F_6^{\#}$	1 480.0
27	B_2	123.47	71	G_6	1 568.0
28	C_3	130.81	72	$G_6^{\#}$	1 661.2
29	$C_3^{\#}$	138.59	73	A_6	1 760.0
30	D_3	146.83	74	$A_6^{\#}$	1 864.6
31	$D_3^{\#}$	155.56	75	B_6	1 975.5
32	E_3	164.81	76	C_7	2 093.0
33	F_3	174.61	77	$C_7^{\#}$	2 217.5
34	$F_3^{\#}$	185.00	78	D_7	2 349.3
35	G_3	196.00	79	$D_7^{\#}$	2 489.0
36	$G_3^{\#}$	207.65	80	E_7	2 637.0
37	A_3	220.00	81	F_7	2 793.8
38	$A_3^{\#}$	233.08	82	$F_7^{\#}$	2 959.9
39	B_3	246.94	83	G_7	3 136.0
40	C_4	261.63	84	$G_7^{\#}$	3 322.4
41	$C_4^{\#}$	277.18	85	A_7	3 520.0
42	D_4	293.66	86	$A_7^{\#}$	3 729.3
43	$D_4^{\#}$	311.13	87	B_7	3 951.1
44	E_4	329.63	88	C_8	4 186.0

音乐中还将一个倍频程等分 1 200 份，每一份称为一音分，即半音（小二度音程）相当于 100 音分，全音（大二度音程）相当于 200 音分。每一音分的频率比值为 $2^{1/1200}$。利用音分可以精确地求出两个频率间的音程关系。f_2 和 f_1 之间的音分差为

$$I = \log_2 \frac{f_2}{f_1} \times 1200 \qquad (6.5)$$

6.2.2 乐器基本结构和发声机理

乐器通常是由振动体、传导体、共鸣体、支撑体和附件等部分组成。振动体是乐器振动发音的部分。在弦乐器中振动体是琴弦，在一些木管乐器中是簧片，在铜管乐器中是人的嘴唇，在打击乐器中是膜或板。传导体是乐器中将振动传给共鸣体的部分，如弦乐器的琴码、音梁和音柱等。共鸣体是乐器对振动产生共鸣的部分，以增大辐射声功率，并起到改善音色的作用，如共鸣箱、共鸣板和共鸣管等。支撑体是支撑乐器使其不因张力而变形的部分，如琴杆、音柱等。附件是不属于上述几个部分的部件，如弦轴、琴弓和指板等。

6.2.2.1 弓弦乐器

在西洋乐器里，弓弦乐器是指提琴类乐器大家族，主要包括小提琴、中音提琴、大提琴和低音提琴。这类乐器是由琴体和琴弓组成，通过弓和弦的摩擦使弦振动而发声，有时也可以用手指拨弦弹奏。关于弦的振动特性，可参看第 2.1 节。

下面以小提琴为例说明弓弦乐器的发声机理。

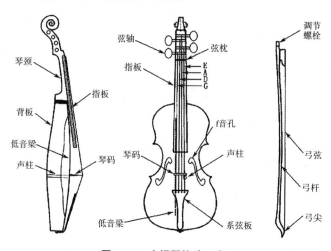

图 6-14　小提琴构造示意图

图6-14为小提琴的构造示意图。小提琴的琴体主要是由弦、弦轴、弦枕、指板、琴码、系弦板、面板、背板、f 音孔、音柱、音梁等部分组成；琴弓主要是由弓尖、弓杆、弓弦、紧弦螺母等部分组成。琴身一般是木制的，张 4 根钢丝弦，定音由低至高依次为 G_3、D_4、A_4、E_5；弦轴用来调整弦的张力大小，即调整空弦的音高；弦的振动特别是中低频振动主要是通过琴码的两个脚传递给共鸣体即面板的，再通过琴码下面的音柱将振动传递到背板；音柱除了起振动传导体的作用外，还起着支撑面板、调整面板及整个琴箱频率特性的作用；低音梁位于面板下面低音弦所对应的位置，它主要起加强面板的机械强度的作用，使面板能够承受低频的高强度振动；

f音孔主要用来辐射中低频声，当振动频率较低时，振动通过琴码有效地传递到面板，并使琴体内的空气产生振动，并在大约290Hz处产生共鸣，这时琴箱相当于一个赫姆霍兹共鸣器，声音主要从f音孔辐射出来。当振动频率较高时，琴码的振动就不能有效地传递到面板，这时琴码自身辐射出较高频率的谐波。

小提琴弦的振动可以通过弓弦和琴弦之间的摩擦来产生，有时也通过拨动来实现。当弓弦和琴弦进行摩擦时，由于存在摩擦阻力使琴弦离开平衡位置，随着弦的位移增大，弦所受到的恢复平衡位置的张力增大，当张力大于摩擦力时，琴弦回到平衡位置，并由于惯性继续向相反方向离开平衡位置，同时由于张力的作用使弦在平衡位置附近往返运动，即产生振动。

弦振动是由基频及其谐波组成，基频的波长为弦长的2倍，设弦长为L，则基频频率f_0为$v/2L$，v为振动在弦上的传播速度，与弦的材料性质和张力有关。因此，弦振动的频率最终是由弦的材料性质、张力和弦长共同决定的。通过弦轴可以调整空弦的张力，以达到调整空弦音高的目的。演奏时演奏者通过指板按压琴弦可以改变弦的长度，从而改变弦的振动频率，演奏出不同音高的乐音。

6.2.2.2　木管乐器

木管乐器从发声机理上可分为三种类型，一种是气流直接从吹口吹入管内，引起管内空气柱振动发声，如长笛等笛类乐器；另一种是气流通过一个簧片的振动而引起管内空气柱振动发声，称为单簧管类乐器；还有一种是气流通过两个簧片的振动而引起管内空气柱振动发声，称为双簧管类乐器。

常用西洋木管乐器有长笛、短笛、双簧管、英国管、单簧管、大管、萨克斯管等。这类乐器都是通过各种方式激发空气柱振动而发声的。关于空气柱的振动特性，可参看第2.5节。

下面以长笛为例说明木管乐器发声机理。

长笛主要是由调音栓、吹口和按键等部分组成，图6-15所示为其结构示意图。当所有按键孔都关闭时，其等效声学结构如图6-16所示，相当于一个两端开放的细管。长笛发声的能量来自演奏者吹出的稳定气流。当气流通过窄缝或遇到边棱时，由于口内压强大于大气压强，气体就会向口外流动，随着气体向口外流动，口内的压强减小，以致口内压强小于口外压强，这时气体又流向口内，这样稳定的气流通过窄缝作用就会产生扰动，即产生振动，这就是所谓的边棱音，其工作原理如图6-17所示。边棱音引起的疏密波向长笛的开端传播，在突然截止的尾端由于阻抗不连续而产生反射，从而在管内形成驻波，并从吹口和开孔向外辐射声音。音高由管内驻波即空气柱的共振频率决定，而空气柱的共振频率主要与管长有关，基频的波长为管长的2倍，其他较高共振频率为基频的整数倍。

图6-15　长笛结构示意图

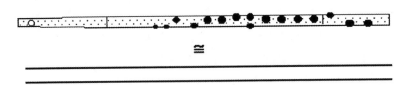

图 6-16　长笛等效声学结构

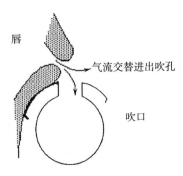

图 6-17　边棱音产生示意图

6.2.2.3　铜管乐器

铜管乐器是由金属制成的管状吹奏乐器，它们和木管乐器的最大区别是通过嘴唇代替簧片振动而发声，而且号管都呈圆锥形。铜管乐器主要有小号、圆号、长号和大号，其中小号是一种装有杯形吹嘴的高音铜管乐器，音色嘹亮；圆号又称法国号，是唯一装有锥形吹嘴的铜管乐器，音域可达三个半八度音程，音色温和而高雅；长号又称拉管，是一种不设活塞装置、靠双套管的伸缩来改变音高的铜管乐器，有中音和低音两种，音色宏大而庄严；大号又称土巴号，是铜管乐器中音域最低的乐器，发音低沉、广阔、浑厚。

嘴唇具有弹性和质量（惯性），因此它能够振动发声，例如口技演员能够用嘴唇配合口腔奏出美妙的音乐。当演奏铜管乐器时，演奏员首先将嘴唇绷紧，然后贴近号嘴向里吹气，由于口腔内的气压大于号嘴内的气压，气流冲开双唇进入号嘴，随着口内气压下降，双唇由于张力作用重新闭合，如此循环往复，嘴唇就产生了振动，如图 6-18 所示。嘴唇绷得越紧，则恢复闭合的时间越短，振动频率越高。因此演奏高音时，嘴唇应绷紧。

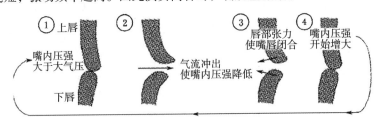

图 6-18　嘴唇振动示意图

6.2.2.4　打击乐器

在交响乐队中使用的打击乐器可分为有固定音高或有调打击乐器和无固定音高或无调打击乐器两类。有固定音高的打击乐器有音阶变化，可以演奏旋律或独立地表演乐曲，如排钟、钟琴、定音鼓等，它们大多数属于棒振动乐器，即通过木槌击打硬棒而发声；无固定音高的打击乐器发音缺少音阶变化，主要用于表现节奏和气氛或产生一些特殊效果，如大鼓、小军鼓、大锣、钹、三角铁、铃鼓、响板等，它们大多数属于膜振动、板振动或较复杂几何形状物体的振动。关于棒、膜、板的振动特性，可参看第 2.2~2.4 节。

6.2.2.5 特性乐器

特性乐器是指非管弦乐队常规乐器，常用的有钢琴、竖琴、吉他、管风琴、手风琴、木琴、钢片琴、钢鼓等。下面主要介绍钢琴的基本结构和发声机理。

钢琴是一种键盘式打弦乐器，主要是由键盘、击弦机械装置（击弦机）、琴槌、制音器、琴弦、琴码、共鸣板（声板）、琴盖和踏板等部分组成。现代钢琴分为两种，一种是立式钢琴，共鸣板呈立式，并采用琴弦交错的设计方案，有效地节约了高度与厚度，占用空间小，一般在家庭中使用；另一种是三角钢琴，体积较大，共鸣板较大且呈平台式，一般用于音乐会演出。

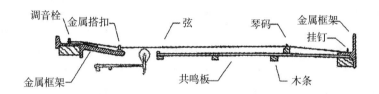

图 6-19　钢琴结构和工作原理简图

钢琴的结构和工作原理简图如图 6-19 所示。琴弦一端固定在挂钉，另一端通过金属搭扣旋紧在调音栓上，调音栓可以用来调整弦的张力，从而达到调音的目的；挂钉和调音栓固定在金属框架上，使结构比纯木制的更加坚固耐用；弦的下方是共鸣板，弦的振动通过琴码传递给共鸣板，由共鸣板向外辐射声音，这一点和小提琴很相似；琴码是一根长木条，大致沿着对角线方向固定在共鸣板上，位于靠近挂钉的一端；琴码的高度略高于挂钉的高度，这样琴弦、琴码和音板之间会结合得更加紧密，使弦振动能够有效地传递给声板；而声板背面安装有若干木条，用来加强声板的强度，使之能够承受来自琴弦和琴码的压力。弦的激振力来自琴槌，当按下琴键时，通过击弦机的杠杆作用，使琴槌快速击向琴弦，在击弦前的一瞬间，琴槌脱离杠杆机械作用，呈自由状态，并以惯性击向琴弦后迅速弹回。在按键的同时，机械装置还将压在琴弦上的制音器举起，使琴弦能够自由振动而发音，当手指从按键上抬起时，制音器又快速回到弦上，制止弦的振动发声。因此，通过制音器装置可以控制乐音的长短。钢琴踏板有强音踏板和弱音踏板两种，强音踏板是将所有的制音器抬起，使各弦的振动延续，直到自行消失，并影响邻近的弦使之产生共鸣；弱音踏板使琴槌的移动方向略有偏离，使之只能击中三根弦中的两根或两根弦中的一根（低频琴弦由三根弦或两根弦组成），起到减弱声音的效果。琴盖在演奏时往往要打开，使共鸣板的声音能够有效地向外辐射，同时还起到向观众席反射声波的作用。

6.2.3 乐音的时间过程

乐音是指构成音乐的音符。每一个音符持续时间有长有短，但它们都是典型的瞬态信号，其频谱和波形是随时间变化的。乐音的音色与其时间特性有很大关系，而乐音的时间特性通常用时间过程来描述。

乐音的时间过程是指声音的起振、稳态和衰减的过程，简称为时程，也有称为音型、音品、时间包络。起振阶段也称为建立阶段，是激发弦或空气柱使振动开始的瞬间，即开始振动而振幅还不大且还不稳定的那段时间。当外力作用使乐器产生振动时，由于外力提供的振动能量大于乐器振动过程中所消耗和辐射的能量，因此振动逐渐加强，产生的声压级逐渐增大，直到外力提供的能量等于消耗和辐射的能量时，振动不再加强而进入稳定状态。稳态阶段是乐音过了起振阶段以后，振幅增至最大并保持恒定不变的阶段。只有当激振力能够持续一段时间时，稳态阶段才可能存在，例如弓弦乐器、管乐器、电子乐器等存在稳态阶段，而对于打击乐器来说，由于激振力持续时间过短，因而很难形成稳态阶段。此外，由于激振力在持续过程中不可能绝对保持稳定，而总是存在一些微小变化，因此，所谓的稳态阶段确切地说是准稳态阶段。衰减阶段是激振力停止以后振幅开始减小直到完全停止振动的阶段。

不同的乐器，由于激振方式和发音方式不同，发音过程的三个阶段所占比例也会不同。例如，铜管乐器激发时间一般为40ms左右，强激发时最长为80ms，但在弱激发时最长可达180ms；弦乐器中的小提琴、二胡等有稳态阶段，而响板、鼓、大锣等打击乐器基本上没有稳态阶段，而是以衰减阶段为主，有的衰减时间可达1~2s以上。图6-20所示为风琴、钢琴和吉他的时间过程。即使是同一种乐器，当采用不同的演奏方法和演奏力度时，产生的时间过程也会不同。例如，弦乐器的拉奏和拨奏的时间过程就不同。

6.2.4 乐音的频谱

由于乐音是瞬态信号，因此其频谱特性在三个阶段各不相同。由于起振阶段可以认为是振动的建立过程，因此通常所说的频谱多指乐音稳态阶段的频谱特性。稳态阶段的频谱主要表现为离散频谱或线状频谱。

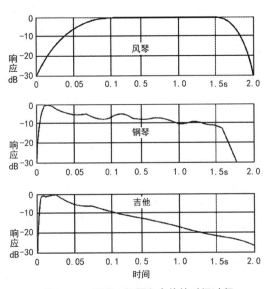

图6-20 风琴、钢琴和吉他的时间过程

乐音的音色与频谱结构有很大关系，除此之外，它还与每个频率分量的起振、衰减过程的表现有关，即与声音的时间过程有关。因此，要准确地描述乐音的特性，仅靠频谱结构是不够的，而应该全面了解乐音在起振、稳态和衰减过程的频谱表现和变化。因此，乐音的频谱特性最好用三维动态谱描述，图6-21所示为某一乐音的三维动态谱示意图。可见，三维动态谱不仅反映了起振、稳态、衰减三个阶段的频谱结构，而且反映了各频率分量在起振和衰减阶段随时间变化的情况；换句话说，它既反映了乐音的频谱特性，也反映了乐音的时间特性。这对客观描述不同乐器的音色特点是十分必要的。

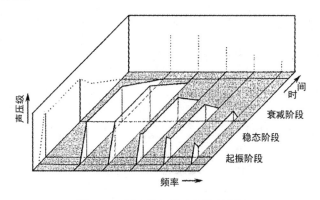

图 6-21　乐音的三维动态谱示意图

6.2.4.1 稳态阶段的频谱

1. 频谱结构

大多数乐音在稳态阶段呈现周期性的稳态波形，其频谱是由基频和各次谐波组成的线状频谱，乐音具有明显的音高感觉。具有这种乐音性质的乐器有弦乐器、管乐器等旋律性乐器；一些有固定音高的打击乐器，其频谱也是以基频和谐频为主；而那些无固定音高的打击乐器，其线状频谱结构往往不是等间隔的，即泛音频率和基频频率之间不成整数倍关系。

图 6-22 为巴松管 C_2 音的最低 16 个频率分量的频谱图，其基频为 65Hz，决定了乐音的音高。一个听觉训练有素的人也只能够分辨出较低的几个谐波成分，而较高的谐波一般综合起来给人一个音质的总体印象。各频率的能量分布情况可以从频谱包络（图中虚线）反映出来。语音是由其频谱包络的共振峰结构决定的，乐音的频谱包络形状同样给出了不同乐器乐音的基本音色特征。

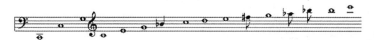

Hz 65　130　195 260　325　390 455 520 585 650　715 780 845 910　975 1040

图 6-22　巴松管 C_2 音最低 16 个频率分量的频谱图

图 6-23 为法国号从 B_1 到 D_4 半音阶的频谱图测量结果，图中每一个频率分量对应的谱线具有一定的宽度，这是因为测试用的滤波器精度有限所至。由图可知，当音调较低时，谱线之间的间隔较小，特别是在高次谐波区域，谱线过于密集，会在听觉产生噪声的感觉；而对于较高的音调，谱线的间隔较大，听觉能够听到纯净的声音；同时还可以看到，在音调较低时，能量最强的频率成分并不是基频，只有当音调高达一定程度以后，基频才成为最强的频率成分；仔细观察还可以发现，频谱包络的峰值所对应的频率基本不随音调变化，

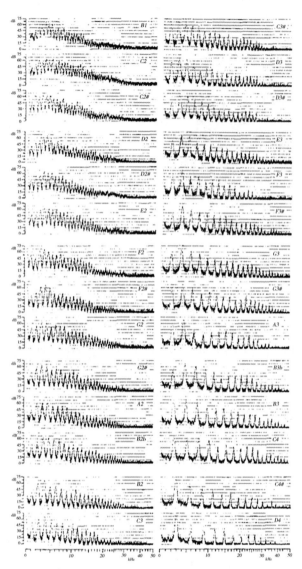

图 6-23　法国号从 B_1 到 D_4 半音阶频谱图

这种频谱包络上呈现的峰值称为共振峰（Formants）。因此，和语音一样，乐音的基本音色特征也是由共振峰结构决定的。

线状频谱范围的下限是基频，而上限除了与乐器的音域范围、乐音的音调高低有关外，还与演奏力度有很大关系。一般说来，演奏力度越大，则高次谐波越丰富；音调越高，则高次谐波频率越高。

2. 合唱效应

理想的线状频谱对应于理想的稳态周期信号。然而，乐音的稳态过程只是一个准稳态过程，其基频和谐频在稳态阶段也会产生微小的波动，使谱线变粗或具有一定的频带宽度。这种现象在合唱或合奏时同样存在，因为每个人演唱或演奏的音高会存在一些差异，结果使声音频谱的谱线变宽。因此，我们把稳态过程乐音谱线变宽的这种现象称为合唱效应。但是，乐音谱线的宽度要比合唱或合奏谱线的宽度小得多，大约为一个半音的 1/5，而合唱的谱线宽度在低音区可达到一个半音。

3. 噪声频谱

在稳态阶段除了存在线状频谱外，还存在相对较弱的噪声谱。噪声是伴随演奏产生的，对任何乐器来说都是不可避免的。例如，弓弦摩擦时会产生噪声、管乐器在吹奏时由吹气带来噪声等。演奏员在演奏时总是试图把这种噪声减到最小，然而噪声的存在是不可避免的，而这种噪声同时又成为决定某种乐器音色的重要因素。有人做过这样一个实验，通过电子合成的方法产生某种乐器的声音，但是并不还原微弱的噪声部分，结果人们很难分辨出声音是哪一种乐器产生的。

背景噪声的分布范围通常超出线状谱的范围，而且不同乐器的背景噪声具有各自的特点。图 6-24 为小提琴和长笛演奏 F_6 的噪声谱（包含线状谱）。可见，不同乐器产生的背景噪声的频率特性有明显的差别，总的看来，长笛的噪声级要低于小提琴的噪声级。

从以上分析可知，由于噪声、合唱效应的存在，乐音的频谱和理想的线状频谱存在一定的差异，它并不是精确的数学振动模式的再现。从美学和心理学角度来说，这一点具有十分重要的意义，因为脱离了精确振动模型不仅使声音蒙上一层神秘而奇妙的面纱，而且能够有效地避免听觉疲劳现象的产生。

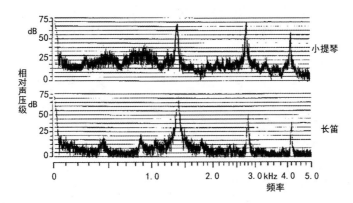

图 6-24　小提琴和长笛演奏 F_6 的噪声谱（包含线状谱）

6.2.4.2 起振阶段的频谱

起振阶段是非稳态阶段，其频谱不能用线状频谱表示，而应该具有连续频谱的形式。图 6-25 所示为稳态声和瞬态声频谱示意图。图中稳态正弦波的频谱是一条谱线，而瞬间产生的正弦波的频谱是连续谱。连续谱在听觉产生的是噪声感觉，如果噪声持续时间较短，例如在乐音的起始阶段，就会产生咔嗒声。一般乐器的起振阶段存在一个振幅逐渐上升到稳态值的过程，因此这种咔嗒声也就不明显了。

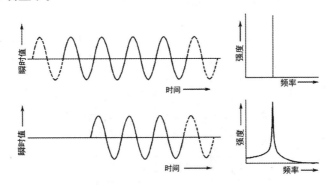

图 6-25　稳态声和瞬态声频谱示意图

由于起振阶段的频谱是连续谱，因此它除了包含延续到稳态阶段的基频和谐频以外，还包含其他不谐和的频率分量。起振阶段连续谱的结构主要由激振力波形决定，而激振力波形又与激振方式、乐器的构造等许多因素有关。大部分的不谐和频率分量在起振阶段就衰减掉，另外一部分不谐和频率分量伴随着激振力成为乐音的背景噪声。

6.2.4.3 衰减阶段的频谱

当激振力停止时，进入衰减阶段。在衰减阶段，由于不同频率的阻尼不同，因此各频率成分以不同的速率衰减。由于高频阻尼较大，低频阻尼较小，因此，一般高频成分的衰减速度要比低频的衰减速度快得多。图 6-26 为低音提琴拨奏时衰减阶段频谱图。

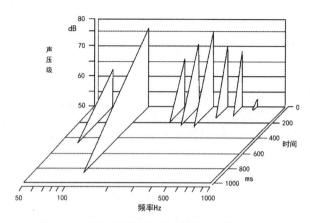

图6-26 低音提琴拨奏时衰减阶段频谱图（B_1）

6.2.5 乐声的统计特性

6.2.5.1 乐声的平均频谱

经过统计分析后得到音乐的平均频谱如图6-27所示，其中曲线1是由15~18件乐器组成的乐队演出音乐的平均频谱，测量时音乐的1/4秒平均声强级为95dB（离声源10m处）；曲线2是75人交响乐队演出音乐的平均频谱，测量时音乐的1/4秒平均声强级为105dB。可见，与语声相似，频谱曲线的峰值频率出现在500Hz以下。当音乐经过低通滤波器后，当截止频率达到3kHz时，输出声功率占总功率的百分数超过80%。如果仅仅从功率的角度上看，似乎音乐对传输系统的频带要求并不高，然而，虽然高频成分的能量较弱，但它在音乐中所起的作用是不能忽视的，它是构成音乐的不可或缺的成分。因此音乐传输系统的频带还应该足够宽。

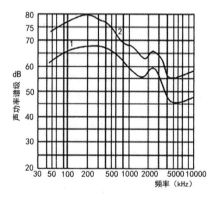

图6-27 音乐的平均频谱

6.2.5.2 乐声的动态范围

和语声信号一样，音乐也是典型的随机信号，其强度和声压级随时间不断变化。音乐的瞬时声压级的变化范围称为动态范围，也就是其最大声压级和最小声压级之差。用实验方法可以测出各种音乐的动态范围。单个乐器演奏音乐的动态范围大小各不相同，但是动态范围都不是很大。中国民族乐器的动态范围较大，约为40dB，而西洋乐器的动态范围则较小，大多数小于20dB。但是，一个大型交响乐队演出的作品，其动态范围可达100dB。

3. 乐声的平均声功率和声压级

各种乐器演奏时的声功率如表6-5所示。

表6-5 乐器及乐队演奏时的声功率

声源	声功率（W）	声源	声功率（W）
75人乐队	70	小号	0.3
低音鼓	25	大号	0.2
管风琴	13	低音提琴	0.16
小鼓	12	短笛	0.08
拉管	6	单簧管	0.05
钢琴	0.4	长笛	0.03

我国民族乐器及演唱声压级统计值如表6-6所示，该数据是由北京市建筑设计研究院测试所得。各种西洋乐器的声功率级如表6-7所示，该数据是德国声学家迈尔（J.Meyer）根据本人以及他人的测量结果汇总给出的。

表6-6 民族乐器及演唱声压级统计值

声源	声压级（dB）		声源	声压级（dB）	
	线性	A声级		线性	A声级
扬琴	90.7	92.7	笙	90.8	89.5
筝	89.4	85.1	管子	90.2	90.4
板胡	83.8	86.4	锣	108.1	108.6
二胡	85.1	79.0	女中音	79.4	79.3
三弦	93.9	92.7	女高音	85.0	85.9
琵琶	83.1	84.0	男低音	90.3	89.8
笛子	87.4	86.2	男高音	88.6	89.3

表6-7 西洋乐器声功率级

声源	声功率级（dB）	声源	声功率级（dB）
小提琴	89	单簧管	93
中提琴	87	巴松管	93
大提琴	90	短号	102
倍大提琴	92	小号	101
长笛	91	长号	101
双簧管	93	大号	104

6.2.6 乐器的指向性

6.2.6.1 弓弦乐器的指向性

弓弦乐器的声音主要是从面板、音孔和琴码向外辐射。由于共鸣板不同位置的振动振幅和相位不同，因此形成了指向性。一般每一个乐器都有自己的音色和指向性特点，因此不能用某一乐器的指向性来代表这类乐器的指向性。然而同类乐器的指向性有许多共同点，这些共同点形成了这类乐器的指向性特点。这类乐器的指向性可以通过对多个乐器的指向性进行统计平均以后得到。下面以小提琴为例介绍弓弦乐器的指向性及其研究方法。

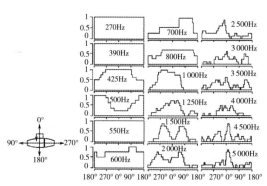

图 6-28 小提琴主要声辐射方向在垂直平面统计结果

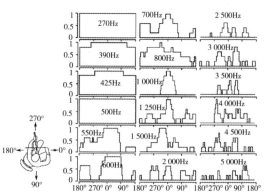

图 6-29 小提琴主要声辐射方向在水平面统计结果

对多个小提琴的指向性进行统计平均后，我们可以得到小提琴在某个平面某个方向形成主要声辐射（-3dB）的概率。如果概率为1，则表示所有被测试的乐器都在该方向形成主要声辐射，那么该方向特性具有代表性；如果某个方向形成主声束的统计概率很小，则说明该方向不是主要声辐射区域。图 6-28 所示为小提琴的主要声辐射方向在垂直平面（琴码所在平面）的统计结果，其中横坐标为表示方向的角度，纵坐标为某方向属于主要声辐射区的概率。图 6-29 所示为小提琴在水平面的主要声辐射方向的统计结果。由图可知，在垂直平面上，当频率低于 400Hz 时，在所有方向的概率都是1，说明声辐射没有指向性；之后随着频率升高，小提琴的指向性变化较大，似乎没有明显的规律，但还是可以看出声辐射集中在上方，即 270°~0°~90° 的区域；当频率高于 2.5kHz 时，声辐射的范围进一步变窄，并聚集在 0° 左右的方向上。在水平面上，当频率低于 500Hz 时，除了在 180° 方向略有减弱外，声辐射基本上没

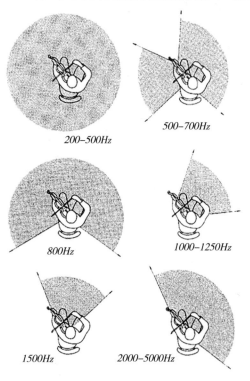

图 6-30 小提琴水平面指向性图

有指向性；当频率升高时，声辐射开始向演奏者右侧聚集。图 6-30 所示为小提琴在水平面的简化指向性图。

6.2.6.2 木管乐器的指向性

下面以长笛为例介绍木管乐器的指向性及其研究方法。

长笛的声音主要是从吹口和离吹口最近的开音孔（包括开口端）向外辐射的，因此在频率较低时，其声辐射可等效为两个强度相等、相位相同或相反的点声源。两个声源的相位关系主要取决于谐波的阶次。当谐波阶次为奇数时，两个声源之间的间距为半个波长的奇数倍，两个

声源的振动相位相同，这时，在长笛的轴向两个声源的声程差为半个波长，声波反相互相抵消，轴向的声辐射较弱；而在垂直于轴向的方向上，两个声源之间无声程差，因此声波同相互相加强，该方向的声辐射较强。当谐波阶次为偶数时，两个声源之间的间距为半个波长的偶数倍，两个声源的振动相位相反，这时，在长笛的轴向两个声源的声程差为波长的整数倍，声波反相互相抵消，轴向的声辐射较弱；而在垂直于轴向的方向上，两个声源之间无声程差，声波同样地反相抵消，该方向的声辐射也较弱。因此，长笛声辐射的指向性主要取决于谐波的阶次，与频率的关系相对较小。图 6-31 为长笛 C_4 到 D_5 音域的基频、二次、三次和四次谐波以及频率为 3kHz 和 8kHz 的水平面指向性图。由图可知，对于基频和三次谐波，演奏者前方声辐射较强，而

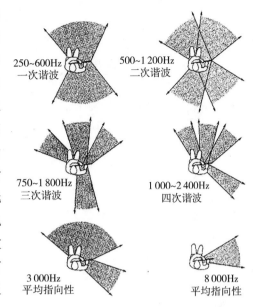

图 6-31　长笛水平面指向性图

对于二次和四次谐波，演奏者前方的声辐射较弱，各次谐波在长笛轴向的声辐射都很弱，只有在频率极高的情况下（如 8kHz），声偶极子的辐射特性不复存在，这时声音主要从长笛的开口端向外辐射；当频率高于约 1kHz 时，演奏者身体特别是头部对声辐射起到遮蔽作用，使后方和左侧的声辐射明显减弱。因此，在较宽的频率范围内，长笛的声辐射集中在前方，而右侧正对笛口方向的声辐射很弱，只存在一些强奏时产生的高次谐波成分。另外，长笛的声辐射基本上可以认为是轴对称的，因此垂直平面的指向性图可以参考水平面的指向性图，只是要考虑到头部对指向后方和后上方声波的遮蔽作用。

6.2.6.3　铜管乐器的指向性

由于铜管乐器的声音主要是从喇叭口向外辐射的，因此其指向性相对较为简单，呈现轴对称形式（除圆号以外）。总的来说，铜管乐器的声辐射可以等效为喇叭口处的一个平面声源，低频时平面上的空气做同相振动，而高频时会形成不同的振动相位。铜管乐器的指向性主要是由喇叭口的形状、尺寸以及与喇叭口相连部分管子的形状决定的。当形状、尺寸确定以后，指向性随频率而变化，频率越高，指向性越强。这是声源指向性随频率变化的一般规律。下面以小号为例介绍铜管乐器的指向性及其研究方法。

图 6-32 为小号的主瓣宽度随频率变化的特性，其中 -3dB 曲线表示声压级比最大声压级下降不超过 3dB 的声辐射角度范围；-10dB 曲线表示声压级比最大声压级下降不超过 10dB 的声辐射角度范围。由图可知，当频率低于 500Hz 时，小号的声辐射没有指向性，即声音向各方向均匀辐射；当频率升高时，逐步形成声辐射的指向性，表现为在主轴方向声辐射最强，形成声辐射主瓣，在偏离主轴方向形成指向性的副瓣；当频率高于 2kHz 时，声辐射的能量主要集中在主轴方向的一个较窄范围内，同时指向性副瓣的数目增多，但强度越来越弱。当频率大于 4kHz 时，小号的声辐射角度范围大约稳定在 30° 左右。

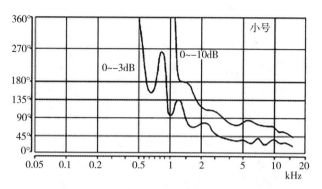

图6-32　小号声辐射主瓣宽度随频率变化特性

6.2.6.4 钢琴的指向性

钢琴的声音主要由位于底部的共鸣板向外辐射，琴弦也向外辐射高频声。声音经过琴盖和地面时产生反射，这些反射声和直达声在空间叠加产生干涉，形成了钢琴的指向性。由于钢琴的指向性和共鸣板的振动状态有很大关系，而共鸣板的振动状态不仅与频率有关，而且与激振位置有关，因此钢琴在不同音域有不同的指向性。图6-33为钢琴在垂直平面低、中、高三个音区的指向

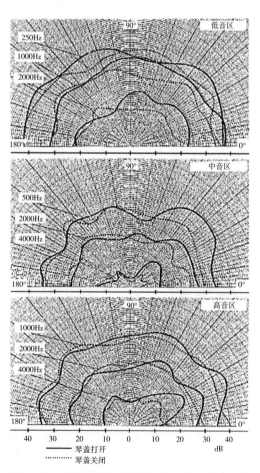

图6-33　钢琴在垂直平面低、中、高三个音区指向性图

性图；图6-34为钢琴垂直平面和水平面方位角示意图。由图可知，在琴盖完全打开的情况下，在低音区，250Hz时的声辐射基本上无指向性，只是在20°以上角度范围表现出较强的声辐射，当频率高于1kHz时，指向性增强，主要声辐射区域在0°~55°方向；在中音区，琴盖对声波的反射作用变得明显，90°方向的高频声辐射明显减弱，因此该方向声音比较暗淡，声辐射仍然集中在演奏者右侧的0°~55°的方向，在约25°方向声辐射最强；在高音区，声辐射的指向性变得更强，声辐射主要聚集在15°~35°的方向上，这个角度上限正好与琴盖的倾斜角度相吻合，在4kHz以上时，0°~5°和60°~180°的声辐射比主声束方向的最大值低10dB以上。总之，无论在哪一个音区，垂直平面的声辐射在0°~55°较强，而在水平方向（0°）往往声辐射较弱；尤其是在低音区，0°方向的声辐射比钢琴背面的声辐射还要弱，这是因为前方共鸣板两面辐射的声波反相抵消的缘故，而从钢琴背面看来，琴盖能够遮挡一部分反相声波。在水平面上，低音区的声辐射主要集中在右侧±30°范围；中音区的声辐射较为均匀，只是基频的声辐射在90°~180°范围有所减弱；高音区的声辐射

指向性较强，声辐射主要聚集在 0° 方向的 ±5° 范围，在 30° 方向也存在一个副瓣，而在演奏者的左侧和前方声辐射较主声束低 10dB 以上。当琴盖关闭时，在垂直平面上，0°~90° 方向的指向性变化较大，而 90°~180° 方向的指向性基本上没有变化，使得前后方向的声辐射比较一致，高频的声辐射明显减弱，使得声音变得十分暗淡；在水平面上，0° 方向不再有强的声辐射，2kHz 以上的高频主要由琴盖与谱架之间的缝隙向演奏者方向辐射。

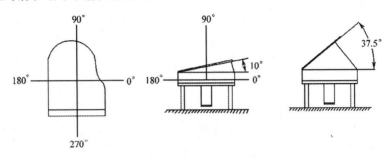

图 6-34　钢琴水平面和垂直平面示意图

6.3 噪声

从生理学观点上说，噪声是一种不愉快的声音，凡是使人烦躁的、不需要的声音都叫噪声。从物理学角度，一般称有规律振动产生的、具有周期性波形的声音为乐音；反之，由各种不同频率和声强的声音无规律的杂乱组合而形成的声音，称为噪声。这里所讨论的噪声主要是指后者。

噪声根据其来源不同可分为电噪声和环境噪声两大类。电噪声是指来自电路的噪声，它往往以电信号的形式存在，通过扬声器重放后，形成干扰噪声。产生电噪声的元器件很多，其中最主要的来源是放大器的输入电路、电子管和晶体管、供电电源、电磁场感应等。

环境噪声是另一种干扰噪声，它们主要是由工业生产中的动力机械、交通运输工具和许多生活用机电设备产生的。环境噪声无处不在、无时不有，它直接以声波的形式存在，如果不采取隔声、隔振措施，就很容易被传声器拾取，使声音信号的质量降低。由于环境噪声的存在，录音棚、控制室、音乐厅等要采取隔声、隔振等噪声控制措施，使房间内的本底噪声足够小，重放声的声压级足够大，满足一定的信噪比要求，从而获得良好的室内音质。

噪声还可以从信号特点上进行分类，可分为稳态连续噪声、瞬态噪声、起伏较大的噪声、含有较突出的单频信号的噪声、宽带噪声和窄带噪声等。一般来说，环境噪声是由所有的各种噪声混合而成的，在多数情况下可以认为是频带宽而均匀的噪声。噪声信号和声音信号类似，是一种随机信号，因此，在声学测量中，通常用经过滤波处理后的噪声信号来模拟声音信号进行测量。

6.3.1 噪声评价

6.3.1.1 噪声评价方法

1.A 计权声级

A 计权声级简称 A 声级，是广泛采用的噪声的单值评价指标，可以通过声级计测量得到。由于噪声的测量要反映噪声在人耳引起的响度感觉大小，因此要充分考虑到人耳的听觉特性。研究表明，听觉的频率特性并不是均匀的，两个频率不同、声压级相同的声音听起来可能响度不一样；而两个声压级不同、频率不同的声音可能听起来一样响。为了描述人耳的响度感觉，定义了响度级的概念，即任何声音的响度级在数值上等于与此声音同样响的 1kHz 纯音的声压级，单位为"方"。将相同响度级的纯音的声压级与频率的关系用曲线描述出来，得到等响曲线，如图 6-13 所示。等响曲线反映了听觉对纯音的响度感觉频率特性。

在 20 世纪 40 年代，为了使声级计能反映人耳响度感觉，参考等响曲线设计了频率计权网络 A、B、C、D，如图 6-35 所示。C 网络是模拟人耳对 100 方纯音的响应，B 网络模拟人耳对 70 方纯音的响应，而 A 网络模拟的是人耳对 40 方纯音的响应，也就是说，A、B、C 计权频率特性分别采用了 40 方、70 方和 100 方等响曲线的相反频率特性曲线，并且规定对 24~55 方的噪声测量选用 A 计权，对 55~85 方的噪声测量选用 B 计权，对 85 方以上的噪声测量选用 C 计权。此外，D 计权主要用于飞机噪声的评价。由于等响曲线是根据纯音测试得到的结果，而日常生活中的声音基本上都是复音，因此，A 声级的测量结果并不是十分令人满意的，但它作为传统的声级计量手段，一直得到广泛的应用。

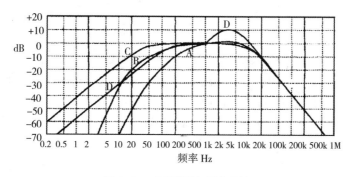

图 6-35 声级计计权网络特性

2.NR 数值

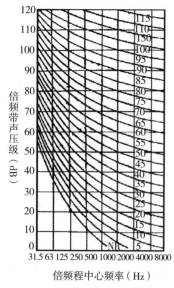

图 6-36 噪声评价 NR 曲线

为了能够对噪声进行频谱分析，国际标准化组织（ISO）采用噪声评价数曲线来评价室内噪声的大小。噪声评价数曲线也叫 NR 曲线，是一组标准曲线，如图 6-36 所示。它的纵坐标为倍频带声压级，横坐标为倍频带中心频率，每条曲线上的数值为噪声评价数或 NR 数值，它与曲线上中心频率为 1kHz 的倍频带声压级相等。

求某个噪声的 NR 数值的方法是：先用频谱分析仪测量噪声在如表所示的八个倍频带的声压级，然后将频谱曲线与图 6-36 上的标准曲线进行对照，找出其中最接近并且稍高于频谱线 1dB 的 NR 曲线，该 NR 曲线上的数值就是该噪声的评价数。此外，在美国还使用一种 NC 曲线来评价室内噪声的大小，NC 曲线的形状和 NR 曲线类似，用法也十分相似。

噪声评价曲线确定了各频带噪声容许的标准，在曲线的设计上也充分考虑了人耳的听觉特性。通过对噪声进行频谱分析，并对照 NR 曲线，可以对噪声情况做出科学的评价，并以此为依据，设计经济合理的减噪方案。表 6-8 为部分建筑室内允许噪声建议值。

表 6-8 部分建筑室内允许噪声建议值

建筑类别	NR 数值
录音室	15~20
电视演播室	20~25
控制室	25
音乐厅	15~20
剧院、多功能厅	20~25
电影院	25
多用途体育馆	30
教室	25~30
医院病房	25
歌舞厅	30~35
图书馆	30
住宅	30
办公室	35
餐厅	40

6.3.1.2 等效连续噪声级和累积分布噪声级

1. 等效连续噪声级

在某些环境下，噪声的声级并不是稳定在平均值附近，而是有较大的起伏，在不同时间测得的噪声级很不相同。例如，一个工人在车间里工作，车间里往往有时开动某一类机器，有时则开动另一类机器，在一天内的不同时间段所承受的噪声级是不同的，因此，不能用某一时段的噪声级来代表车间里噪声的大小。在这种情况下，为了描述车间里工作环境噪声大小，往往采用等效连续噪声级，定义为

$$L_{eq} = 10\lg\left(\frac{1}{\sum\limits_{i=1}^{N}T_i}\sum_{i=1}^{N}T_i 10^{L_i/10}\right) \tag{6.6}$$

式中，L_{eq} 为等效连续噪声级，T_i 为 A 计权声级为 L_i 的时间间隔，$\sum\limits_{i=1}^{N}T_i$ 为总测量时间，可以根据使用时的实际情况来定。例如，测量车间的等效连续噪声级，可以选择测量总时间为 40 小时（一周的工作时间）。实际上，L_{eq} 是求 N 个不同时段噪声声压有效值对应的噪声级。

2. 累积分布噪声级

对起伏性较大的噪声特别是交通噪声，测试时常用累积分布噪声级表示，记为 L_{10}、L_{50}

和 L_{90} 等。L_{10} 是指在统计时间内有 10% 时间的声级超过该声级，那么这一声级为 L_{10}；若 50% 的时间超过某声级，则该声级为 L_{50}；依此类推，若 90% 的时间超过某声级，则该声级为 L_{90}。

6.3.2 白噪声和粉红噪声

6.3.2.1 噪声在声学测量中的应用

一般意义上讲，噪声是有害的，它不仅影响通信广播时声音的质量，而且强噪声刺激会引起耳聋，干扰人们的正常生活和工作，并诱发多种疾病。但是，噪声也可以得到有效利用。

在电学测量中，一般可以用正弦单频信号测量系统的频率特性，但是，在声学测量中用单频信号很难完成测量工作。例如，在测量房间的频率特性时，如果用 1kHz 的正弦信号作为信号源，那么，由于驻波的影响，房间不同位置的声压级会有很大不同，测量结果不具有代表性；如果用中心频率为 1kHz 的倍频程或三分之一倍频程噪声信号作为测试信号，那么，房间不同位置的声压级会变得比较均匀一致，能够代表该频率时房间的响应情况。同样道理，窄带噪声也常用于扬声器频率特性的测量。此外，由于噪声信号和声音信号很相似，它们同是声压随时间无规变化的随机信号，因此，噪声信号常用于对设备进行功率评估、灵敏度测量和重放声压级校准等。

由随机序列产生的伪噪声还可以用于测量房间或电声系统的脉冲响应和频率特性，它具有抗干扰能力强、测量精度高的突出优点。

6.3.2.2 白噪声和粉红噪声

常用的噪声信号有白噪声和粉红噪声两种。白噪声可以由白噪声发生器产生。白噪声是一种在很宽的频率范围内能量均匀分布的噪声，其频谱如图 6-37 中实线所示。同时，白噪声的瞬时声压值应满足正态分布或高斯分布，其概率密度函数 $W'(x)$ 如图 6-38 所示，图中 x(t) 为声压瞬时值。设声压平均值为参考声压，其出现的概率最大，当声压瞬时值比平均值较大或较小时，出现的概率就大为降低。

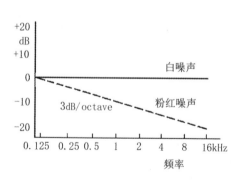

图 6-37　白噪声和粉红噪声的频率特性

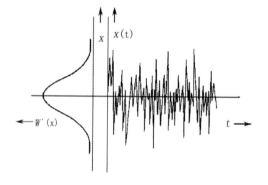

图 6-38　白噪声概率密度函数

在声学测量中用得较多的是倍频程或三分之一倍频程带宽滤波器。由于白噪声的等比例带宽的输出大小随中心频率的增大而增大，因此用白噪声测量频率特性并不十分方便，而更常用的是粉红噪声。粉红噪声是等比例带宽能量相等的噪声，其频谱特性如图 6-37 中虚线所示，是一条以每倍频程 –3dB 斜率下降的直线。这里"白"和"粉红"借用了光学的名词术语，因为白光可以分解为能量分布均匀的各色光，而粉红噪声中的低频成分较多。

6.4 声音信号的特点

信号可以按确定性信号和随机信号、稳态信号和非稳态信号、连续信号和瞬态信号进行分类。如果信号能用明确的数学关系式表示，则称为确定性信号，例如正弦波，否则属于随机信号。稳态信号是指平均特性不随时间变化的信号，不满足这一平稳性要求的信号称为非稳态信号。连续信号和瞬态信号是根据信号持续时间长短来分的。信号持续不间断的称为连续信号，信号持续时间较短的称为瞬态信号。

前面提到，声音信号是典型的随机信号，其频谱、相位和大小随时间无规变化，也是非稳态信号。此外，声音信号还具有以下特点。

6.4.1 声音信号的波形特点

声音信号波形具有两个明显的特点。其一，对于周期信号来说，相当多的声音信号的波形正负瞬时值是不对称的，这意味着包含有丰富的偶次谐波。例如汉语中的 [u][i] 等韵母声的波形正负峰差别很大，音乐中的例子就更多了，图 6-39 为汉语韵母 [u] 的典型声压波形；其二，对声音信号的频谱分析表明，声音信号波形虽然正负不对称，但它们一般都没有直流分量，

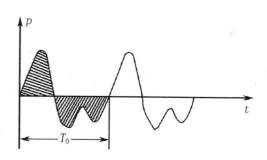

图 6-39 汉语韵母 [u] 的典型声压波形

从波形的角度上讲，它们波形中正的瞬时值所包围的面积与负的瞬时值所包围的面积是相等的，如图 6-39 阴影部分所示。由于声压的定义和传声器的工作原理，这一点是不言而喻的。因此电声设备一般不必传送和记录直流信号，这给电声技术带来了一些方便。

6.4.2 声音信号的相干性

相干性是指两个信号之间的相似性和相互关联性。信号的相干性用相关函数来描述，它是时域中描述信号特征的一种重要方法。在介绍相关函数之前，首先讨论声波的叠加性质，由此引出相关函数的定义。设两个声源在空间某点产生的声压分别是 $p_1(t)$ 和 $p_2(t)$，总平均声能密度为

$$
\begin{aligned}
D(t) &= \frac{1}{\rho c^2} \frac{1}{T} \int_t^{t+T} \left[p_1(\xi) + p_2(\xi) \right]^2 d\xi \\
&= \frac{1}{\rho c^2} \left[\frac{1}{T} \int_t^{t+T} p_1^2(\xi) d\xi + \frac{1}{T} \int_t^{t+T} p_2^2(\xi) d\xi + \frac{2}{T} \int_t^{t+T} p_1(\xi) p_2(\xi) d\xi \right] \qquad (6.7) \\
&= D_1(t) + D_2(t) + \frac{1}{\rho c^2} \frac{2}{T} \int_t^{t+T} p_1(\xi) p_2(\xi) d\xi
\end{aligned}
$$

其中，$D_1(t)$ 和 $D_2(t)$ 分别为每列声波的平均声能密度，第三项则反映了两列声波的相干性。例如，对于两个相同频率的正弦波，在空间某点会形成固定的相位差，是典型的相干波，显然

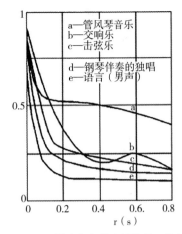

图 6-40　语言和各种音乐的归一化自相关函数

在这种情况下第三项不为零，而是随位置在一定的数值范围内有规律地变化；对于非相干波，则第三项总是为零，总平均声能密度为各列波平均声能密度之和。因此，第三项在一定程度上反映了声波的相干性。

相关函数分为自相关函数和互相关函数。自相关函数是描述同一信号相隔时间为 τ 时两者之间的相互关联性，定义为

$$R(\tau) = \lim_{T \to \infty} \frac{1}{T} \int_0^T x(t) x(t + \tau) dt \qquad (6.8)$$

互相关函数则描述两个不同信号相隔时间为 τ 时两者之间的相互关联性，定义为

$$R_{xy}(\tau) = \lim_{T \to \infty} \frac{1}{T} \int_0^T x(t) y(t + \tau) dt \qquad (6.9)$$

图 6-40 所示为语言和各种音乐的归一化自相关函数。由图可知，声音信号的相干度随延迟时间的增大而迅速下降，并且逐渐趋近于一个常数。从每一条曲线可以计算出相干度小于给定值时的相干间隔即延时 τ，如表 6-9 所示。由此可见，语声和乐声的直达声和延迟声虽然是一对相干声源，但是，随着延时的增加，其相干性将逐渐减小。

表 6-9　语言和各类音乐的相干间隔

信号	相干间隔（ms）	相干度
管风琴音乐	1000	0.3
交响乐	600	0.2
击弦乐	150	0.15
钢琴伴奏的独唱	140	0.15
语言（男声）	100	0.15

此外，室内声学研究表明，声音在听觉产生的空间感与双耳耳鼓处声压信号的相关性有关，由此产生了衡量声音空间感的室内音质客观评价参数，称为双耳互相关系数，记为 IACC（Inter-aural Cross-correlation Coefficient）。IACC 实质上是双耳信号的互相关函数，定义为

$$(\tau) = \lim_{T \to \infty} \frac{1}{2T} \int_{-T}^T f_l'(t) f_r'(t + \tau) dt \qquad (6.10)$$

式中，$f_l'(t)$、$f_r'(t)$ 分别为双耳信号 $f_l(t)$、$f_r(t)$ 经过 A 计权后的信号。归一化后得

$$\varphi_{lr}(\tau) = \frac{\Phi_{lr}(\tau)}{\sqrt{\Phi_{ll}(0) \Phi_{rr}(0)}} \qquad (6.11)$$

$$IACC = \left| \varphi_{lr}(\tau) \right|_{max} \qquad (6.12)$$

6.4.3　声音信号强度的计量

由于大多数声音信号是非平稳随机信号，因此对它们强度的计量就不像稳态简谐信号那样简单了。计量声音信号的强度首先要解决的是计量值的问题，即对于具有一定带宽的复杂波形

的声音信号，应该用什么数值计量它们的声压或电压强度。声音信号强度计量值主要有峰值、有效值和整流平均值。

　　峰值定义为声音信号在一个完全周期内或一定长的时间内（非周期信号）的最大瞬时值。设信号电压瞬时值为 $u(t)$ ，则峰值为

$$U_p = U(t)\big|_{max} \qquad \left(-\frac{T}{2} \le t \le \frac{T}{2}\right) \tag{6.13}$$

式中， U_p 是声音信号电压在 $-\frac{T}{2}$ 到 $+\frac{T}{2}$ 时间间隔内的峰值，T 为计量时间间隔。

　　有效值是指信号的均方根值，即信号瞬时值平方的平均值的平方根值，它表示与声音信号相同功率的直流信号的强度，定义为

$$U_{rms} = \sqrt{\frac{1}{T}\int_{-\frac{T}{2}}^{+\frac{T}{2}} u^2(t)\,dt} \tag{6.14}$$

式中， U_{rms} 为声音信号在 $-\frac{T}{2}$ 到 $+\frac{T}{2}$ 时间间隔内的有效值，T 为计量时间间隔。

　　整流平均值是指声音信号瞬时绝对值的平均值，即声音信号经过全波整流（取绝对值）后的直流分量数值，定义为

$$U_{avg} = \frac{1}{T}\int_{-\frac{T}{2}}^{+\frac{T}{2}} |u(t)|\,dt \tag{6.15}$$

式中， U_{avg} 为声音信号在 $-\frac{T}{2}$ 到 $+\frac{T}{2}$ 时间间隔内的整流平均值，T 为计量时间间隔。

　　由于这几个计量值是从不同的角度来描述声音信号的强度，而这几个基本计量值之间的比例关系又会因声音信号的不同而不同，因此要全面了解某一具体声音信号的强度，最好能将它的几个基本计量值都测量到。现代声学测量中使用的声级计就设置了峰值、有效值、平均值等多种指示功能，这给声学测量工作带来了极大方便。不过在一般电声工程中，多数情况下还是需要有针对性地去计量声音信号的强度，这时就需要选择合适的计量值。当需要了解信号是否超出电声设备的线性工作区，即要察看信号的峰尖是否会从线性工作区过荷，就应当使用峰值计量信号强度。在声频工程中，专门用于峰值测量的音量表称为峰值节目表，又称 PPM 表（Peak Program Meter）。当需要了解信号做功情况时，或者要了解声音信号引起的听觉响度感觉时，就应当使用有效值计量信号强度。音量单位表又称为 VU 表（Volume Unit），它测量的就是声音信号的有效值。

6.4.4 峰值因数

　　为了反映具有复杂波形的各种声音信号的特点，峰值因数是重要参数之一。峰值因数是描述声音信号瞬时峰值高低的参数，它定义为声音信号的峰值与有效值之比，即

$$峰值因数 = \frac{U_p}{U_{rms}} \tag{6.16}$$

　　或

$$峰值因数 = 20\lg\frac{U_p}{U_{rms}} \quad (dB) \qquad (6.17)$$

大量的测量统计结果表明，不同的声音信号或节目信号的峰值因数会有很大的不同，例如，有些古典音乐的峰值因数可高达 10 以上，而流行音乐的峰值因数一般在 2~3 的范围，不过大多数常见的声音信号的峰值因数是在 1~5 或 0~+14dB。对于确定性的周期信号，可以通过计算求出它们的峰值因数，例如正弦信号的峰值因数是 $\sqrt{2}$ 或 3dB；等间隔的方波（包含正负半周）的三个基本计量值相等，其峰值因数为 1 或 0dB。

了解声音信号的峰值因数对正确使用电声设备以及正确选用功率放大器和扬声器是非常有用的。首先峰值因数表明了声音信号的峰值功率是其平均功率的若干倍甚至几十倍，对于一个额定功率为 150W 的功率放大器而言，其输出功率并不总是 150W，也就是说，它并不总是工作在满负荷状态，在较多时间其输出功率小于 150W，同时它还可能输出大于 150W 的瞬时功率。因此，在针对扬声器选用放大器时，要依节目内容的不同而定。当用于监听高峰值因数的古典音乐时，应留有一定的动态余量，这时一般选取功放的额定功率是扬声器额定功率的两倍，以使信号的尖峰不致产生过大的失真；当用于一般性的音乐重放和扩声时，可选用功放的额定功率等于扬声器的额定功率，基本上就可以保证系统正常工作；当用于摇滚乐等流行音乐重放时，为了满足听音习惯，往往使功率放大器工作在满负荷饱和状态，例如额定功率为 300W 的功放其输出可能达到 600W，此时，为了使扬声器不因过载而损坏，应选择功放的额定功率为扬声器额定功率的二分之一。

习题 6

1. 简述发声器官构造及发声机理。
2. 简述声音信号的频谱特点。
3. 什么是语言清晰度？与传输系统的哪些因素有关？如何进行主观评价？
4. 什么是语音传输指数 STI？
5. 什么是乐音的时间过程？
6. 什么是声音信号的动态范围？
7. 简述声音信号（语声和乐声）的频谱特点。
8. 声音信号强度的计量值主要有哪些？如何选用？
9. 什么是噪声的 NR 数值？如何测评噪声的 NR 数值？
10. 什么是白噪声和粉红噪声？有何应用？
11. 什么是信号的相关性？如何定量描述？

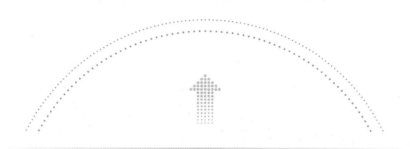

下篇

电声学与室内声学

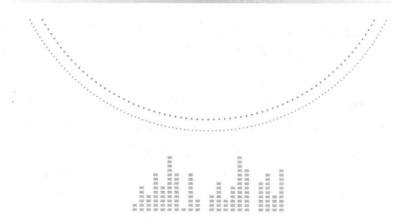

7 电声换能器基本理论

电声换能器是指通过某种物理效应，实现电能与声能之间互相转换的器件或装置。电声换能器简称为换能器。扬声器和传声器是换能器应用的一种形式，统称为电声器件。电声器件是电学、力学和声学的混合系统，因此，要深入了解电声器件的工作原理和性能特点，不仅要了解电学系统的分析方法，而且要了解力学和声学振动系统的分析方法，同时还应具备声学的基本理论知识。

7.1 换能原理

换能器所依据的换能原理各不相同，换能原理可分为电动式、电磁式、电容式、压电式、碳粒式和电子式等，其中在声频工程中较常用的是电动式和电容式。

7.1.1 电动式

电动式换能器是利用安培定律和电磁感应定律来实现电能与声能互换的。所谓安培定律是指通电导体在磁场中会受到力的作用；电磁感应定律是指导体在磁场中切割磁力线运动会产生感生电动势。

图 7-1 为较典型的电动式换能器工作原理示意图，其中导体呈线圈状，置于环形磁缝隙中，通常导体与振膜相连或本身制成薄膜状，当导体通过声频电流时，根据安培定律，导体将受到力的作用，力的方向如图所示，并产生与声频电流相应的振动，带动振膜振动而辐射声波，从而实现从电能到机械能再到声能的转换；反过来，当振膜受到声波作用带动导体发生振动时，由于导体在磁场中切割磁力线运动，产生了相应的感生电动势，从而实现从声能到电能的转换。可见，电动式换能器是通过磁场力的作用来实现电能与声能互换的，而且系统是无源可逆的。

电动式换能器常用于传声器、扬声器和耳机中。

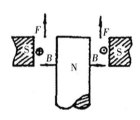

图 7-1 电动式换能器工作原理示意图

7.1.2 电容式

电容式换能器是利用电容器极板之间的静电力来实现电能与声能互换的，也称为静电式，其工作原理简图如图 7-2 所示，其中固定极板和振膜构成了一个可变电容器，固定极板常称

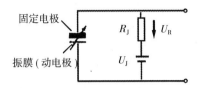

图 7-2 电容式换能器工作原理示意图

为背极板，振膜称为可动极板，可变电容器是电容式换能器的主要部件。当可变电容器两端加有变化的声频电压时，由于极板间电压发生变化，产生相应变化的电场和电场力，振膜受电场力作用后做相应的振动，从而将电能转化为声能；反之，当振膜受声波作用发生振动时，极板间距离发生了变化，电容器的电容就发生相应变化，使回路中产生相应的变化电流，在电阻两端获得相应的音频电压，从而实现由声能到电能的转换。但是，实现这种声电之间的线性变换必须有一个前提条件，即极板间存在一个直流极化电压 U_J，在后面的章节中我们将解释这个问题。可见，电容式换能器是依靠电场力的作用来实现力电变换的，它是一个有源可逆的系统。

电容式换能器常用于传声器、扬声器和耳机中。

7.1.3 压电式

压电式换能器是利用压电晶体、压电陶瓷或压电高分子聚合物薄膜的压电效应来实现电能与声能间互换的，其工作原理可用图 7-3 说明。

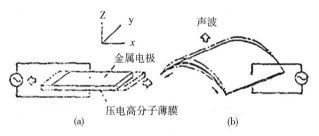

图 7-3 压电式换能器工作原理示意图

在图 7-3（a）中，压电高分子聚合物薄膜上下两面蒸镀金属电极，设当交流电压作用于电极（z 方向）上时，在薄膜的横方向（x 方向）会产生应变，如果把薄膜做成两侧固定的曲面，如图 7-3（b）所示，则当电极上作用交变电压时，在曲面的法线方向会产生相应的振动，从而辐射声波；反之，当声波作用于压电材料制成的振膜上时，振膜受力发生变形，那么在它的界面会产生相应的电荷，形成电位差，从而实现声能到电能的变换。压电式换能器是无源可逆的系统，它常用于传声器、耳机中。

此外，换能器还有电磁式、碳粒式和电子式等。电磁式换能器是利用电磁力对振动板

或连有振膜的衔铁的作用来实现声电能量互换的。电磁式换能器多用于语言通信，常用于受话器和送话器中，也可做成扬声器。碳粒式也叫电阻式，是一种利用碳粒间接触电阻受声压作用产生变化，从而获得相应变化的电信号的单向换能器，它只能实现从声能到电能的转换，是有源不可逆的。电子式也叫半导体式，其工作原理与碳粒式相似，只能实现从声能到电能的转换，是一种有源单向换能器，通常用于通信中作送话器。电子式换能器可分为压阻式和晶体管式两种，压阻式换能器是在锗、硅等单晶或二极管上施加压力，使电阻变化，这就是压阻效应，利用这种压阻效应，以与碳粒式换能器相同的原理获得输出电压。晶体管式换能器是在晶体管上施加压力，使电流放大率改变，从而获得相应变化的电流和电压。

7.2 换能器等效四端网络

建立换能器等效四端网络，有助于对换能器进行理论分析与计算。通过对等效力声类比电路的分析计算，可以了解各元件对系统性能如频率特性的作用及影响，这对研制开发电声器件和了解电声器件的特性是非常必要的。

7.2.1 换能器的基本方程和基本参数

换能器都包含一个电学系统和一个力学振动系统（这里把声学系统纳入力学系统），其中电动式、电容式、压电式等在一定条件下还是线性可逆的系统。为了进一步对换能器进行理论分析与计算，可以把一个线性可逆的换能器看作包含一个电学端口和一个力学端口的机电四端网络，如图 7-4 所示，图中 $\dot{U}$ 和 $\dot{i}$ 分别表示电学端的电压和电流，$\dot{F}$ 和 $\dot{V}$ 分别表示力学端的作用力和振速。由于力电类比有阻抗型和导纳型两种，所以换能器等效四端网络也有两种基本形式，图 7-4（a）为阻抗型机电四端网络，图 7-4（b）为导纳型机电四端网络。

关于电—力—声类比电路分析法请参看

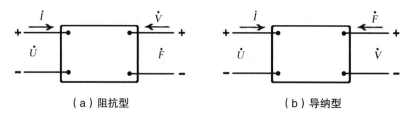

（a）阻抗型　　　　　　　　（b）导纳型

图 7-4　换能器的机电四端网络

根据电学中的网络理论，任何一个四端网络都可以用六种网络方程来描述。图 7-4 所示的网络分别有四个基本端口变量，以其中任意两个量为自变量，另外两个量为因变量，就可以得到六种不同的网络方程。采用其中的 Z 参数方程来描述换能器的力电变换特性，称为换能器的基本方程。

以阻抗型为例，换能器基本方程的一般形式是：

$$\dot{U} = Z_{11}\dot{I} + Z_{12}\dot{V} \tag{7.1a}$$

$$\dot{F} = Z_{21}\dot{I} + Z_{22}\dot{V} \tag{7.1b}$$

其中，式（7.1a）称为换能器的电方程，式（7.1b）称为换能器的力方程。式（7.1）中各系数的物理意义说明如下。

设换能器力学振动系统被钳制，即 $\dot{V} = 0$，则由式（7.1）得

$$Z_{11} = \left. \frac{\dot{U}}{\dot{I}} \right|_{\dot{V}=0} = Z_{eb} \tag{7.2}$$

$$Z_{21} = \left. \frac{\dot{F}}{\dot{I}} \right|_{\dot{V}=0} = T_{me} \tag{7.3}$$

由式（7.2）可知，系数 Z_{11} 是换能器力端运动被阻止时电端的电阻抗，称为换能器的阻挡电阻抗，用 Z_{eb} 表示。式（7.3）表明，系数 Z_{21} 是换能器力端运动被阻止时换能器力端的作用力与电端的电流之比，它反映了电系统的电流在力系统中引起力作用的能力，称为换能器的力因数，用 T_{me} 表示。

同理，设换能器电学端开路，即 $\dot{I} = 0$，则由式（7.1）得

$$Z_{12} = \left. \frac{\dot{U}}{\dot{V}} \right|_{\dot{I}=0} = T_{em} \tag{7.4}$$

$$Z_{22} = \left. \frac{\dot{F}}{\dot{V}} \right|_{\dot{I}=0} = Z_{m0} \tag{7.5}$$

式（7.4）表明，系数 Z_{12} 是电端开路时电端的电压与力端的振速之比，它反映了力学振动系统在电学系统引起电作用的能力，也被称为换能器的力因数，用 T_{em} 表示。式（7.5）表明，系数 Z_{22} 是换能器电端开路时力端的力阻抗，称为换能器的开路力阻抗，用 Z_{m0} 表示。

因此，换能器基本方程可表示为

$$\begin{cases} \dot{U} = Z_{eb}\dot{I} + T_{em}\dot{V} \\ \dot{F} = T_{me}\dot{I} + Z_{m0}\dot{V} \end{cases} \tag{7.6}$$

其中，Z_{eb}、T_{em}、T_{me} 和 Z_{m0} 称为换能器的基本参数，其大小完全取决于换能器本身的物理结构和性质，一般是工作频率的函数，而与信号源和负载无关。

7.2.2 电动式换能器基本方程和等效四端网络

图 7-1 是电动式换能器的工作原理简图，图中音圈处于环形磁缝隙中，并且与振膜相连。设通过音圈的电流为 $\dot{I}$，根据安培定律，音圈必定受到磁场力的作用。若气隙中磁场为均匀磁场，且磁感应强度为 B，音圈导线总长为 l，则此力为 $Bl\dot{I}$。设作用于振膜上的外力为 $\dot{F}$，则换能器的力方程应为

$$\dot{F} + Bl\dot{I} = Z_{m0}\dot{V} \tag{7.7}$$

式中，$\dot{V}$ 为振速；Z_{m0} 为系统的开路力阻抗，实际上就是力学振动系统本身的力阻抗，可

表示为

$$Z_{m0} = R_{m0} + j\left(\omega M_{m0} - \frac{1}{\omega C_{m0}}\right) \tag{7.8}$$

式中，R_{m0} 为振动系统等效力阻，M_{m0} 为振动系统等效质量，C_{m0} 为振动系统等效力顺。

另一方面，当振膜受外力作用，使音圈以振速 $\dot{V}$ 不断切割磁力线运动时，根据电磁感应定律，在音圈两端会产生 $Bl\dot{V}$ 的感应电动势，并且该感应电动势总是对音圈的运动起阻碍作用。因此，若设外加电压为 $\dot{U}$，则换能器的电方程应为

$$\dot{U} - Bl\dot{V} = Z_{eb}\dot{I} \tag{7.9}$$

其中，$Z_{eb} = R_0 + j\omega L_0$，为音圈的等效阻抗，$R_0$ 为音圈等效电阻，L_0 为音圈等效电感。

联立式（7.7）和式（7.9），得到电动式换能器基本方程为

$$\begin{cases} \dot{U} = Z_{eb}\dot{I} + Bl\dot{V} \\ \dot{F} = -Bl\dot{I} + Z_{m0}\dot{V} \end{cases} \tag{7.10}$$

在式（7.10）中，$T_{em} = -T_{me} = Bl$，式中的负号破坏了线性四端网络的互易性，因此不能从上式直接得到阻抗型类比的等效四端网络。为此，将式（7.10）变换为以 $\dot{U}$ 和 $\dot{V}$ 为因变量，$\dot{I}$ 和 $\dot{F}$ 为自变量的导纳型类比方程，即

$$\begin{cases} \dot{U} = Z_{ef}\dot{I} + \varphi_m Y_{m0}\dot{F} \\ \dot{V} = \varphi_m Y_{m0}\dot{I} + Y_{m0}\dot{F} \end{cases} \tag{7.11}$$

其中，$\varphi_m = Bl$，为电动式换能器的力电变换系数；$Y_{m0} = \dfrac{1}{Z_{m0}}$，为换能器的开路力导纳；$Z_{ef} = Z_{eb} + \varphi_m^2 Y_{m0}$，为换能器的自由电阻抗。

最后，由式（7.11）得出电动式换能器的导纳型等效四端网络如图 7-5 所示。

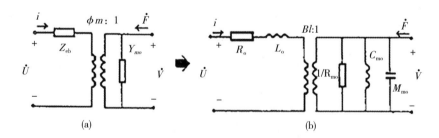

图 7-5　电动式换能器等效四端网络

7.2.3　电容式换能器基本方程和等效四端网络

图 7-6 所示为一可变电容器，它由振膜和固定极板组成，是实现力电变换的主要部件。设静态时（只受直流极化电压 U_J 作用而无外加交变电压和外力作用时）两极板间的距离为 X_0，两极板相对有效面积为 S_0，则电容式换能器静态电容为

$$C_0 = \varepsilon \frac{S_0}{X_0} \tag{7.12}$$

其中，ε 为极板间电介质的介电系数（F/m），在这里为空气的介电系数。当振膜受外力作用偏离平衡位置时，电容器两极板间距离发生了变化，电容也就发生了变化，因此称之为可变电容器。

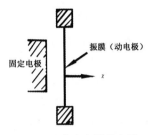

图 7-6 可变电容器示意图

电容器电容与两极板间电压 U_J 和极板上所带电量 Q_0 的关系为

$$C_0 = \frac{Q_0}{U_J} \tag{7.13}$$

当电容器两极板间加上交变电压 $\dot{U}$ 时，由于电压变化将引起极板电量变化 $\dot{Q}$，从而使极板间的电场力发生变化，使动电极产生位移 $\dot{X}$。设位移 x 的方向如图 7-6 所示，则

$$U_J + \dot{U} = \frac{(X_0 + \dot{X})(Q_0 + \dot{Q})}{\varepsilon S_0} \tag{7.14}$$

当小信号作用时，即 $\dot{Q} \ll Q_0$、$\dot{X} \ll X_0$ 时，将上式右端展开并略去二阶及二阶以上的高次项，得

$$\dot{U} = \frac{X_0}{\varepsilon S_0} \dot{Q} + \frac{Q_0}{\varepsilon S_0} \dot{X} = \frac{1}{C_0} \dot{Q} + \frac{U_J}{X_0} \dot{X} \tag{7.15}$$

或

$$\dot{U} = \frac{1}{j\omega C_0} \dot{I} + \frac{U_J}{j\omega X_0} \dot{V} \tag{7.16}$$

式中，$\dot{I}$ 为流过极板的交变电流，$\dot{V}$ 为振膜振速。式（7.16）为电容式换能器的电方程。

另一方面，由物理学可知电场能量密度为

$$D_e = \frac{1}{2} \varepsilon E^2 \tag{7.17}$$

式中，E 为电场强度 (V / m)，ε 为电介质的介电系数。

设作用于电容器动电极的电场力为 F_1，此力的方向向里，与假设的位移 $\dot{X}$ 的方向相反。若动极板受电场力作用产生的位移为 dx，则由功能原理得

$$F_1 dx = \frac{1}{2} \varepsilon E^2 \cdot S_0 dx \tag{7.18}$$

所以

$$F_1 = \frac{1}{2}\varepsilon S_0 E^2 = \frac{1}{2\varepsilon S_0}Q^2 \qquad (7.19)$$

式中 Q 为极板总电量。由上式可以看出，若总电量仅为随外加信号变化的 $\dot{Q}$，则电容式换能器不能获得线性力电转换关系。因此，电容式换能器需要加直流极化电压 U_J，此时

$$\dot{F_1} = \frac{1}{2\varepsilon S_0}\left(Q_0 + \dot{Q}\right)^2 \qquad (7.20)$$

当小信号作用时，即 Q 0>> $\dot{Q}$ 时，将上式右端展开并略去高次项得

$$\dot{F_1} \approx \frac{1}{2\varepsilon S_0}Q_0^2 + \frac{Q_0}{\varepsilon S_0}\dot{Q} = \frac{1}{2\varepsilon S_0}Q_0^2 + \frac{U_J}{j\omega X_0}\dot{i} \qquad (7.21)$$

由于恒力对信号变换不起作用，因此只考虑交变电场力 $\dfrac{U_J}{j\omega X_0}\dot{i}$ 的作用。设外加作用力为 $\dot{F}$，因 $\dot{F_1}$ 的方向与 $\dot{X}$ 的方向相反，故取负号，因此

$$\dot{F} - \frac{U_J}{j\omega X_0}\dot{i} = Z_{m0}\dot{V} \qquad (7.22)$$

式（7.22）为电容式换能器的力方程。

值得注意的是，与前面讨论的电动式不同，式（7.22）中的开路力阻抗 Z_{m0} 并不等于振膜的等效力阻抗，因为电端开路时，电容器极板两端还保持一定电压，振膜还受到一个恒定电场力的作用。相反，当电端短路时，电容器放电，使两极板间电压为零，此时振膜不受电场力作用，因此短路力阻抗等于振膜本身的力阻抗，即

$$Z_{ms} = R_{m0} + j\left(\omega M_{m0} - \frac{1}{\omega C_{m0}}\right) \qquad (7.23)$$

其中，R_{m0} 为振动系统等效力阻，M_{m0} 为振动系统等效质量，C_{m0} 为振动系统等效力顺。

联立式（7.16）和式（7.22），得到电容式换能器基本方程为

$$\begin{cases} \dot{U} = \dfrac{1}{j\omega C_0}\dot{i} + \dfrac{U_J}{j\omega X_0}\dot{V} \\[2mm] \dot{F} = \dfrac{U_J}{j\omega X_0}\dot{i} + Z_{m0}\dot{V} \end{cases}$$

可见，对于电容式换能器，存在

$$T_{em} = T_{me} = T = \frac{U_J}{j\omega X_0} \qquad (7.25)$$

$$Z_{eb} = \frac{1}{j\omega C_0} \qquad (7.27)$$

令

$$\varphi_e = \frac{T}{Z_{eb}} = \frac{C_0 U_J}{X_0} \qquad (7.27)$$

则式（7.24）改写为

$$\begin{cases} \dot{U} = Z_{eb}\dot{I} + \varphi_e Z_{eb}\dot{V} \\ \dot{F} = \varphi_e Z_{eb}\dot{I} + Z_{m0}\dot{V} \end{cases} \qquad (7.28)$$

将 $Z_{ms} = \dfrac{\dot{F}}{\dot{V}}\bigg|_{\dot{U}=0}$ 代入式（7.28）得

$$Z_{m0} = Z_{ms} + \frac{T^2}{Z_{eb}} \qquad (7.29)$$

因此，电容式换能器可用如图 7-7 所示的阻抗型机电四端网络来等效，φ_e 为电容式换能器的力电变换系数。

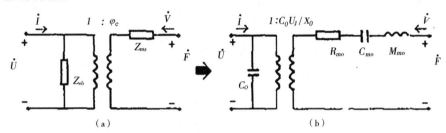

（a）　　　　　　　　　　　　（b）

图 7-7　电容式换能器等效四端网络

7.3　换能器频率特性控制

当换能器作为电声器件时，我们不仅希望它的输出与输入呈线性关系，而且希望它的频率特性是平坦均匀的。大多数换能器在听觉频率范围的中低频段可以近似认为是集中参数系统，振膜可用一个基本振动系统来等效，其共振频率为 $f_0 = \dfrac{1}{2\pi}\sqrt{\dfrac{1}{M_{m0}C_{m0}}}$，是振动系统的最低共振频率。在电声器件设计时，为了使其频率响应平坦均匀，对于不同类型的换能器，应采用不同的频率特性控制方法。当器件输出与振动系统的位移成正比时，称为位移型换能器，这时，为了获得平坦的频率响应，应使系统的工作频率在 f_0 以下，为此必须采用较小的振膜质量和较大的力劲（$K_m = 1/C_m$），以提高 ω_0，并使系统的力阻抗以弹性抗为主，这种频率特性的控制方法称为弹性控制或力劲控制，例如，压强式电容传声器就工作在弹性控制区。当器件输出与振动系统的振速成正比时，称为速度型换能器，这时应使系统的工作频率在 ω_0 附近。为了展宽工作频带，需要降低谐振峰，因此需增大振动系统的阻尼，使系统的力阻抗以力阻为主，因此称为力阻控制。当采用力阻控制时增大力阻的另一个原因是：由于共振频率处于工作频率范围之内，如果共振系统的品质因数 Q 值太大（阻尼小），就会使在强迫振动过程中渗入的自由振动衰减太慢而引起瞬态畸变。但是增大力阻的同时会使灵敏度降低，因此应折中考虑。号筒扬声器工作在力阻控制区。当输出与振动系统的加速度成正比时，称为加速度型换能器，这时应使系统的有效工作频率在 f_0 之上，为此必须采用较小的力劲和较大的振膜质量，使系统的力阻抗以质量抗为主，因此称为质量控制，例如，电动式锥形扬声器就工作在质量控制区。表 7-1 所列为三种控制方法的工作频率范围和振动系统的力阻抗、位移、振速和加速度。

表 7-1　换能器特性的三种控制方法

参数	弹性控制	力阻控制	质量控制
工作效率 ω 与 ω_0 的关系	$\omega << \omega_0$	$\omega \approx \omega_0$	$\omega >> \omega_0$
等效力阻抗	$Z_m \approx \dfrac{1}{j\omega C_m}$	$Z_m \approx R_m$	$Z_m \approx J\omega M_m$
系统的位移 $\left(\xi = \dfrac{F}{\omega\lvert Z_m\rvert}\right)$	$C_m F$	$\dfrac{F}{\omega R_m}$	$\dfrac{F}{\omega^2 M_m}$
系统的振速 $\left(V = \dfrac{F}{\lvert Z_m\rvert}\right)$	$\omega C_m F$	$\dfrac{F}{R_m}$	$\dfrac{F}{\omega M_m}$
系统的加速度 $\left(A = \dfrac{\omega F}{\lvert Z_m\rvert}\right)$	$\omega^2 C_m F$	$\dfrac{\omega F}{R_m}$	$\dfrac{F}{M_m}$

习题 7

1. 试用工作原理简图说明电动式换能器的工作原理。

2. 试用工作原理简图说明电容式换能器的工作原理，并说明为什么需要加工作电源。

3. 试由式（7-10）推导出式（7-11）。

4. 试由电动式机电类比电路图（图 7-5（a））推导出基本方程式（7-11）。

5. 什么是换能器的三个频率特性控制区？

8 传声器

传声器是一种将声压信号转换为相应的电信号的电声换能器，用符号⭕—表示。传声器将声信号变为电信号后，经过放大，可以用来进行语言通信、录音、广播和扩声。传声器俗称话筒或麦克风。

传声器的种类很多，可以根据换能原理、声接收方式、指向性以及应用特点进行分类。按换能原理不同，传声器分为电动式、电容式等；按声接收方式不同分为压强式、压差式和复合式；按指向性不同分为全指向性、双指向性、单指向性和可变指向性；按使用场合和用途不同，又分为无线传声器、立体声传声器、强指向性传声器、界面传声器和测量传声器等。各种类型的传声器尽管在结构上有所不同，但是它们都有一个振动系统，该系统在声波的作用下产生振动，并通过不同的物理效应将振动转换为相应的电压变化、电容变化或电阻变化，最终都以电压变化的形式输出。

8.1 传声器声接收原理和指向性

当传声器置于声场中时，传声器的膜片会受到声波的作用，产生随之变化的作用力或激振力，使振动系统发生振动。传声器膜片受声波作用而获得激振力的方式各不相同，不同的声接收方式决定了传声器不同的指向性。常用传声器的声接收方式有压强式、压差式和复合式。

8.1.1 压强式声接收及其指向性

压强式声接收是利用对声场中的声压发生响应的原理制成的。它通常由一个受声振膜固定在封闭空腔上构成，如图 8-1 所示。一般在腔壁上有一个小泄漏孔，使腔内压强与周围大气压强 P_0 保持平衡。

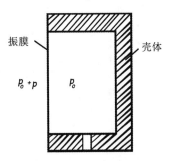

图 8-1 压强式声接收器原理及结构简图

当不存在声波时，振膜内外两面所受压强相同，作用在振膜上的合力等于零，振膜保持静止状态。当有平面波垂直入射时（$\theta=0°$），振膜在腔外的一面受到声压 p 作用，设振膜面积为

S_D，则作用在振膜上的合力为

$$f = \left[(P_0 + p) - P_0 \right] \cdot S_D = pS_D \qquad (8.1)$$

一般情况下，声波入射为斜入射，即声波入射方向与传声器振膜的法线方向成一定夹角 θ。若振膜的线度并不很小，则声波从声源传到振膜各部分的距离将不相同，因此，作用在振膜各部分的声压振幅和相位也就不同。这时，振膜所受的合力应为

$$f = \int_{S_D} p \, ds \qquad (8.2)$$

设振膜呈圆形，半径为 α，入射波来自较远的点声源，P_a 为振膜中心处的声压振幅，则通过理论分析计算可得压强式声接收振膜所受作用力振幅为

$$F_a \approx P_a S_D \frac{2J_1(ka\sin\theta)}{ka\sin\theta} \qquad (8.3)$$

式中，$k = \dfrac{\omega}{c}$，J_1 为一阶贝塞尔函数。贝塞尔函数及其曲线可查看附录 20。

可见，作用力与传声器所在位置的声压成正比，而且与声波的入射角有关。传声器声接收灵敏度随声波入射方向而变化的特性，称为传声器的指向性。传声器的指向性用指向性函数 $D(\theta)$ 来描述，定义为

$$D(\theta) = \frac{M(\theta)}{M(0°)} \qquad (8.4)$$

式中，$M(\theta)$ 为 θ 方向的灵敏度，$M(0°)$ 为主轴方向的灵敏度。

式（8.3）具有较复杂的指向性。但是，当 $ka < 1$ 时，式（8.3）简化为

$$F_a \approx P_a S_D \qquad (8.5)$$

其指向性函数 $D(\theta) \approx 1$。换句话说，当振膜尺寸甚小于声波波长时，可以认为振膜所受声压是均匀的，且与方向无关，作用力可用上述简单公式计算。

如果一只传声器采用压强式声接收方式，那么它就是压强式传声器。在一定的工作频率范围内，压强式传声器具有无指向性或称为全指向性，如图 8-2 所示。

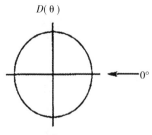

图 8-2 全指向性图

8.1.2 压差式声接收及其指向性

8.1.2.1 压差式声接收及其指向性

压差式声接收是利用对声场中相邻两处的声压差发生响应的原理制成的，其振膜两面都暴

露在声场中，其工作原理及结构简图如图 8-3 所示。

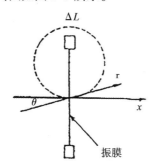

图 8-3 压差式声接收原理及结构简图

设振膜前后所接收声波的等效声程差为 ΔL，若将这种声接收器置于声场中，声波传到振膜两面的距离不同，因而振膜两面受到的声压也不同。假定振膜半径很小，而且满足 $k\alpha<1$，那么，作用在振膜同一面上的声压近似认为是均匀的，作用在振膜上的合力为

$$f = \Delta p \cdot S_D \qquad (8.6)$$

设声波沿 r 方向传播，声压沿 r 方向的变化率为 $\dfrac{\partial p}{\partial r}$。设 χ 轴方向与振膜的法线方向一致，则 ΔL 在 r 方向上的投影为 $\Delta L \cos\theta$。若 ΔL 很小，则作用在振膜上的合力近似为

$$f \approx -S_D \frac{\partial p}{\partial r} \cos\theta \cdot \Delta L \qquad (8.7)$$

式中，负号表示负的压差（这里的压差是指振膜背面与正面的声压差）将使振膜产生正 χ 方向的力。可见，压差式声接收的指向性函数 $D(\theta) \approx \cos\theta$，称为双指向性或 8 字形指向性，其指向性图如图 8-4 所示。

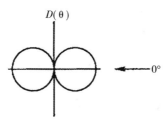

图 8-4 8 字形指向性图

如果一只传声器采用的是压差式声接收方式，那么它就是压差式传声器。压差式传声器在振膜和外壳尺寸甚小于波长的条件下具有 8 字形指向性。

8.1.2.2 近讲效应

压差式传声器近距离工作时，存在低频灵敏度显著提升的现象，称为近讲效应。下面主要从理论分析和定性分析两个方面说明近讲效应产生的原因。

1. 理论分析

通常声场为球面波声场，声压表示为

$$p = \frac{A}{r} e^{j(\omega t - kr)} = P_a e^{j(\omega t - kr)} \qquad (8.8)$$

式中，A 为待定常数，r 为接收点到声源的距离，$k = \dfrac{\omega}{c}$，Pα 为接收点声压振幅。将式（8.8）代入式（8.7）得，作用力振幅为

$$F_a = P_a S_D k \Delta L \frac{\sqrt{1+(kr)^2}}{kr} \cdot \cos\theta \qquad (8.9)$$

由式（8.9）可知，振膜受到的作用力不仅与接收点的声压大小 P_a 成正比，而且与接收点到声源的距离 r 以及工作频率有关。

当传声器与声源之间有一定距离时，可以认为 $kr \gg 1$，作用力振幅为

$$F_a \approx P_a S_D k \Delta L \cos\theta \qquad (8.10)$$

当 $kr \ll 1$ 时，即近场使用传声器且工作频率较低时，作用力振幅为

$$\begin{aligned} F_a &\approx \frac{P_a}{r} S_D \Delta L \cos\theta \\ &= \frac{1}{kr} P_a S_D k \Delta L \cos\theta \end{aligned} \qquad (8.11)$$

对比式（8.11）和式（8.10）可知，当 $kr \ll 1$ 时，近场所受激振力大于远场时的激振力，而且频率越低，这种差异越明显。因此，压差式传声器近场工作时，存在低频灵敏度显著提升的现象。图 8-5 所示为典型压差式传声器近讲时的频率特性曲线。

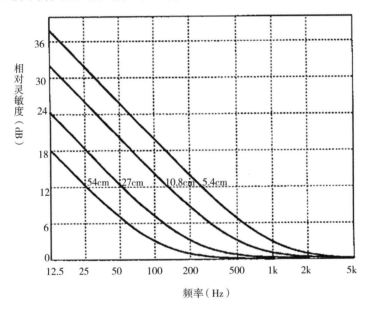

图 8-5 典型压差式传声器近讲频率特性

2. 定性分析

压差式传声器的振膜激振力源于振膜两面的声压差。当传声器处在 1m 以外的远场工作时，声波可视为平面波，其声压差主要是由声程差引起的相位差产生；而当传声器处在 0.5m 以内的近场工作时，声波更应该视为球面波，此时声压差不仅来自声程差引起的相位差，而且来自声程差引起的振幅差，因此，激振力明显增大，同时振幅差对低频的影响明显大于对高频的影响。

8.1.3 复合式声接收及其指向性

复合式声接收是利用对声场中压强和压差都发生响应的原理制成的，它可以看成是压强式声接收和压差式声接收复合而成的。复合方式可分为电复合式和声复合式两种。所谓电复合式是指将压强式声接收和压差式声接收输出的电信号进行叠加的一种复合方式，而声复合式则是通过将压强式声接收和压差式声接收的声学结构进行复合来实现的。

声复合式的声接收原理及结构示意图如图 8-6（a）所示，它由一个容积为 V_0 的腔体构成，空腔的前部装有振膜，背壁上开有一孔与外空间相连通，作为第二入声口，孔中装有吸声材料。

声复合式的力响应可以通过声学类比电路求得。设 p_1 为作用于振膜正面的声压，p_2 为第二入声口处声压，S_D 为振膜面积，振膜声阻抗为 Z_{ma}，腔体声顺为 C_α，背孔声阻为 R_a，声质量略去不计，ΔL 为声波从振膜前面绕到后入声孔的等效声程差，也称为外部声程差，由它形成的声压差与声波入射角有关，因此它代表压差式声接收部分。声波由第二入声口到达振膜背面也形成声压差，可用一个内部声程差来等效，这个内部声程差与声波的入射角无关，只与内部声学结构有关，因此代表压强式声接收部分。复合式声接收的声学类比电路如图 8-6（b）所示。

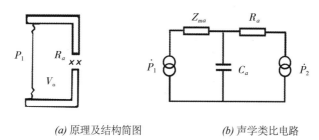

(a) 原理及结构简图 　　　*(b)* 声学类比电路

图 8-6 复合式声接收

设声场为球面波声场，声波以 θ 角入射，接收点处于远场，则

$$\dot{P}_1 = \frac{A}{r}e^{j(\omega t - kr)}$$

$$\frac{\partial \dot{P}_1}{\partial r} \approx (-jk)\dot{P}_1$$

$$\dot{P}_2 \approx \dot{P}_1 + \frac{\partial \dot{P}_1}{\partial r}\Delta L\cos\theta$$
$$= \dot{P}_1(1 - jk\Delta L\cos\theta)$$

从图 8-6（b）解得，振膜所受声压（Z_{ma} 两端"电压降"）为

$$\dot{P}_d = \dot{P}_1\dot{G}(A' + B'\cos\theta) \tag{8.12}$$

式中

$$\dot{G} = \frac{Z_{ma}R_a}{Z_{ma}R_a + \dfrac{Z_{ma} + R_a}{j\omega C_a}} \cdot \frac{1}{c_0 C_a R_a}$$

$$A' = c_0 C_a R_a$$

$$B' = \Delta L$$

由此可得振膜所受作用力为

$$\dot{F} = S_D \dot{P}_d = S_D \dot{P}_1 \dot{G}\left(A' + B'\cos\theta\right) \tag{8.13}$$

其振幅为

$$F_a = S_D P_{1a}\left|\dot{G}\right|\left(A' + B'\cos\theta\right) \tag{8.14}$$

式中，S_D、$\left|\dot{G}\right|$、A'、B'、值均与声学结构有关，选取不同的结构参数，将得到不同的力响应。

由式（8.14）得知，复合式声接收的指向性函数可表示为

$$D(\theta) = A + B\cos\theta \tag{8.15}$$

从指向性上看，复合式声接收的指向性也是由无指向性和八字形指向性复合而成的。让 $A + B = 1$，A、B 按不同比例取值时的指向性合成如图 8-7 所示。当 $A = 1$、$B = 0$ 时，$D(\theta) = 1$，为无指向性（Omnidirectional）；当 $A = 0.7$、$B = 0.3$ 时，$D(\theta) = 0.7 + 0.3\cos\theta$，形成次心形指向性或称为扁圆形指向性（Subcardioid）；当 $A = B = 0.5$ 时，$D(\theta) = 0.5 + 0.5\cos\theta$，形成心形指向性（Cardioid）；当 $A = 0.37$、$B = 0.63$ 时，$D(\theta) = 0.37 + 0.63\cos\theta$，指向性在 180° 方向出现副瓣，成为超心形指向性（Supercaridioid）；当 $A = 0.25$、$B = 0.75$ 时，$D(\theta) = 0.25 + 0.75\cos\theta$，形成锐心形指向性（Hypercardioid）；当 $A = 0$、$B = 1$ 时，$D(\theta) = \cos\theta$，为 8 字形指向性（Figure-8 或 Gradient）。

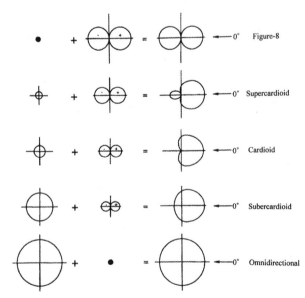

图 8-7　A、B 取不同值时指向性合成

由于复合式传声器采用的是压强式和压差式相结合的一种声接收方式，因此，它也存在近讲效应，只是要比压差式传声器弱些。

8.1.4 一阶指向性家族及其声学特性

表 8-1 所示为传声器指向性大家族以及各自的声学特性参数，其中除了无指向性以外，其他所有指向性都属于一阶指向性。所谓一阶指向性是指其响应与声压差（声压梯度）的一次幂成正比，即指向性函数 $D(\theta)$ 与 $\cos\theta$ 的一次幂成正比。如果传声器指向性函数与 $\cos\theta$ 的二次或三次幂成正比，则称为二阶或三阶指向性传声器。高阶指向性传声器具有较一阶更强的指向性，需采用更为复杂的声学结构，将在后续章节中介绍。在表 8-1 中，RE（Random Efficiency，扩散因数）表示传声器扩散场灵敏度与主轴方向自由场灵敏度之比。RE 反映了传声器对非主轴方向声音的拾取能力，指向性越强，此值越小。DF（Distance factor，距离因子）表示拾取相同的直达声与混响声比例时，指向性传声器到声源的距离与无指向性传声器到声源的距离之比。例如，心形指向性传声器的 DF 值为 1.7，表示为了获得相同的直混比，心形传声器到声源的距离应是无指向性传声器到声源距离的 1.7 倍。DF 反映了传声器拾取主轴方向声音的能力，指向性越强，此值越大。一阶指向性家族的 DF 可用图 8-8 直观地表示出来。了解传声器指向性及其声学特性对录音师是非常重要的。

表 8-1　一阶指向性家族及其声学特性参数

特性	压强式	压差式	扁簷形	心形	超心形	锐心形
指向性图						
D（θ）	1	$\cos\theta$	$.7+.3\cos\theta$	$.5+.5\cos\theta$	$.37+.63\cos\theta$	$.25+.75\cos\theta$
拾音角（-3dB）	360°	90°	180°	131°	115°	105°
拾音角（-6dB）	360°	120°	264°	180°	156°	141°
90° 相对灵敏度（dB）	0	$-\infty$	-3	-6	-8.6	-12
180° 相对灵敏度（dB）	0	0	-8	$-\infty$	-11.7	-6
输出为 0 的角度	-	90°	-	180°	126°	110°
RE（Random Efficiency）	1	.333	.55	.333	.268	.25
指向性指数	0dB	4.8dB	2.5dB	4.8dB	5.7dB	6dB
DF（Distance Factor）	1	1.7	1.3	1.7	1.9	2

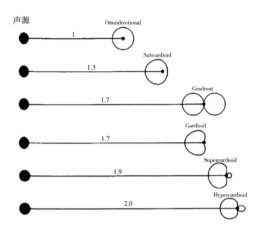

图 8-8 一阶指向性家族的 DF 值

8.2 传声器性能参数

传声器电声性能的好坏，需要用一系列物理参数来描述，这些物理参数称为传声器的电声参数或性能参数。只有了解了传声器各项性能参数的物理意义，才能对传声器的电声性能进行分析和评估。传声器的电声参数主要有灵敏度、频率响应、指向性、输出阻抗、谐波失真、噪声级和动态范围，此外还有最大声压级、负载阻抗、极性和相位特性等。

8.2.1 灵敏度

灵敏度是表示传声器电声转换能力的基本参数，通常是指传声器在 1000Hz 频率的输出电压与所受声压之比，其数学表达式为

$$M = \frac{U}{P} \tag{8.16}$$

式中，M 为传声器的灵敏度，单位为伏 / 帕（V/P_a）或毫伏 / 微巴（mV/μba）；U 为传声器的输出电压有效值，为了避免受负载影响，常用开路电压表示；P 为传声器所受声压有效值。当输出电压采用负载两端电压时，测得的灵敏度称为有载灵敏度，这时应注明负载。传声器的灵敏度也可以用灵敏度级表示，即

$$L_m = 20 \lg \frac{M}{M_r} \tag{8.17}$$

式中，L_m 为传声器的灵敏度级，单位为分贝（dB）；M_r 为参考灵敏度，通常取 M_r=1V/Pα。

传声器的灵敏度不仅与频率、声波入射角以及输出端的负载有关，而且与作用声压的计量方法有关。根据声压测量方法不同以及声场性质不同，传声器的灵敏度又分为声压灵敏度、声场灵敏度和扩散场灵敏度。

声压灵敏度是指传声器开路输出电压与传声器放入声场后所受声压之比。

声场灵敏度是指在自由声场中，使其参考轴与声波入射方向平行时，传声器的开路输出电压与传声器未放入声场时该点的自由场声压之比。

扩散场灵敏度是指传声器置于扩散声场中，其开路输出电压与传声器未放入时该点扩散声

场声压之比。

由于声波的衍射效应，传声器放入空间某点后，该点的声压会变得大一些，因此，声场灵敏度一般要比声压灵敏度大。频率越高，衍射效应越显著，当 $ka > 10$ 时（a 为传声器振膜有效半径），声压可能相差近 2 倍，而低频时，声场灵敏度和声压灵敏度比较接近。一般在没有特别说明的情况下，传声器的灵敏度是指声场灵敏度。

8.2.2 频率响应

当声波从一指定方向入射时，传声器灵敏度随频率变化的特性，称为传声器的频率响应或频率特性。反应灵敏度与频率关系的曲线，称为传声器的频率响应曲线。通常以 1kHz 时的灵敏度为参考灵敏度，即 0dB。

传声器的频率响应一般是在自由场平面波的条件下测得的，并且使传声器主轴与波阵面垂直，这种频率响应即声场频率响应，录音用传声器一般给出的是声场灵敏度频率响应。如果测量是在声压或扩散场条件下进行，则得到的是声压频率响应或扩散场频率响应。

由于传声器对声波的衍射作用，传声器的主轴声场频率特性与其他方向的声场频率特性在高频有较大区别，因此导致主轴声场频率特性与扩散场频率特性有一定的区别，这种区别主要存在于高频区域。一般来说在高频区，主轴方向灵敏度大于其他方向的灵敏度，也大于扩散场灵敏度。造成这种频率特性差异的另一个原因是传声器的指向性。因此，使用时要注意到这一点。

传声器的频率特性也可以用有效频率范围和频响曲线的不均匀度来表示。对于某一类传声器，它的实际频响曲线与所需频响曲线相比，偏差在允许范围内的最大频率间隔，称为有效频率范围。不均匀度为有效频率范围内最大灵敏度与最小灵敏度之差值。

为了得到较好的音质，一般要求传声器的频响曲线宽而平直，但是根据使用场合不同，对传声器的频响有不同的要求，如播送语言的传声器在 6 000Hz~8 000Hz 有一定提升，可以提高语言清晰度；录制小提琴演奏的传声器，低频下限不要求很低，因为小提琴最低基音在 196Hz 上已经很弱，频带太宽反而容易拾取不需要的噪声。

8.2.3 指向性

传声器的灵敏度不仅与声波的频率有关，而且与声波的入射方向有关。传声器的灵敏度随声波入射方向而变化的特性称为传声器的指向性。

传声器的指向性常用指向性图表示。指向性图是传声器指向性函数 $D(\theta)$ 的极坐标曲线。

传声器的指向性大体分为全指向性、双指向性和单指向性三类，各自的名称和指向性图如表 8-1 所示。全指向性传声器对来自四面八方的声音有大致相同的灵敏度；双指向性传声器前后两面的灵敏度大小相等但相位相反，而对两侧的声波不灵敏；单指向性传声器则以接收正面来的声音为主。

传声器的指向性也可以用指向性频率特性、指向性因数和指向性指数来表示。

声波以不同入射角入射时，所测得的一组传声器频率响应曲线，称为指向性频率特性。

传声器在某一频率入射角为 0° 的平面波作用下，其声场灵敏度 M_0 的平方与同频率相同声强扩散场灵敏度 M_d 的平方之比，称为传声器的指向性因数，用对数表示则为传声器的指向性

指数，即

$$DI(f) = 10\lg Q(f) = 10\lg \frac{M_0^2}{M_d^2}$$ （8.18）

其中，$Q(f)$ 为传声器的指向性因数。传声器的指向性越强，则其指向性指数越大。因此，可以根据传声器指向性指数评估传声器对周围环境声抑制能力的大小。

指向性是选用传声器时必须考虑的重要指标之一，往往根据声源及其所在的声学环境来选用不同指向性的传声器。如果要求拾取周围各方向的声音或房间的混响声，则选用全指向性传声器；若要求拾取某一方向的声音，同时又希望排除周围环境噪声的干扰，则选用心形指向性、超心形指向性或 8 字形指向性传声器；若希望只拾取远处某一方向的声源，则往往选择强指向性传声器。

8.2.4 输出阻抗

由传声器输出端测得的内阻抗的模值，称为传声器的输出阻抗，通常指频率为 1kHz 时的阻抗。

传声器阻抗是为了与后级设备如前置放大器输入端合理配接而设计的，可分为高阻抗和低阻抗两种，高阻抗通常为 $2k\Omega$、$4k\Omega$、$10k\Omega$、$20k\Omega$ 和 $50k\Omega$，低阻抗有 50Ω、150Ω、200Ω、250Ω 和 600Ω 等，以适应不同的使用要求。

高阻抗传声器一般是为了提高传声器输出电压而设计的，但是在使用时容易引起感应噪声和线路高频衰减，因此在广播录音等专业场合很少使用 $2k\Omega$ 以上的高阻抗传声器。

8.2.5 谐波失真

谐波失真是表示传声器非线性失真大小的一个技术指标。所谓非线性失真是指由振幅非线性引起的一种失真，一般用谐波失真和互调失真两个参数来表示。

谐波失真是指当输入传声器某一频率的正弦信号时，输出信号中除了出现原输入信号的频率成份（称为基波）外，同时还出现与基波频率成整数倍频率的信号（称为谐波），这种现象称为谐波失真。

谐波失真大小可用谐波失真度 K 来表示，其定义式为

$$K = \frac{\sqrt{P_2^2 + P_3^2 + \cdots + P_n^2}}{P} \times 100\%$$ （8.19）

式中，$P = \sqrt{P_1^2 + P_2^2 + P_3^2 + \cdots + P_n^2}$，为总输出声压有效值；$P_1$ 为基波声压有效值；P_n 为 n 次谐波声压有效值。此外，还有二次谐波失真度和三次谐波失真度，分别定义为 P_2/P 和 P_3/P。

传声器的谐波失真是指传声器在规定的最大声压级作用下，其输出电压的非线性失真。一般规定失真度不大于 0.5% 或 1%。

8.2.6 噪声级

传声器的噪声主要来源于两个方面，即本身的固有噪声和外界的电磁感应引起的噪声。固有噪声主要是由膜片的热扰动或有源电路部分的电噪声引起的。这两种噪声的大小分别用等效噪声级和磁感应噪声级表示。

8.2.6.1 等效噪声级

当传声器的受声面没有受到任何声波作用时，它还会有一定的电压输出，这就是传声器的固有噪声电压。设想有一声波作用在传声器上，它产生的输出电压正好与传声器的固有噪声电压相等，这一声波的声压级就是传声器的等效噪声级，即

$$L_n = 20 \lg \frac{U_n}{MP_r} \qquad (8.20)$$

式中，L_n 为传声器的 A 计权等效噪声级，单位为分贝（dB A）；U_n 为加 A 计权网络的传声器的固有噪声电压；M 为传声器灵敏度；P_r 为参考声压，一般取 $P_r = 2 \times 9^{-5}$Pa。

8.2.6.2 磁感应噪声级

传声器受到交流电磁场作用时，在其输出端会有感应的电压输出，称为传声器的磁感应噪声电压。规定传声器置于频率为 50Hz 的交流电磁场中，每 5μT 磁场强度在其输出端产生的噪声电压的等效输入声压级称为磁感应噪声级，即

$$L_{mn} = 20 \lg \frac{U_m}{MP_r} \qquad (8.21)$$

式中，L_{mn} 为传声器的磁感应噪声级，单位为分贝（dB）；U_m 为每 5μT 磁场强度下传声器产生的感应噪声电压；M 为传声器的灵敏度；P_r 为参考声压。

8.2.7 动态范围

传声器的动态范围是指传声器所能接收声压级的大小范围，其上限受到失真的限制，下限受到固有噪声的限制。通常灵敏度越高，可拾取的声压级下限越低。

8.2.8 最大声压级

最大声压级是指传声器在有效频率范围内的任何频率和任何入射方向上，其输出电压的非线性失真不超过规定值时的平面波最大声压级。对高保真传声器要求最大声压级达到 114dB，对专业用传声器要求最大声压级达到 124dB，对测量传声器则要求有更高的最大声压级，这一技术要求并不是很容易实现的。

8.2.9 负载阻抗

传声器负载阻抗是制造厂家为了保证传声器正常工作而规定的，一般规定至少为传声器输出阻抗的 5 倍。如果传声器输出阻抗为 200Ω，则负载阻抗至少为 1kΩ。传声器一般直接与设备的前置放大器相连，因此前置放大器的输入阻抗就是传声器的负载阻抗，其输入阻抗应大于传声器输出阻抗的 5 倍，以获得良好的电压传输并避免失真。

8.2.10 极性

当传声器振膜向内运动时，产生瞬间正电压的输出端规定为正极。生产传声器时，应明确规定其极性，因为在录制或拾取大型节目信号时，往往需要使用多只传声器，当两只传声器与声源距离相等时，它的直达声就会同时到达，如果两只传声器的极性相反，则其合成信号就会相互抵消，产生适得其反的重放效果。

8.2.11 相位特性

传声器的输出电压和激励声压之间往往存在相位差，这个相位差随频率变化的特性称为传

声器的相位特性。虽然传声器的相位特性对声音信号的传输有一定影响，但目前还不作为厂家必须提供的电声参数。然而，在大力发展多声道录制和重放技术的今天，传声器的相位特性会越来越受到重视，因为人耳的低频声定位主要是依据双耳相位差，如果录制时不考虑传声器的相位特性，录制的节目就可能不能获得正确的声像定位，达不到预期的音响效果。

8.3 动圈传声器

在广播录音中常用的传声器是动圈传声器和电容传声器。动圈传声器是一种导体呈线圈状的电动式传声器。电容传声器也叫静电式传声器，是一种利用电容式换能原理制成的传声器。虽然动圈传声器和电容传声器的基本工作原理和结构从出现到现在几乎没有变化，目前采用的仍然是传统和经典的设计，但几十年来通过电路的不断改进、材料的不断更新和工艺水平的不断提高，其性能已得到相当的完善，基本能够满足专业录音和广播的需要。

动圈传声器是利用电动式换能原理制成的传声器，其导体呈线圈状，线圈两端即为音频信号输出端。由于线圈的输出阻抗较低，一般需要接输出变压器提高其输出阻抗到 200Ω 以上。但近年来使用了高强度超细漆包线制成 4 层或 6 层的脱胎音圈，其阻抗较高而无需输出变压器。动圈传声器具有频带宽、动态范围大、失真小、性能稳定、坚固耐用、环境适应性好等优点，使用方便，无需附加放大器和工作电源，又可以制成多种指向性，因此是用途最广的传声器之一。由于动圈传声器利用声学谐振系统补偿频率特性，因此与电容传声器相比，其瞬态特性略差。

8.3.1 压强式动圈传声器

压强式动圈传声器的基本结构如图 8-9 所示。它的受声面是一个球顶形振膜，在振膜后面粘有一个音圈，该音圈置于一个均匀的强磁场里。当声波作用时，振膜发生相应的振动，从而带动音圈切割磁力线运动，音圈两端产生相应的感生电动势，这就是动圈式传声器的工作原理。

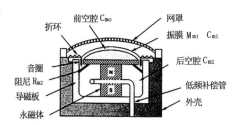

图 8-9 压强式动圈传声器基本结构

设音圈空载状态下振动速度为 $\dot{V}$ ，则音圈两端空载感应电压为

$$\dot{U}_0 = Bl\dot{V} \tag{8.22}$$

当传声器的结构和所用的材料确定以后，B 和 l 为常数。因此，动圈传声器的输出电压与振膜的振动速度成正比，这种传声器称为速式传声器。

对于简单振动系统，即无声学谐振系统时，振动速度为

$$\dot{V} = \frac{\dot{F}}{Z_m} = \frac{\dot{F}}{R_m + j\omega M_m + \dfrac{1}{j\omega C_m}} \tag{8.23}$$

其中，Z_m 为振动系统等效力阻抗。对于压强式声接收方式，又有

$$\dot{F} = \dot{P}S_D \tag{8.24}$$

式中，S_D 为振膜有效面积。因此，简单压强式动圈传声器的开路灵敏度为

$$M_0 = \frac{U_0}{P} = \frac{BlS_D}{\sqrt{R_m^2 + \left(\omega M_m - \dfrac{1}{\omega C_m}\right)^2}} \tag{8.25}$$

它的频响曲线如图 8-10 所示。显然，这种形状的频响曲线工作频带较窄。

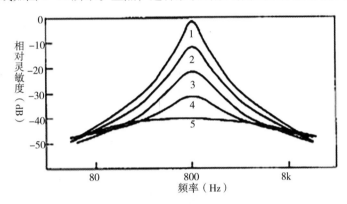

图 8-10 简单压强式动圈传声器频响理论曲线

为了使动圈传声器具有较宽阔平坦的频率响应，一般采用两种办法，一是力学振动系统采用力阻控制，增大力阻，降低谐振峰，使频响曲线趋于平坦。力阻逐渐增大时的频响曲线如图 8-10 中曲线 2~5 所示；二是增设新的声学结构，如图 8-9 中的低频补偿管，组成多谐振振动系统，扩展高、低频有效频率范围。因此，实际动圈传声器主要由四个部分组成：力学振动系统、磁路系统、增设的各种扩展频带的声谐振系统以及输出变压器。由于动圈传声器输出阻抗较低，所以，一般要在输出端配置变压器，目的是提高输出阻抗，以便与后级设备连接。

8.3.1.1 压强式动圈传声器等效类比电路

由式（8.25）看出，压强式动圈传声器灵敏度频率特性取决于振动系统的等效力阻抗。为此，首先求出传声器的等效力学类比电路。

动圈传声器的等效力阻抗 Z_m 由两个部分构成，一是传声器电系统及其电负载的等效力阻抗，用 Z_{m1} 表示；二是传声器力、声振动系统的等效力阻抗，用 Z_{m2} 表示。

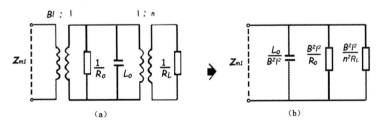

图 8-11 压强式动圈传声器电学端等效力阻抗

动圈传声器属于电动式换能器，其力电类比具有导纳型类比关系，因此，把电阻抗等效为

力阻抗时，电学部分的等效电路应采用对偶电路。考虑变压器和负载后，动圈传声器电学端的等效力阻抗 Z_{m1} 如图 8-11 所示，图中，L_0 为音圈电感，R_0 为音圈电阻，R_L 为负载电阻，n 为变压器变比（n<1），B 为气隙磁感应强度，l 为音圈导线长度。

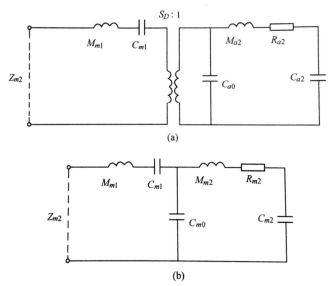

图 8-12 压强式动圈传声器力声部分等效力阻抗

根据图 8-9，画出动圈传声器的力、声部分的等效类比电路如图 8-12 所示。图中

$$M_{m2} = M_{a2}S_D^2 , \quad R_{m2} = R_{a2}S_D^2$$

$$C_{m2} = \frac{C_{a2}}{S_D^2} , \quad C_{m0} = \frac{C_{a0}}{S_D^2}$$

因此，压强式动圈传声器等效力学类比电路如图 8-13 所示。

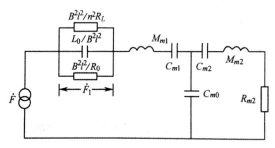

图 8-13 压强式动圈传声器等效力学类比电路

8.3.1.2 压强式动圈传声器灵敏度频率特性

设作用于传声器振膜的声压为 $\dot{P}_d$，由图 8-13 可得，音圈振速为

$$\dot{V} = \frac{\dot{F}}{Z_{m1} + Z_{m2}} = \frac{S_D \dot{P}_d}{Z_{m1} + Z_{m2}} \tag{8.26}$$

负载元件 $\dfrac{B^2 l^2}{n^2 R_L}$ 两端的"电压降"为

$$\dot{F}_1 = \dot{V}Z_{m1} = S_D\dot{P}_d \cdot \frac{Z_{m1}}{Z_{m1}+Z_{m2}} \qquad (8.27)$$

传声器负载电阻 R_L 中的电流为

$$\dot{I}_L = \dot{F}_1 \cdot \frac{n}{Bl} = \frac{Z_{m1}}{Z_{m1}+Z_{m2}} \cdot \frac{nS_D\dot{P}_d}{Bl} \qquad (8.28)$$

其输出电压为

$$\dot{U}_L = \dot{I}_L R_L = \frac{Z_{m1}}{Z_{m1}+Z_{m2}} \cdot \frac{nS_D\dot{P}_d}{Bl} \cdot R_L \qquad (8.29)$$

因此，压强式动圈传声器有载声压灵敏度为

$$\dot{M}_d = \frac{\dot{U}_L}{\dot{P}_d} = \frac{Z_{m1}}{Z_{m1}+Z_{m2}} \cdot \frac{nS_D}{Bl} \cdot R_L \qquad (8.30)$$

设传声器放入前所在位置的自由场声压为 $\dot{P}_f$ ，则传声器的有载声场灵敏度为

$$\dot{M}_f = \frac{\dot{U}_L}{\dot{P}_f} = \frac{\dot{U}_L}{\dot{P}_d} \cdot \frac{\dot{P}_d}{\dot{P}_f} = \dot{M}_d \cdot \frac{\dot{P}_d}{\dot{P}_f} \qquad (8.31)$$

式中， $\dot{P}_d/\dot{P}_f$ 为衍射系数。由于衍射系数一般大于 1，所以传声器的声场灵敏度通常大于声压灵敏度，这种情况在高频时较为明显。

压强式动圈传声器的灵敏度频率特性取决于 Z_{m1} 和 Z_{m2}。由图 8-13 可知，Z_{m1} 由力阻与力顺并联组成，其模值具有图 8-14（a）所示的频率特性；Z_{m2} 为一 T 型带通滤波器，其阻抗频率特性如图 8-14（b）所示。动圈传声器的有效工作频带取决于带通滤波器的通带宽度，其灵敏度频率特性如图 8-14（c）所示，图中实线为声压灵敏度，虚线为声场灵敏度。通常低频和高频截止频率分别为几百赫兹和几千赫兹，可见这种压强式动圈传声器的工作频带是比较窄的。

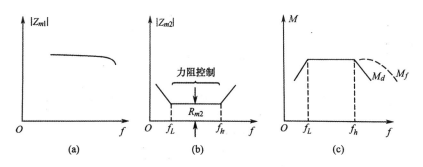

图 8-14 压强式动圈传声器灵敏度频率特性

8.3.1.3 动圈传声器工作频带的扩展

由于图 8-9 所示的压强式动圈传声器的工作频带较窄，不能达到专业高质量的要求，因此，必须设法扩展工作频带。常用的扩展频带的方法是增加新的声学结构，使振动系统由简单的单谐振系统变为较复杂的多谐振系统，从而使灵敏度频率特性的平坦区域分别向高频和低频扩展。

低频补偿的常用方法是采用低频补偿管，如图 8-9 所示。它是在简单传声器的基础上增加一个声管道通向后空腔而构成，实际上是增设了一个声学共鸣器，如果这个共鸣器的有关参量控制适当，使共鸣器的谐振频率稍低于低频截止频率 f_L 时，膜片就会在 f_L 以下的一个频率范围内受到谐振声压的作用，使音圈仍能达到较高的振速，从而扩展传声器的低频下限。

高频补偿的方法也很多，其中一种是在振膜前增加一个高频补偿盖。图 8-15 所示为采用声学谐振系统加宽传声器高频频带的声学结构示意图，当把此系统谐振频率设计在高频时，膜片处的高频声压就会得到提升，从而扩展传声器的高频上限。

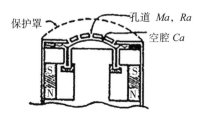

图 8-15　高频补偿盖结构示意图

8.3.2　复合式动圈传声器

复合式传声器分为两类，一类采用声复合式，它完全是通过声学结构来实现压强式和压差式的组合。另一类采用电复合式，它通过将一个压强式声接收和一个压差式声接收的输出进行叠加，形成复合式声接收。

在动圈传声器中，复合式动圈传声器要比压强式动圈传声器应用更广一些，因为前者可以形成人们所需要的单指向性，使用起来更加方便。

8.3.2.1　单膜片心形指向性动圈传声器

图 8-16 所示为单膜片声复合式心形指向性动圈传声器的结构示意图。这种传声器设有两个进声通道，一个是在膜片前，另一个是在侧面，其等效类比电路如图 8-17 所示。

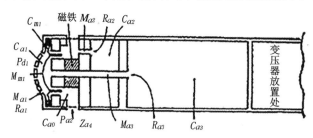

图 8-16　复合式动圈传声器结构简图

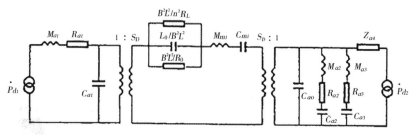

图 8-17　复合式动圈传声器等效类比电路

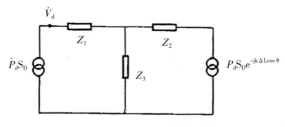

图 8-18 图 8-17 的简化电路

分析时，暂时不考虑高频补偿盖的影响，将图 8-17 用图 8-18 来等效，图中 Z_1、Z_2、Z_3 为相应支路的等效力阻抗，ΔL 为声波到达两个入声口的等效声程差。分析此力学类比电路后，解得传声器振膜振动速度为

$$\dot{V}_d = \frac{1 + Z_2/Z_3 - e^{-jk\Delta L\cos\theta}}{Z_1 + Z_2 + Z_1 Z_2/Z_3} \cdot \dot{P}_d S_D \qquad (8.32)$$

由于

$$e^{-jk\Delta L\cos\theta} = 1 - jk\Delta L\cos\theta - \frac{k^2\Delta L^2\cos^2\theta}{2} + \cdots \qquad (8.33)$$

设 $k\Delta L\cos\theta < 1$，略去高次项后得

$$1 - e^{-jk\Delta L\cos\theta} \approx jk\Delta L\cos\theta \qquad (8.34)$$

所以

$$\dot{V}_d \approx \frac{Z_2/Z_3 + jk\Delta L\cos\theta}{Z_1 + Z_2 + Z_1 Z_2/Z_3} \cdot \dot{P}_d S_D \qquad (8.35)$$

使 $Z_2/Z_3 = jk\Delta L$，则有

$$\dot{V}_d = \frac{Z_2/Z_3}{Z_1 + Z_2 + Z_1 Z_2/Z_3}(1 + \cos\theta) \cdot \dot{P}_d S_D \qquad (8.36)$$

此时，传声器具有心形指向性。可见，要获得特定的指向性和平坦的频率特性，有关的声学、力学参数要严格加以控制，因此，复合式动圈传声器的设计要比压强式动圈传声器的设计复杂得多。

同理，若控制声学参数，使得 $Z_2/Z_3 = 0$，则可以得到压差式动圈传声器，它具有双指向性。实际上，通过控制复合式声接收的动圈传声器的声学参数，可以获得全指向性到双指向性之间的任何指向性。

上述传声器由于采用了复合式声接收方式，在球面波近区时会产生低频提升现象。所以，若希望近距离拾音时传声器具有平直频响，必须将其产生的电信号低频分量进行衰减，有些考虑周全的传声器就专门设置了这种低频衰减装置。

8.3.2.2 Variable-D 动圈传声器

Variable-D（variable distance）意为可变声程差。这种传声器是在 1954 年由 Wiggins（威金斯）提出的，它在普通有指向性动圈传声器设计的基础上进行了一些改进，使传声器具有更宽阔平坦的频率响应。图 8-19 所示为 Variable-D 动圈传声器的工作原理及结构简图，它除了振膜正面受声波作用以外，还有三个入声口，分别作为高频、中频和低频的入声口，声音信号的频率划分是由入声口处的声学滤波器完成的，其等效力学类比电路如图8-20所示。这种动圈传声器的设计意图是，通过使不同频段声波具有不同的声程差，使得不同频段的声波在振膜上产生相同的声压差，即相同的激振力。当采用力阻控制的振动系统时，就可以获得均匀平坦的频率响应，而普通有指向性动圈传声器采用的是质量控制型振动系统。

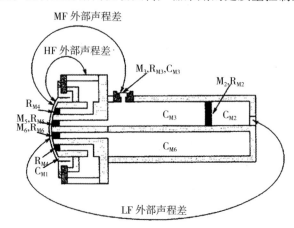

图 8-19 Variable-D 动圈传声器原理及结构简图

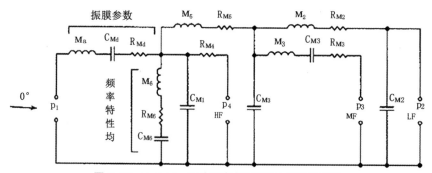

图 8-20 Variable-D 动圈传声器等效力学类比电路

8.3.3 动圈传声器非线性失真和瞬态特性

8.3.3.1 非线性失真

频率特性和指向性是衡量传声器质量优劣的两个重要指标，除此之外，非线性失真是衡量传声器性能的另一个重要参数。

过去人们对传声器的非线性失真问题不太重视，认为传声器振动系统的振幅不大，产生的非线性畸变可以忽略不计。但是，随着人们对声音特点认识的逐步加深，特别是近距离拾音时，发现传声器处的声压可能会很高，这时，传声器膜片和音圈的振幅可能很大，传声器的非线性失真就不能忽略了。

动圈传声器的非线性失真产生的原因与电动式纸盆扬声器十分相似，因为它们同是电动式换能器，在结构上有许多共同之处。动圈传声器产生非线性失真的原因可归纳为以下几点：

第一，膜片的振动位移不再与声压成正比，这主要是由边缘折环不再符合线性虎克定律所致；

第二，膜片发生分割振动，这主要发生在高频段；

第三，在音圈整个振动幅度内 Bl 值不再恒定不变；

第四，输出变压器产生非线性失真。

对于膜片发生分割振动时产生的非线性失真，可以在设计膜片尺寸、形状和材料的选择上设法解决。对于升压变压器的非线性畸变，应从设计、工艺上解决，尽量采用线性良好的变压器。致于折环和 Bl 不均匀引起的非线性，它们都与振膜和音圈的振幅有关。对于动圈传声器，工作频率越低，振膜和音圈的振幅越大。因此，整个动圈传声器的非线性失真将在其工作频带的下限频率处出现最大值，考核动圈传声器的非线性失真一般在低频进行。

8.3.3.2 瞬态特性

为了扩展工作频率范围，动圈传声器采用了增设新的声学结构组成多谐振系统的方法。如果这些谐振系统的品质因数（Q 值）过大，则在声信号消失时，输出端将产生这些谐振频率的拖尾振荡，加之膜片本身也有它自己的简正方式，这就不可避免地产生瞬态畸变，使输出信号被这些固有振荡信号"染色"而产生失真。因此，动圈传声器与电容传声器相比，其瞬态特性较差。由于瞬态特性的概念源于扬声器，关于瞬态特性的概念请参看第 11.1 节。

8.4 电容传声器

电容传声器是利用电容式换能原理制成的。电容传声器一般由极头（接收声信号的振膜和后极板组成的可变电容器）和电路部分组成，可分为两种基本形式：一种是由外部提供极化电源，称为电容传声器；另一种是内部预置极化电压，称为驻极体传声器。电容传声器具有灵敏度高、动态范围宽、频响宽而平直、瞬态特性好、音质柔和等一系列突出优点，但缺点是机械强度和防潮性能较差，灵敏度易受气温和气压条件影响，但这种灵敏度的变化非常微小，对广播、录音来说，其影响可以忽略不计，而对测量用电容传声器来说，需要在每次使用之前进行灵敏度校准。电容传声器还可以通过采用不同的声学结构形成不同的指向性，因此广泛应用于声学测量、广播、录音以及厅堂扩声等场合，是另一种最常用的传声器。

8.4.1 压强式电容传声器

图 8-21 为压强式电容传声器结构示意图和简化电路图。这里接收声波的金属膜片（或用塑料薄膜镀一层金属）是电容器的动极板，对着膜片并开有圆形沟槽的金属厚板是电容器的固定极板，称为"背极"。两极板间距离很近，一般为 $20\mu m \sim 50\mu m$，形成一个以空气作为介质的可变电容器，这个电容器的静态电容量通常只有 $50pF \sim 200pF$。

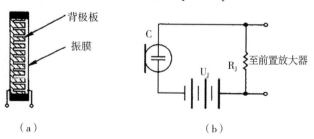

（a）　　　　　　　　　　　　（b）

图 8-21　压强式电容传声器结构和简化电路

由于金属膜片非常薄，一般只有几微米到几十微米，因此当声波到来时，膜片会发生相应振动，从而改变了电容器两极板间的距离，使电容量发生相应变化。通过采用"直流极化"的方法，可以把电容量的变化转换成相应的电信号输出。直流极化电路如图8-21（b）所示，其中 U_J 为直流极化电压，一般为40V~200V；R_J 称为内部负载，是一个阻值达几十兆欧的大电阻。当电容的充电过程结束后，电阻 R_J 上的电流为零，因而 R_J 两端没有电压（$U_R = 0$），而电容两极间充有电压 U_J，这时，称可变电容器处于静态。当声波使电容量发生相应变化时，电容器极板上的电荷将发生变化，引起回路电流的变化，于是，电阻 R_J 两端将产生代表声音信号的交变电压 U_R。但是，为了保证声电线性变换，要求回路电流很小，因此 R_J 一般取值很大。

8.4.1.1 压强式电容传声器灵敏度频率特性

由式（8.24）可知，电容式换能器的电方程为

$$\dot{U} = \frac{1}{j\omega C_0}\dot{I} + \frac{U_J}{j\omega X_0}\dot{V}_d \tag{8.37}$$

式中，X_0 为电容器两极板静态距离；C_0 为电容器静态电容量；U_J 为直流极化电压；$\dot{V}_d$ 为振膜振速。当换能器作为传声器时，$\dot{U}$ 为输出端电压，$\dot{I}$ 为输出端电流。当 $\dot{I} = 0$ 时，输出端开路电压为

$$\dot{U}_0 = \frac{U_J}{j\omega X_0}\dot{V}_d = \frac{U_J}{X_0}\dot{X} \tag{8.38}$$

可见，电容传声器的输出与位移成正比，属于位移型传声器。也就是说，要使频率特性平直，就要使位移振幅不随频率变化，这一点与电动式传声器不同。

为了计算振速 $\dot{V}_d$，首先要画出压强式电容传声器的等效类比电路。

当电容器极板上的电荷发生变化时，会引起两极板间电场作用力的变化，因此，振膜除了受到声波作用外，还受到变化电场力的作用。也就是说，传声器的电学端对力学端有反作用力，这种反作用可以用电系统及负载的等效力阻抗表示。但由于电荷变化很小，引起的电场作用力的变化也很小，一般在分析振动系统时可以把这部分等效力阻抗忽略不计。因此，可以画出传声器的等效类比电路如图8-22所示，图中 M_{m1}、C_{m1} 为膜片的等效质量和等效力顺，R_a、C_a 为膜后空腔的等效声阻和等效声顺；R_m、M_m 和 C_m 为总等效力阻、等效质量和等效力顺。

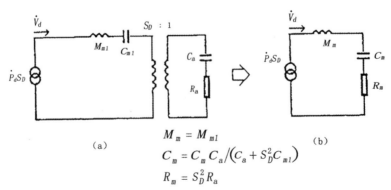

$$M_m = M_{m1}$$
$$C_m = C_m C_a / (C_a + S_D^2 C_{m1})$$
$$R_m = S_D^2 R_a$$

图 8-22 压强式电容传声器力声系统等效类比电路

由图 8-22 可得

$$\dot{V}_d = \frac{\dot{F}}{Z_m} = \frac{\dot{P}_d S_D}{R_m + j\omega M_m + \dfrac{1}{j\omega C_m}} \tag{8.39}$$

上式代入式（8.38）得，开路输出电压为

$$\dot{U}_0 = U_J \frac{\dot{P}_d S_D}{j\omega X_0 Z_m} \tag{8.40}$$

由式（8.40）可知，要使输出电压不随频率变化，压强式电容传声器的力声振动系统应具有力顺控制特性，因此，有效工作频带上限频率为该力声振动系统的谐振频率，即

$$f_h = f_0 = \frac{1}{2\pi\sqrt{M_m C_m}} \tag{8.41}$$

上述开路输出电压 $\dot{U}_0$ 是指可变电容器两端的开路电压。对于外部电路来说，可变电容器可以用一个静态电容 C_0 和一个电压源 $\dot{U}_0$ 串联来等效，如图 8-24 所示，图中 R_i 为传声器前置放大器的输入阻抗。

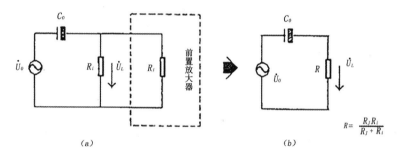

图 8-23 电容传声器输出端等效电路

由图 8-23 可以求出传声器的输出电压为

$$\dot{U}_L = \frac{R}{R + \dfrac{1}{j\omega C_0}} \dot{U}_0 \tag{8.42}$$

可见，输出端 C_0 和 R 构成了一个高通滤波器，这个滤波器的低频下限频率即为传声器有效工作频带的下限，即

$$f_L = \frac{1}{2\pi R C_0} \tag{8.43}$$

8.4.1.2 前置放大器和极化电压供给电路

式（8.41）和式（8.43）表示压强式电容传声器工作的上限频率和下限频率，它们在一定程度上反映了对传声器力学系统和电学系统的设计要求。为了提高上限频率 f_h，膜片必须做得很薄，使 M_m 减小，同时膜片必须绷得很紧，以减小 C_m，膜后的空气层也起到增大振膜力劲的作用。对于录音用的传声器来说，具有实际使用意义的是声场灵敏度而不是声压灵敏度，高频时，由于声波的散射效应，会使振膜所受声压有一定的提升，因此，一般录音用的传声器多

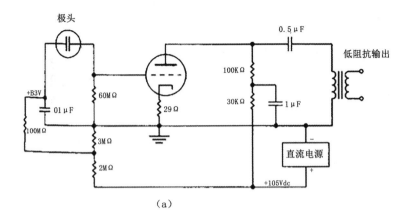

(a)

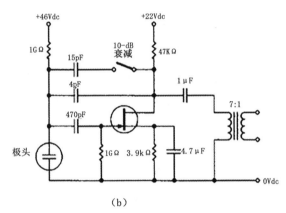

(b)

图 8-24　电容传声器前置放大器和极化电压供给电路

将 f_0 控制在 10kHz 左右，同时适当控制其等效力阻 R_m，可以使这种压强式电容传声器的声场灵敏度频带上限扩展到 16kHz~20kHz，这样高的上限频率已基本能够满足需要。另一方面，由于膜片与后极板之间的静态电容 C_0 一般只有几十到几百皮法，如果希望低频截止频率 f_L 足够低，负载电阻 R 就应该具有几十到几千兆欧的阻值。由于传声器从低频频响角度考虑要求负载 R 十分大，这不但要使极化电阻 R_j 的阻值很大，而且后面放大器的输入电阻 R_i 也要很大。考虑到高输出阻抗传输时容易引进外界干扰噪声，同时传输线的分布电容也会使高频产生损失，通常把这个高输入阻抗的放大器放置在传声器壳体内，由放大器输出端将阻抗降低后再进行传输，故此放大器主要起阻抗变换作用，称为前置放大器。一般电容传声器都通过前置放大器输出信号，因此，电容传声器比其他传声器具有更高的灵敏度。图 8-24 所示为电容传声器的前置放大器和极化电压供给电路，其中图 8-25（a）为电子管电路，图 8-24（b）为场效应管电路。在图 8-24（b）中还包含 10dB 衰减电路，用于对来自传声器极头的输出电信号进行衰减，以免在高声压级情况下前置放大器产生过载失真。

由于放大器需要电源，电容也需要极化电压，因此一般电容传声器需配备一个专用电源箱。不过采用半导体器件时，电源电压不太高，这时可采用幻象供电方式。所谓幻象供电，简单地说，是指由一根双芯屏蔽线既传输信号又传输直流电源的供电方式。这个幻象电源通常可以由调音台提供。

8.4.1.3 压强式电容传声器的指向性

压强式电容传声器的指向性完全由压强式声接收方式决定，即在中、低频时呈现全指向性，频率增高后逐渐显示出单指向性，这一点与压强式动圈传声器是完全相同的。图 8-25 所示为 Neumann M50 压强式电容传声器的指向性图。

8.4.2 压差式电容传声器

压差式电容传声器工作原理及结构简图如图 8-26 所示，通常背极板穿孔，使声波能够到达振膜背面。图 8-26（a）中，由于膜片前后不对称，因此前后方向的高频响应不完全一致。图 8-26（b）中在膜片正面设计了一个穿孔极板，但不施加极化电压，使膜片前后声学结构完全对称，这样避免了正面和背

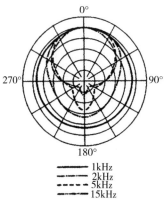

图 8-25 Neumann M50 压强式
电容传声器指向性图

面响应的不一致性。图 8-26（c）则采用了推挽式结构，两个背极板共用一个振膜，并施加极性相反的极化电压，使在激振力相同的情况下，输出电压增大一倍。

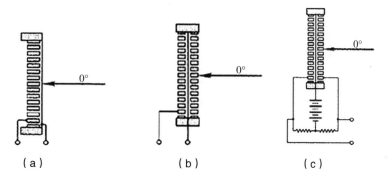

图 8-26 压差式电容传声器工作原理及结构简图

由式（8.10）得，压差式声接收的激振力为

$$F_a \approx P_a S_D k \Delta L \cos \theta \qquad (8.44)$$

将上式代入式（8.38），即代入下式

$$\dot{U}_0 = \frac{U_J}{j\omega X_0}\dot{V}_d = \frac{U_J}{j\omega X_0}\cdot\frac{\dot{F}}{Z_m} \qquad (8.45)$$

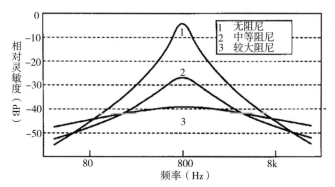

图 8-27 振膜采用不同阻尼时的频率特性

可见，为了使频响均匀平坦，压差式电容传声器应工作在力阻控制区。图 8-27 所示为振膜采用不同阻尼时对频率特性的影响。压差式电容传声器的振膜应采用较大的阻尼，背极板上的孔隙有利于增大阻尼。

图 8-28 所示为典型压差式电容传声器的频率响应，由于传声器对声波的衍射作用，使高频响应得到一定的扩展。

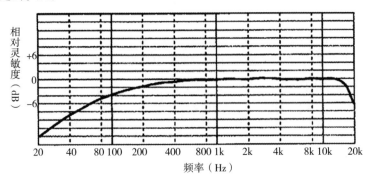

图 8-28 典型压差式电容传声器频率响应

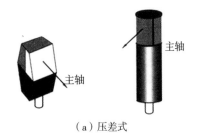

（a）压差式

（b）压强式

图 8-29 传声器主轴方向

压差式传声器的主轴方向一般与传声器物理结构的轴向垂直，而其他类型传声器在多数情况下与物理结构的轴向相同，如图 8-29 所示。

8.4.3 复合式电容传声器

单膜片声复合式电容传声器声接收部分的结构如图 8-30 所示。它与压强式的区别在于声波可以由第二入声口进入传声器，并透过背极板到达振膜背面。

与复合式动圈传声器相同，当控制后进声孔的声阻，并调整传声器第二入声口位置，使外部声程差等于内部声程差，则可以获得心形指向性。如果使内部等效声程差进一步减小，则可以获得超心形或锐心形指向性。

为了使灵敏度频率特性均匀平坦，复合式电容传声器与压差式电容传声器一样，其振动系统应采用力阻控制方式。但是，由于采用的是复合式声接收方式，其声学系统的结构较为复杂，膜片参量和其他声学参量的调整与设计也比压强式或压差式传声器复杂得多。

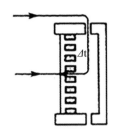

图 8-30 单膜片复合式电容传声器声接收示意图

复合式电容传声器的输出端也要设置前置放大器。另外，任何复合式和压差式传声器都会产生近讲效应，在一些优质的传声器上还会设置低频衰减装置，以方便使用。

8.4.4 可变指向性电容传声器

8.4.4.1 单膜片可变指向性电容传声器

为了使同一只传声器具有不同的指向性，声复合式电容传声器往往通过使外部声程差或内部声程差可调来达到目的，即通过调整其声学结构来达到目的。例如，奥地利 AKG 公司的 C 1000s 电容传声器是通过更换保护网罩来改变指向性的，图 8-31 所示为该传声器的外观及其剖面图，其中图 8-31（b）为心形指向性，当将其保护网罩更换为图 8-31（c）所示时，传声器具有锐心形指向性，其实质是通过增大外部声程差使指向性由心形变为锐心形。

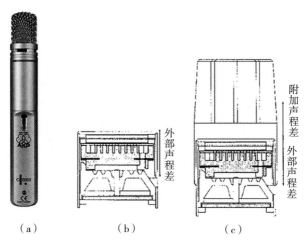

（a）　　　　　（b）　　　　　（c）

图 8-31 AKG C 1000s 电容传声器外观及其剖面图

　　德国 Schoeps 公司的 MK6 电容传声器具有全指向性、心形指向性和八字形指向性，它是通过对传声器极头做轻微机械调整来获得不同指向性的。该传声器有内部和外部两个可调部件，其工作原理及结构如图 8-32 所示，其中图 8-32（a）中两个可调部件都处在最左端，使第二入声口闭合，因此具有全指向性。图 8-32（b）中内部可调部件处在最右端，使第二入声口打开，声波可由第二入声口进入，并经过一定延时后到达振膜背面，因此具有心形指向性。图 8-32（c）中两个可调部件都处在最右端，声波可直接作用于振膜背面，因此获得八字形指向性。传声器振膜前部的结构是为了使当采用八字形指向性时，振膜前后的声学结构基本一致。

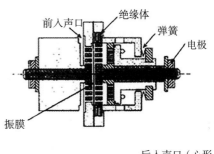

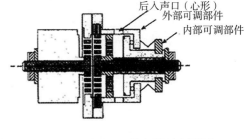

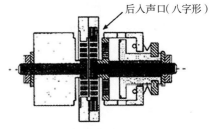

图 8-32 Schoeps MK6 电容传声器工作原理及结构简图

8.4.4.2 双膜片可变指向性电容传声器

　　双膜片可变指向性电容传声器是电复合式电容传声器，两个膜片相当于两只电容传声器，其输出在电路上进行叠加。图 8-33 所示为双膜片电容传声器结构示意图，这里背极板两面各有一个膜片，而背极板除设有控制声阻的圆沟槽以外，还有使两个膜片相通的孔道。通过合理设计，可以使每个声接收具有心形指向性。在图8-33（b）中，采用了双背极板设计，即在两个背极板之间增加一个阻尼层，以增大膜片振动阻尼。

如果将这种双膜片电容传声器的两个膜片都施加以极化电压，则成为一只电复合式电容传声器。当改变其中一个膜片极化电压的大小和方向时，就可以获得不同的指向性，其工作原理如图8-34所示。

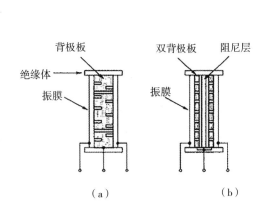

图 8-33 双膜片电容传声器结构示意图   图 8-34 双膜片可变指向性电容传声器工作原理

下面分几种情况讨论：

1. 当膜片1与固定极板间施以极化电压，而膜片2不加极化电压时

设两个膜片特性完全相同，且轴向灵敏度都为 M_0，则传声器的灵敏度可表示为

$$M_f = M_{1f} = M_0\left(1+\cos\theta\right)$$

这时，传声器呈心形指向性；

2. 当两个膜片对固定极板有大小相等、极性相同的极化电压时

$$\begin{aligned}
M_f &= M_{1f} + M_{2f} \\
&= M_0\left(1+\cos\theta\right)/2 + M_0\left[1+\cos\left(\pi+\theta\right)\right]/2 \\
&= M_0
\end{aligned}$$

这时，传声器呈全指向性；

3. 当两个膜片对固定极板有大小相等、极性相反的极化电压时

$$\begin{aligned}
M_f &= M_{1f} - M_{2f} \\
&= M_0\left(1+\cos\theta\right)/2 - M_0\left[1+\cos\left(\pi+\theta\right)\right]/2 \\
&= M_0\cos\theta
\end{aligned}$$

这时，传声器呈8字形指向性。

同理，继续改变膜片2的极化电压大小和方向，就可以得到其他形式的指向性。电复合式

电容传声器的指向性合成如图 8-35 所示。

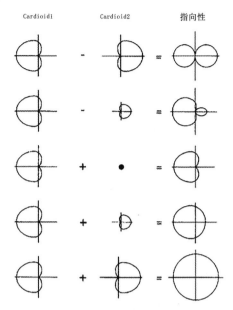

图 8-35 双膜片电容传声器指向性合成示意图

8.4.5 驻极体传声器

驻极体是一种能够驻留电荷的电介质。将驻极体极化以后，可以得到一种永久极化的电介质，利用这种材料制作的电容传声器，称为驻极体传声器。驻极体传声器是 60 年代中期发展起来的一种新型传声器，它的最大优点是无需外加极化电源，因而结构简单、体积小、重量轻、价格低廉。

驻极体传声器的特性与驻极体材料的性能和极化工艺有密切联系。由于驻极体有一定的使用寿命，因此驻极体传声器的使用寿命是有限的，这是此类传声器的一大弱点。此外，其防潮、耐高温性能较差，一般适合在室内使用。

驻极体的种类很多，按其材料的性质来分，分为有机驻极体如石蜡、高分子聚合物塑料等和无机驻极体如钛酸钙、硫化锌等。使用最多的是高分子聚合物如聚丙烯薄膜、聚四氟乙烯薄膜、聚偏氟乙烯薄膜等。

驻极体传声器从结构上可以分为两种形式，一种是振膜驻极体化，称为驻极体振膜式传声器，另一种是背极驻极体化，称为驻极体背极式传声器，其结构分别如图 8-36（a）和图 8-36（b）所示。

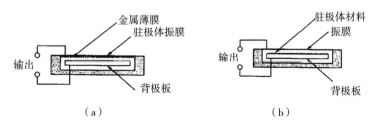

（a）　　　　　　　　　　　　　（b）

图 8-36 驻极体电容传声器结构

早期的驻极体传声器较多采用驻极体振膜式，但由于振膜的物理特性与传声器特性有关，如果用驻极体薄膜做振膜，则既要考虑传声器的声学特性，又要考虑其电荷特性，往往顾此失彼。所以，近年来都采用喷溅方法把驻极体材料喷溅在金属背极上，而振膜则选用声学性能良好的聚酯薄膜，从而使传声器性能有了明显的提高。

8.4.6 电容传声器的非线性失真和瞬态特性

电容传声器的非线性失真主要由两部分产生，一是在声电变换过程，二是在电信号放大过程。放大器的非线性畸变问题是可以解决的，不过由于电容传声器的灵敏度较高，放大器的输入信号较大，如果电路设计不当或制造工艺控制不严，放大器产生的非线性失真仍可能是较大的。

至于声电变换过程的非线性失真，从前面章节对电容式换能器基本方程推导可知，要实现极化式电容换能器声电之间的线性变换，前提条件是在小信号作用下，否则将产生较大的二次谐波失真。采用较大的内部负载，是解决声电变换中的非线性失真的有效办法。考虑到电容传声器振膜大幅度振动时会产生较大的失真和电容传声器的高灵敏度特性，电容传声器常被用于拾取比较平稳、轻柔的声音，如语声、弦乐等，而高动态范围的声音，如鼓声、打击乐等，则最好使用动圈传声器。

电容传声器不需要多谐振系统进行频带展宽和补偿，而且振膜较轻，力阻较大，工作频带较宽，因此与动圈传声器相比具有较好的瞬态特性。

8.5 其他各种传声器

8.5.1 带式传声器

带式传声器是一种电动式传声器，其导体呈薄带状，所以称为带式传声器。

8.5.1.1 压差式带式传声器

压差式带式传声器是最常用的一种带式传声器，其结构如图 8–37（a）所示。带状导体简称振带，常采用铝箔带或涂金塑料带制成。此振带既作为振膜又作为导体，松弛地悬挂在磁路的极靴之间，当声波作用时，振带产生切割磁力线振动，在两端就有相应的感应电动势输出。

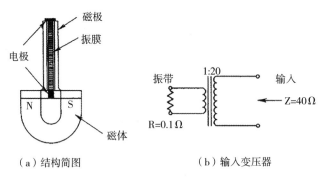

（a）结构简图　　　　　　　　（b）输入变压器

图 8–37　压差式带式传声器

根据式（8.22），电动式传声器输出端开路电压为

$$\dot{U}_0 = Bl\dot{V} = Bl \cdot \frac{F}{Z_m} \qquad (8.46)$$

而对于压差式声接收而言，激振力与频率成正比（参看式 8.10），因此，压差式带式传声器应工作在质量控制区，即以振动系统的共振频率 f_0 作为工作频带下限频率。

振带宽度一般控制在 2~12mm 之间，厚度为 0.5~2μm，长度在 20~60mm 之间，重量约为 1~2mg，磁隙中的磁通密度约为 0.5~1T。为了降低工作频带下限，需要增大振膜的顺性，因此一般将振带松弛地悬挂在磁隙正中，但由于磁隙较窄，稍有磕碰，振带就会碰到磁极，所以，为了提高稳定性，一般将振带做成波折状，而且在谐振频率附近需要较大的阻尼。振带的低频共振频率约为 10~25Hz。

由于振带很短，带式传声器的输出阻抗非常小，输出电压也很低。因此，为了提高其输出阻抗，使之能与后续设备合理连接，同时提高其输出电压，带式传声器的输出端一般配有小型输出变压器，如图 8-37（b）所示。

压差式带式传声器通常需要在振膜外加保护网罩，如图 8-38 所示。保护网罩一般由细金属网或丝绸制成，其作用一方面是保护振膜，另一方面是对传声器的频率特性进行补偿。由于网罩的存在，使低频时膜片前后的声压差增大，因而使低频响应得到一定程度的提升。

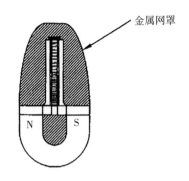

图 8-38　压差式带式传声器外加保护网罩

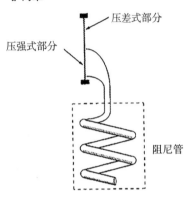

图 8-39　复合式带式传声器结构简图

8.5.1.2 复合式带式传声器

复合式带式传声器的结构如图 8-39 所示。这里金属振带分成两个部分，一部分为压强式声接收，另一部分为压差式声接收，振带本身使二者产生的信号相叠加。通过控制金属带两部分的长度比例，就可以得到所需要的单指向性。

由于带式传声器不像动圈传声器那样采用许多声学谐振系统来补偿频率响应，而金属振带本身的简正振动也将出现在极高的频率上，振动系统重量轻，因此它的瞬态特性比动圈传声器好得多。带式传声器的主要特点是结构简单、频响宽而平坦、瞬态特性好、音质柔和清澈，特别适合于拾取语声和弦乐。但这种传声器比较娇嫩，怕震易损，抗风能力差，不适合在野外或经常移动的场合使用。

8.5.2 强指向性传声器

在许多应用场合需要使用指向性比一阶指向性更强的强指向性传声器。强指向性意味着较大的 DF 值，即传声器可放置在较远处并获得较大的直混比，因此，强指向性传声器特别适合于影视同期录音，此时，传声器可置于 2m 以外，即保证了声音的清晰度，又使传声器不影响画面的质量。另外，在体育场或其他环境噪声较大的场所录音时，最好使用强指向性传声器，以减小噪声干扰。强指向性传声器还适合于野外声音如鸟鸣声的录制，此时，传声器可以置于较远处而不影响声音质量。

根据工作原理，强指向性传声器可以分为三类。一是利用声干涉原理制成；二是利用声反射器或声透镜来聚集声波而获得强指向性；三是采用二阶或更高阶次的声学设计来获得强指向性。

8.5.2.1 线列式传声器

线列式传声器是一种强指向性传声器，它是在传声器单元前面加装一根很长的声干涉管构成，声干涉管的工作原理如图 8-40 所示。声干涉管呈长管状，振膜置于管的末端，在管子长度为 b 的范围内等间隔开了 N 个入声口。由于声波到达各个入声口并传播到振膜的距离各不相同，相互间将产生相位差，因此声波在振膜处发生干涉。当改变声波入射角 θ 时，相当于改变了各声道之间的相位差，于是，在振膜处产生了随声波入射角 θ 变化的声压。通过理论分析可知，作用在振膜上的力具有由下式确定的指向性：

$$D(\theta) = \left| \frac{\sin\frac{\pi b}{\lambda}(1-\cos\theta)}{\frac{\pi b}{\lambda}(1-\cos\theta)} \right| \tag{8.47}$$

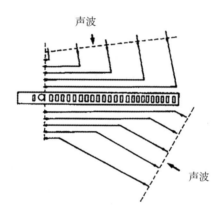

图 8-40　声干涉管工作原理图

图 8-41 所示为两种 b/λ 值时声干涉管的指向性图。由图可知，这种声接收装置在 $b=\lambda$ 时已呈现单指向性，比值 b/λ 越大，指向性越尖锐。因此，采用多声道干涉管可以制成指向性很强的传声器。

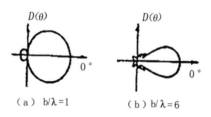

（a）$b/\lambda=1$　　　（b）$b/\lambda=6$

图 8-41　声干涉管指向性图

线列式传声器如图 8-42 所示，根据其外形也称为枪式传声器。当声音从声干涉管的轴向入射时，所有从各声孔进入声干涉管的声音信号同时到达传声器的振膜，因而没有相位干涉，可获得最大输出；当声音从声干涉管的两侧入射时，由于声波到达传声器振膜所经过的路径长短不一，所以在振膜处发生干涉互相削弱，从而获得强指向性。但是，此类传声器存在一个低频下限频率，当频率低于一定值时，失去强指向性特点，而且干涉管越长，这个低频下限频率就越低。另外，在声干涉管内侧，一般需敷填阻尼材料，目的是增大阻尼，减弱管谐振现象对传声器特性的影响。

图 8-42 所示为 AKG C 568 B 线列式传声器，它长度约为 25cm，在频率小于 500Hz 时具有锐心形指向性，在频率大于 500Hz 时具有强指向性，且重量较轻，适合安装在摄像机上，进行影视录音。有些传声器配备有两只声干涉管，使用时可选择只用一只干涉管或同时使用两只干涉管。一般来说，对于 30cm 左右的管长，其获得强指向性的低频下限频率约为 4kHz，要使低频下限频率扩展到 700Hz，管长要达到大约 2m，Electro-Voice 公司生产的 643 型线列式传声器长度达到 2.2m，显然如此大尺寸的传声器使用起来是很不方便的。一般线列式传声器管长设计在 0.2m 左右，同时增加低频衰减器，用来衰减低频噪声。

图 8-42 AKG C 568 B 枪式传声器

8.5.2.2 声聚焦式传声器

以声聚焦方式获得强指向性的传声器有抛物面反射式和声透镜式两种，它们都是利用几何声学原理制成的，因此，其有效工作频率存在低频下限，即当声波波长可以与反射面或声透镜线度相比拟时，几何声学原理不起作用，传声器失去强指向性。

图 8-43 所示为抛物面反射式传声器的截面图和指向性图。可以想象这种传声器移动起来非常不方便，但由于其具有很强的高频指向性，因此比较适合于野外监视性的远距离录音。

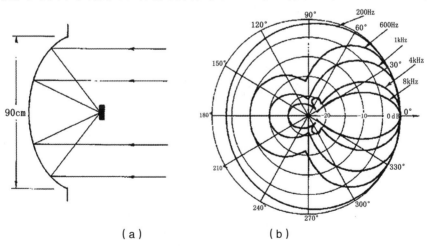

(a)   (b)

图 8-43 抛物面反射式传声器的截面图和指向性图

图 8-44 所示为声透镜式传声器工作原理简图。声透镜由弯曲的金属薄片构成，声波进入声透镜内部时会改变等效声速，因此声透镜相当于由另一种媒质形成的声凸透镜，起到聚集声波的作用。显然，这种传声器并不实用，这里介绍它主要是为了说明声透镜的工作原理和应用。

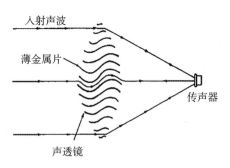

图 8-44　声透镜式传声器工作原理简图

8.5.2.3 高阶传声器

传声器的基本声接收方式有压强式、压差式和复合式，复合式是由压强式和压差式复合形成的。当压强式和压差式按不同比例复合时，可以形成不同的指向性，如图 8-7 所示。这些传声器称为一阶指向性传声器，即指向性函数 $D(\theta)$ 与 $\cos\theta$ 的一次幂成正比，换句话说，其响应与声压梯度的一次幂成正比。二阶或三阶指向性是指指向性函数与 $\cos\theta$ 的二次或三次幂成正比，即响应与声压梯度的二次或三次幂成正比，因此具有较一阶更强的指向性，这些具有高阶指向性的传声器称为高阶指向性传声器，简称为高阶传声器。

图 8-45 所示为一阶传声器工作原理简图，其中 D 表示前后两个入声口之间的等效声程

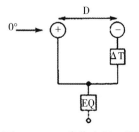

图 8-45　一阶传声器工作原理简图

差，$\triangle T$ 为从后入声口到振膜背面的延迟时间，对应于等效内部声程差 $D_i = \Delta T \cdot c$，当 $D = D_i$ 时，传声器具有心形指向性。如果这样的两只一阶传声器紧密放置在一起并将其输出相减，则构成二阶传声器，如图 8-46（a）所示，其中 D' 表示声波到达两只一阶传声器的等效程差，该二阶传声器的指向性函数为 $D(\theta) = 0.5\cos\theta(1+\cos\theta)$，其指向性如图 8-46（b）所示。二阶传声器指向性的一般表达式是 $D(\theta) = (A + B\cos\theta)(A' + B'\cos\theta)$，式中 $A + B = A' + B' = 1$。

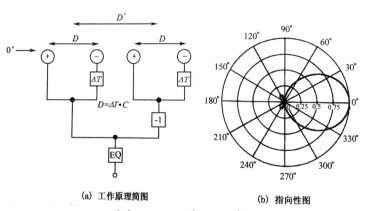

(a) 工作原理简图　　　　(b) 指向性图

图 8-46　$D(\theta) = 0.5\cos\theta(1+\cos\theta)$ 的二阶传声器

指向性函数为 $D(\theta)=(0.5+0.5\cos\theta)(0.5+0.5\cos\theta)$ 二阶传声器的工作原理及指向性如图 8-47 所示，其指向性类似于心形，只是主瓣比心形更窄，它在 $\pm 90^\circ$ 方向的灵敏度相对于主轴方向灵敏度为 –12dB，而一阶传声器是 –6dB。图 8-48 所示为 $D(\theta)=\cos^2\theta$ 的二阶传声器的工作原理及指向性图，其指向性与 8 字形相似，只是主瓣略窄一些，它在 $\pm 45^\circ$ 方向的灵敏度相对于主轴为 –6dB，而一阶传声器是 –3dB。

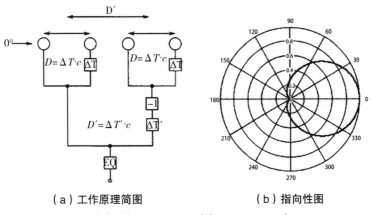

（a）工作原理简图　　　　　　　　（b）指向性图

图 8-47　$D(\theta)=(0.5+0.5\cos\theta)(0.5+0.5\cos\theta)$ 的二阶传声器

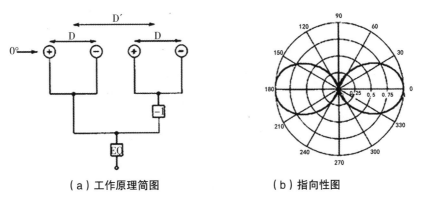

（a）工作原理简图　　　　　　　　（b）指向性图

图 8-48　$D(\theta)=\cos^2\theta$ 的二阶传声器

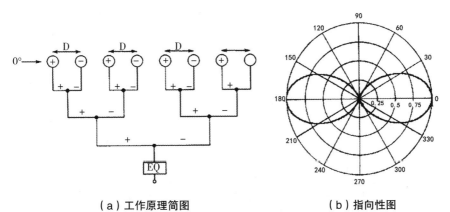

（a）工作原理简图　　　　　　　　（b）指向性图

图 8-49　$D(\theta)=\cos^3\theta$ 的三阶传声器

图 8-49 为 $D(\theta) = \cos^3\theta$ 的三阶传声器的工作原理及指向性图，它具有更尖锐的指向性。目前，高阶传声器很少应用于演播室录音，而主要应用于强噪声等恶劣环境下的语言通信等。它的另一个特点是近讲效应很强，因此对风动噪声和近距离声源非常敏感。

8.5.3 无线传声器

无线传声器实际上是指无线传声器系统，它是由传声器、小型发射机和接收机组成的，小型发射机可以与传声器合为一体，也可以是分离的。其工作原理是：传声器把声音信号变换成电信号，通过小型发射机对载波信号进行调频，调制成高频信号以电磁波形式从天线辐射出去，再由接收机接收并解调还原成声频信号。图 8-50 所示为无线传声器系统的工作原理方框图。

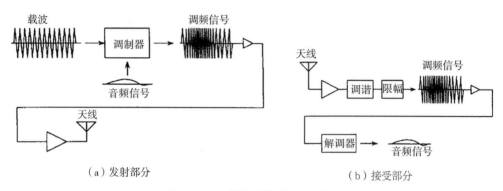

（a）发射部分　　　　　　　　　　　　　（b）接受部分

图 8-50　无线传声器系统工作原理方框图

上述较简单的无线电发射与接收系统存在两个问题，一是无线电波多径传输造成的信号损失，即直达声和反射声相位相反时接收到的信号非常小，解决这个问题可以通过采用两个或两个以上的具有一定间距的接收天线；二是由于发射功率较低易受噪声干扰，可采用压缩扩展和预加重去加重技术来降低噪声干扰。

无线传声器的工作频率主要是在特高频（VHF）和超高频（UHF），即 30MHz~950MHz。小型发射机的辐射功率一般在 10mW 以内，也有高到 30mW~50mW 的。辐射功率选取的原则是既保证有一定的传输距离，又不干扰其他通信设备。发射机与接收机之间的距离最好不小于3m，以免接收机内的前置放大器过载，最远距离可达 300m。一般在同一地点可以同时使用多达 30 套无线传声器系统。在进行调试时，如果信号传输存在问题，可通过重新设定工作频率或稍微改变接收机位置的办法来解决。

无线传声器系统由于具有无需电缆的机动灵活性，所以广泛应用在使用者需要移动的场合，如电化教学、展览讲解、音乐剧、电视演播室、电影同期录音等，而在音乐录音棚里较少使用。

8.5.4 界面传声器

当传声器靠近某个反射面如桌面、墙面或地面使用时，到达传声器的声音有两个，一是直接由声源来的直达声，二是经过反射面反射后到达传声器的反射声。各种频率的反射声都滞后于直达声同样的时间，但由于不同频率声波的波长不同，因而他们在相同的滞后时间内所滞后的相位就不同。当某一频率的直达声和反射声同相时，两信号相加强，振幅可提高约 6dB；

当他们的相位相反时，则两信号彼此抵消，频响曲线出现一个谷值。因此，由于界面产生的反射声较强，与直达声产生干涉后，会产生梳状滤波效应，即引起频率特性曲线有规律的起伏变化。界面传声器就是用来解决上述应用方面的问题。

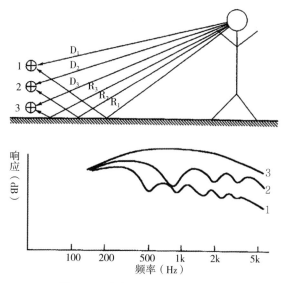

图 8-51 所示为传声器在靠近反射面的三个不同位置时反射声对传声器频率特性的影响。可见，传声器越靠近边界时，频率特性的第一个谷值越往高频方向移动，当传声器处在位置 3 时，第一个谷值已移到 5kHz 以外。

界面传声器是由一只小型无指向性电容传声器，振膜靠近一块特制的声反射板

图 8-51 传声器位置及其频率特性

安装而构成的。如果将振膜与反射面尽量靠近放置，则直达声和反射声可以几乎同时到达传声器，这时，所有的相位抵消现象都可能被移到工作频段以外，从而得到平直的频响曲线。使用时一般将界面传声器直接置于地板、墙面或桌台上。图 8-52 所示为美国皇冠公司（Crown International）于 1981 年首先研制成功的界面传声器，称为 PZM。PZM 是压力区域传声器（Pressure Zone Microphone）的英文缩写。所谓压力区域是指混响声场中靠近边界的区域，其声压级比房间中远离边界的区域的声压级高大约 3dB。因此，界面传声器常常被称为 PZM 传声器。

图 8-52 PZM 传声器

界面传声器的高频重放上限受传声器振膜与反射面之间距离的制约，振膜距反射面越近，高频响应越能延伸。界面传声器的低频重放下限与反射板的尺寸有关，反射板越大，则有效工作频率越低，低频响应越能延伸；反射板越小，则低频信号将绕过反射板，传声器就不能获得足够的反射声，从而使低频响应下降。

由于界面传声器工作在压力区域，因此与普通传声器相比，灵敏度约增加 6dB，因而拾取的声音信号具有较高的信噪比，改善了音质。另外，界面传声器对反射面上各方向声波具有相同的灵敏度，即具有半球形指向性。

8.6 立体声和环绕声传声器（阵）

8.6.1 立体声传声器

现代立体声录音常采用主传声器加若干辅助传声器的录音方式，主传声器通常是由两只或三只传声器组成的传声器阵，置于舞台正前方，用来拾取基本双声道立体声信号，这对立体

声信号通过两只扬声器重放，可在听音者前方两个扬声器之间再现具有一定纵深感和空间感的声像舞台。辅助传声器通常是一只独立的传声器，用于拾取单声道信号，并通过调音台对声像舞台进行必要的修饰和补偿。主传声器可以采用不同的立体声录音制式，如 XY 式、MS 式、AB 式、仿真头式等，立体声传声器就是专为各种立体声拾音制式而设计的传声器或传声器阵。

双声道立体声技术的理论基础是 20 世纪 30 年代进行的双扬声器听音实验。听音实验及相关的理论分析表明，当馈给听音者前方对称摆放的两只扬声器的声音信号存在时间差或声级差时，会在听音者双耳合成具有一定相位差和声级差的声音信号，从而在听音者前方产生一个声像，并且声像位置偏向声级较大或延迟时间较小的扬声器。立体声录音制式大致分为声级差式、时间差式、准声级差式和仿真头式等几种，这些都利用了上述的听觉定位特性。

8.6.1.1 声级差式立体声传声器

声级差式立体声录音分为 XY 式和 MS 式。XY 式工作原理如图 8-53 所示，两只性能完全相同的传声器靠近放置在同一点进行录音，传声器主轴分别向两侧偏离相同的角度，形成一定的主轴夹角，指向左侧的传声器拾取左（L）声道信号，指向右侧的传声器拾取右（R）声道信号。由于两只传声器放置在同一点，声波由声源到达这两只传声器振膜的距离几乎相等，所以接收的信号之间不存在时间差和相位差，只存在声级差，因此称为声级差式立体声。XY 式立体声刚刚问世时，以主轴夹角成 90° 的录音方式为主，由于两主轴方向相当于直角坐标系中的 X 轴和 Y 轴方向，因此被称为 XY 式，又由于其输出可直接作为左右声道信号，因此也称为 LR 式。

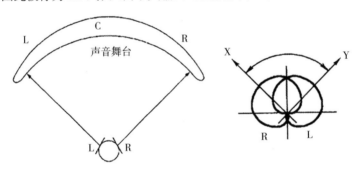

图 8-53 XY 式立体声工作原理图

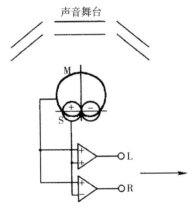

图 8-54 MS 式立体声工作原理图

MS 式可以看成是 XY 式的一种变形，其工作原理如图 8-54 所示。同样是两只传声器放置在同一点进行录音，但其中一只传声器指向正前方，可以采用任何指向性，另一只传声器指向左侧，必须是八字形指向性。指向正前方的传声器拾取的是 M 信号，意为单声道信号或和信号，指向左侧的传声器拾取的是 S 信号，意为立体声信号或差信号，并且

$$M = L + R$$
$$S = L - R$$

经过加减矩阵电路处理后，可恢复 L、R 信号，即

$$L=\frac{1}{2}(M+S)$$

$$R=\frac{1}{2}(M-S)$$

与其他立体声录音制式相比，声级差式具有较好的声像定位，但声音的纵深感和空间感较差。对于 XY 式，由于传声器主轴偏离正前方，对舞台中心位置的声源不能呈现最佳频率响应，因此对中心位置声源的再现是不利的，而采用 MS 式可以弥补上述不足，因为 M 传声器是指向正前方的，它可以对正前方声源呈现较好的频率特性，因此有利于再现中心位置的声源。

声级差式立体声传声器是将两只传声器的极头一上一下地、近距离地安装在同一传声器壳体内组成，壳体内部上下两只传声器极头主轴的夹角可以在一定范围内调整，各传声器的指向性也可以任意选择。其主轴夹角和指向性的选定，主要是由录音场所和节目内容决定的。

最早的声级差式立体声传声器出现于 20 世纪 50 年代。图 8-55 所示为这种立体声传声器，从 Neumann SM 69 的剖视图看出，它由两只双膜片可变指向性电容传声器极头一上一下安装在同一传声器壳体内组成，下部是电路部分，上一个极头可以通过旋转来改变主轴方向。

声级差式立体声传声器既可以用于 XY 式录音也可以用于 MS 式录音。当采用 MS 式进行录音时，信号可以通过加减矩阵电路进行转换，如果没有加减矩阵电路，也可以通过调音台进行缩混来获得不同拾音角度（舞台宽度）的左右声道信号。

(a)Neumann SM 69　　(b)AKG C 426 B

图 8-55 声级差型立体声传声器

此外，任何一个 XY 式传声器对都可以用一个 MS 式传声器对来等效，反之亦然。图 8-56 所示为几种相互等效的 XY 式和 MS 式。通过改变 MS 式中 M 传声器的指向性及其与 S 传声器信号之间的比例，可以获得任何夹角、任何指向性的 XY 式传声器。这是许多立体声传声器及其控制单元设计的基本依据。

8.6.1.2 时间差式立体声传声器

时间差式立体声录音也称为 AB 式，它由两只性能完全相同的单声道

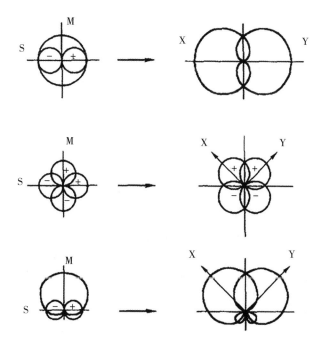

图 8-56 相互等效的 XY 式和 MS 式

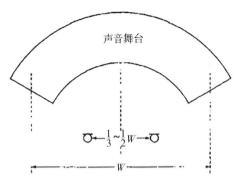

图 8-57　AB 式立体声工作原理图

传声器 A 和 B 拉开一定距离，放置在舞台正前方进行录音，如图 8-57 所示。由于两只传声器在空间位置上是分离的，因此两个声道信号之间存在时间差，所以称为时间差式。AB 式实际上是最早采用的立体声录音方式，著名的 Bell 实验室立体声传送实验采用的就是 AB 式，只不过增加了一只中置传声器。

虽然 AB 式立体声的声像定位理论分析结果并不令人满意，但实际听音效果却比理论分析结果好得多。听音实验表明，这种立体声展示的声像舞台具有较好的纵深感和空间感，而且与单声道的兼容性并不是那么差。较好的空间感主要来源于两个声道信号的非相干性，而这种非相干性正是音乐厅声学的基本特征。

AB 式传声器可以选用任何一种指向性，但全指向性传声器用得较多，这主要是因为全指向性传声器对来自各个方向的声音都呈现较平坦的频率特性，因此对任何方向的声源都是有利的。而 AB 式传声器间距及所在位置则完全由声音舞台的大小以及声学环境决定，而且对再现的声像舞台的定位感和空间感有极大影响。一般取传声器间距为声音舞台宽度的 1/3~1/2。

图 8-58 所示为专门用于 AB 式立体声录音的传声器，它是将两只全指向性传声器固定在两端吊起的杆上构成，传声器间距在 5cm 到 60cm 之间可调，取决于舞台的宽度，并要求两只传声器的间距比到声源的距离小得多。当录制大型交响乐队时，可以将传声器适当升高，使传声器到前后声源的距离差异不致过大。

图 8-58　AB 式立体声传声器图

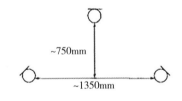

图 8-59　Decca Tree 传声器布置图

AB 式立体声存在一个问题，就是当两只传声器间距较大时，往往使中间声像定位模糊，音质较差，因此，有人通过增加一只中置传声器的办法来解决这个问题。迪卡（Decca）唱片公司较早地采用了这种录音方法并录制了大量的立体声唱片，因此，这种录音方法又叫 Decca Tree。图 8-59 所示为 Decca Tree 传声器布置图，三只传声器均为全指向性，中置传声器指向正前方，并稍靠前放置，这样，不仅使中间声源获得好的频率响应，而且使中间声源在时间上优先，有利于中间声源的声像定位，并改善其音质。另外两只传声器主轴稍微向外侧偏转，有利于舞台边缘位置的声源。

8.6.1.3　仿真头

仿真头是用来模拟人头、外耳和脸部轮廓对声波的衍射作用、在外耳道装有全指向性微型传声器、专门用于立体声录音或声学测量的人头模型。
有些仿真头还模拟了人体肩部对声波的衍射作用。

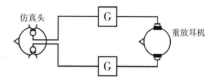

图 8-60 仿真头录音和重放系统简图

双耳技术（Binaural technology）的重要应用之一是
原声场记录和重放，即立体声录音。双耳技术基于以下
假设，即人的双耳鼓膜处的声压信号包含有整个听觉事
件的所有信息，包括音质信息和空间信息，如果能在听者双耳鼓膜处完整再现双耳信号，那
么听音者会产生身临其境的听觉感受。图 8-60 所示为仿真头录音和重放系统简图，其中 G 代
表均衡滤波器。

仿真头录音要求用耳机重放，并且要求用针对录音点（外耳道某个位置）和听音者进行过
均衡处理的耳机，这样才能获得好的声场重放，显然，这在商业运作上存在一定困难，这是仿
真头录音不能推广普及的重要原因之一。另一个主要原因是其重放方式与扬声器重放不具兼容
性。如果用普通扬声器系统重放仿真头录音，由于低频时声道间串扰信号的存在，使前方声像
定位模糊不稳定，达不到预期的效果。如果要用扬声器重放仿真头录音，则需要在重放前经过
串音消除滤波器处理，而这种重放系统又存在听音范围极其狭窄的缺点。解决第一个问题的关
键在于如何消除个人差异对录音和重放的影响，即找到一个具有代表性和典型意义的仿真头和
重放耳机。解决第二个问题的现有方法是分别对仿真头和耳机进行均衡处理，使仿真头录音更
适合于扬声器重放，而耳机更适合于聆听普通双声道立体声。对仿真头进行均衡处理，其实质
是消除扬声器重放时的二次人头衍射滤波作用，换句话说，使仿真头录音不具有人头衍射产生
的声染色，而具有平坦的频率响应。对仿真头或耳机进行怎样的均衡处理，主要取决于设计的
目的，如果仿真头是以直达声录音为主，则应进行自由场均衡，如果主要用于录制混响声，则
应进行扩散场均衡。

图 8-61 所示为 Neumann 公司生产的 KU 100 型仿真头，它是根据德
国 IRT（德国广播技术研究所）的 Theile 提出的扩散场均衡方法设计出
来的，具有很好的耳机与扬声器重放的兼容性，是一款专为立体声录音
而设计的仿真头，具有较好的录音重放效果。

8.6.1.4 准声级差式立体声传声器

声级差式立体声的低频稳态声的定位可以从理论上用矢量叠加法进
行分析（立体声正弦定理），但高频和瞬态声的定位却很难从理论上进
行解释。因此，在声级差式立体声中引入少量的时间差，不仅有利于瞬
态声的定位，而且可以改善声音的空间感，同时使两个声道低频时仍然
保持只有声级差而无相位差。这是准声级差式立体声设计的基本思路，

图 8-61 Neumann
KU 100 仿真头

可以通过在 XY 式的两只传声器之间引入一定间距来实现。由于两只传声器的间距与双耳间距相
当，因此这种立体声具有较好的耳机与扬声器重放的兼容性。准声级差式立体声可以看成是
声级差式和时间差式的折中型。

图 8-62 所示为 ORTF 式准声级差式立体声传声器阵。ORTF 式取名于法国广播电视局的
法语缩写（the Office de Radiodiffusion-Television Francaise），由该机构首先使用并加以推广，它

由两只心形指向性传声器间距 17cm、主轴展开成 110° 夹角构成。ORTF 式深受录音师喜爱，常被用来取代传统的时间差式立体声，图 8-63 所示为 Schoeps 公司生产的 ORTF 式立体声传声器。

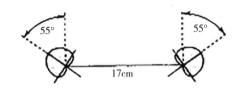

图 8-62　几种常用的准声级差式立体声传声器阵

图 8-63　Schoeps　MSTC　64　U

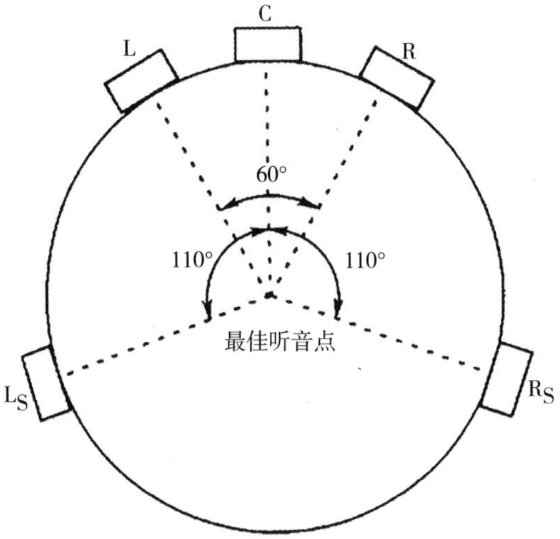

8.6.2　环绕声传声器（阵）

国际电信联盟于 1994 年发表了 ITU BS.775 文件，作为研究开发伴随图像和不伴随图像的多声道环绕声系统的推荐标准，在这个文件的指导下，5.1 声道环绕声逐渐成为多声道环绕声的主流。图 8-64 所示为 5.1 多声道环绕声重放系统，包含前方左、中、右三个声道（L、C、R）和后方左环绕、右环绕两个声道（LS、RS），这五个声道均为全频带声道，外加一个低频效果增强声道（LFE），其频带大约为 20~200Hz，故称为 0.1 声道。

多声道环绕声的前方三个声道是在双声道立体声的基础上形成的，只是增加了一个中置

图 8-64　5.1 多声道环绕声重放系统

声道，并且更强调直达声的拾取。中置声道有利于中间声源的定位和音质，但是，如果处理不好，会破坏两边声源的声像定位，传声器的布置和指向性的选择对解决这个问题是至关重要的。下文只介绍现有众多有代表性的几个传统 5.1 环绕声拾音方法以及相应的市场上存在的环绕声传声器（阵）。

8.6.2.1　TSRS 传声器阵

TSRS（True Space Recording System）是指一类采用五只传声器小间距布置形成的环绕声录音方法。这类环绕声的工作原理与准声级差式立体声的工作原理十分相似，即利用传声器阵中相邻两只传声器来覆盖相应的扇形录音区域，重放时相邻两只扬声器之间的声像定位主要由这两只扬声器之间的声级差和时间差决定，因此形成了 360° 范围的声像定位。对于前方声场的声像定位，可以利用双声道立体声定位的基本原理和传声器布置方法，而对于侧向和后方的声像定位，所要求的声道之间的时间差和声级差与前方的情况有所不同，因此要求有不同的传声器摆位。同时，要求对五只传声器之间的间距和指向性进行合理选择，使某相邻两只传声器所覆盖的扇形区域内的声源在其他传声器产生的串音足够小或延迟时间足够大，而不至于对该区域的声像定位产生影响。

INA-5 是 TSRS 式环绕声拾音的一个代表。INA 意为理想心形阵列，INA-5 是在三声道心

形阵列 INA-3 的基础上增加两个心形指向性的环绕声传声器构成的，其中一种传声器布置方案如图 8-65 所示。

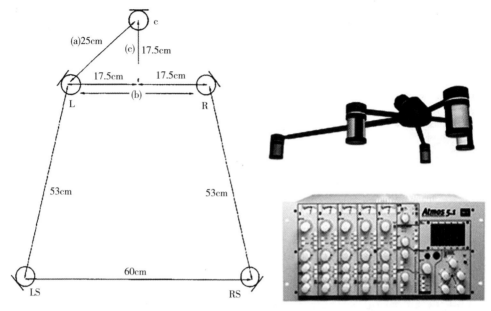

图 8-65 INA-5 心形传声器阵　　　　图 8-66 INA-5 传声器阵及其控制单元

图 8-66 所示为 INA-5 传声器阵及其控制单元，图中各传声器间距、指向性和主轴方向可以调整，以满足录音师进行各种录音的需要。表 8-2 列出前方三只传声器不同间距组合及其对应的前方录音角度。当录音角度较大时，例如传声器间距调整到如图 8-66 所示时，录音角度为 180°，意味着使用时要把传声器尽量靠近声源，否则，所有的声像可能集中在前方中间位置。但是，当传声器阵过于靠近声源时，对环绕声道的录音是不利的，因此，应调整各传声器的间距，使其拾音位置处在稍微靠后一些的地方，有利于环绕声道的录音。

表 8-2 前方三只传声器不同间距组合及其对应的前方录音角度

录音角度°	间距（a）cm	间距（b）cm	间距（c）cm
100	69	126	29
120	53	92	27
140	41	68	24
160	32	49	21
180	25	35	17.5

8.6.2.2 OCT 传声器阵

OCT（Optimum Cardioid Triangle）传声器阵如图 8-67 所示，其设置与 INA-5 前方声道的设置相似，只是将 L 传声器和 R 传声器改为超心形指向性，并分别指向正左方和正右方，目的是减小前方左右两个扇形拾音区域之间的串音，改善前方声像定位。同时，为了改善传声器阵列的低频响应，要求采用两只全指向性传声器取代超心形传声器拾取 100Hz 以下的声音信号，并将 C 声道进行 100Hz 的高通滤波处理。这种拾音方法还要求对超心形指向性传声器进行均衡处理，使其对阵列前方 30° 方向的声源具有平坦的频率响应，以免扬声器重放时产生明显的声染色。可见，这种拾音方法对传声器本身以及传声器阵的设计提出了很高的要求，即要求开发出一种具有混合指向性的传声器，如果借用扬声器系统的概念，或许可以称为两路传声器（Two-Way Microphones），并能够对指定方向的频率响应进行均衡处理。图 8-68 所示为 Schoeps 公司生产的 OCT 传声器阵，专门用于前方声道的录音。

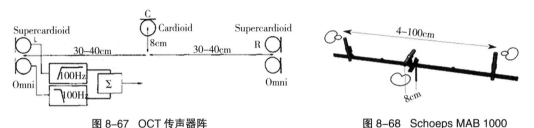

图 8-67　OCT 传声器阵　　　　　　　　图 8-68　Schoeps MAB 1000

8.6.2.3 IRT Cross 传声器阵

IRT Cross 传声器阵专门用于拾取环绕声信息，如图 8-69 所示。它是由四只心形或全指向性传声器排列成正方形组成，主轴夹角互成 90°。如果是心形传声器，间距可取 25cm，如果是全指向性传声器，间距取 40cm，这四只传声器的输出分别馈送到 L、R、LS 和 RS 声道。间距大小的选择可以视情况而定，一般来说，较小间距有利于反射声的定位，而较大间距有利于在较大的听音区域获得良好的空间感。

图 8-69　IRT Cross 传声器阵　　　　　图 8-70　Schoeps CB 250/CB 200

图 8-70 所示为 Schoeps 公司生产的 IRT Cross 传声器，可以与 OCT 传声器配合使用，来完成多声道环绕声录音。

8.6.2.4 Soundfield 传声器

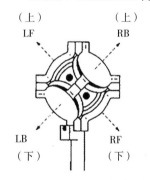

图 8-71　Soundfield 传声器极头及朝向示意图

Soundfield 传声器是由四只扁圆形指向性传声器极头紧密靠近，安装在同一传声器壳体内组成的，四只传声器主轴分别指向左前上方、右前下方、左后下方和右后上方，产生的四个声道分别称为 LF（left-front）、RF（right-front）、LB（left-back）和 RB（right-back）声道，如图 8-71 所示。

Soundfield 传声器可以看成是在声级差式立体声传声器的基础上发展起来的，只是引入更多的声道数，用来拾取三维空间的声场信息，而声级差式立体声传声器只限于水平面方向信息。Soundfield 传声器的最大特点是，它可以借助于专用控制单元，通过各声道的组合和比例控制，来获得空间任意方向和任意指向性的传声器输出。因此，它不仅可以形成单声道、双声道和 5.1 声道信号，而且可以产生适合于不同高度扬声器重放的多声道信号。虽然考虑了高度因素的重放系统比较复杂，但实验证明这种重放系统的效果相当好。虽然 Soundfield 传声器年代已经久远，但其设计理念在声音录制和重放技术中沿用至今。

直接由传声器拾取的四个声道组成了 A 制式信号，B 制式信号可以由 A 制式信号组合而成。B 制式信号为

$$X = 0.5\big((LF+RF)-(LB+RB)\big)$$
$$Y = 0.5\big((LF+LB)-(RB+RF)\big)$$
$$Z = 0.5\big((LF+RB)-(LB+RF)\big)$$
$$W = 0.5(LF+LB+RF+RB)$$

其中，X 声道等效为前后方向的八字形指向性传声器的输出，Y 声道等效为左右方向的八字形传声器的输出，Z 声道等效为上下方向的八字形传声器的输出，W 声道等效为全指向性传声器的输出，各声道的指向性如图 8-72 所示。通过 B 制式信号的再一次组合，可以形成空间任意方向和任意指向性的 XY 式传声器对，也可以形成其他的传声器组合，以满足记录声音三维空间信息的需要。图 8-73 所示为 Soundfield 传声器及其控制单元。

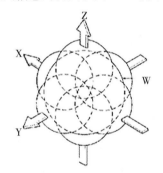

图 8-72　B 制式各声道的指向性图

图 8-73　Soundfield 传声器及其控制单元

8.7 传声器的使用与维护

录音工程师应正确掌握传声器的使用和日常维护方法，如果传声器因使用不当而损坏，则很难让它恢复正常工作。因此，了解传声器使用和维护的基本方法是很重要的，只有这样才能延长传声器的使用寿命，并使传声器工作在良好状态。

8.7.1 幻象供电

模拟信号的输入和输出方式分为平衡与不平衡两种。所谓不平衡方式是一端接地、另一端不接地，信号可以由单芯屏蔽线传输。所谓平衡方式是两端都不接地，输出或输入信号是两端的电位差，信号一般由双芯屏蔽线传输。不平衡端和平衡端不能直接相连。

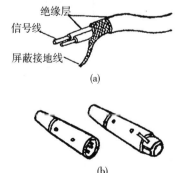

图 8-74　双芯屏蔽线和卡农头

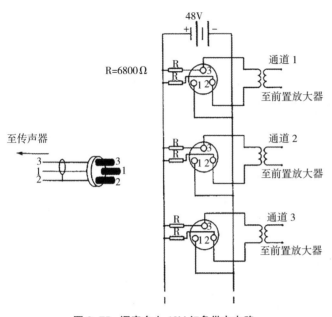

图 8-75 调音台上 48V 幻象供电电路

声频设备多数采用平衡输入和输出方式，因为这种信号传输方式的抗干扰能力较强，当两根信号线感应相同的噪声信号时，在输出端的噪声输出为零。传声器信号线通常采用双芯屏蔽线和卡农头，如图 8-74 所示。

幻象供电是指直流电源和声频信号共用一根电缆的电源供给方式。许多电容传声器工作在 48V 幻象供电电源，也有少数采用 24V 或 12V 幻象供电，分别记为 P48、P24 和 P12。幻象供电一般由调音台的输入模块提供，也有由输入放大器提供的。调音台上的 48V 幻象供电电路如图 8-75 所示，其中 XLR-3 型插头的 1 端为屏蔽线，2、3 端分别为信号的正、负端，48V 的幻象电源经过一对 6.8kΩ 电阻分压后，使 2、3 端获得相等的正电位，通过声频线传送到传声器极头，并通过 1 端形成回路，声频信号不会受到 2、3 端相等直流电压的影响，1 端既作为屏蔽线又作为地线。

大多数调音台输入部分带有幻象电源开关，当使用动圈传声器时，最好把幻象电源开关关闭。另一个需要注意的是，当对某个通道进行监听时，千万不要将该通道的幻象电源开关关闭或打开，否则会产生瞬间强音，很可能烧坏监听扬声器的高音单元。

许多电容传声器的极头可以更换不同型号，切忌在幻象电源正在工作时更换极头，这样做会烧坏电容传声器前置放大器中的场效应管。

如果幻象供电电源偏离正常值，会引起传声器灵敏度降低、噪音和失真增大等问题，因此，当发现这些问题时，方法之一是检测传声器电缆的线路电阻是否过大或幻象供电电源是否在正常值，以便解决问题。

8.7.2 传声器输出衰减器

许多电容传声器带有输出衰减开关，对其灵敏度进行大约 10dB 的衰减。应用此衰减器的结果是将传声器的动态范围向上平移了 10dB，而动态范围大小保持不变，如图 8-76 所示。设计衰减器的主要目的是提高传声器所能够接收的最高声压级，因为限制电容传声器最高声压级的往往是传声器内的前

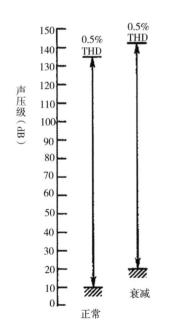

图 8-76　10dB 衰减对传声器动态范围的影响

置放大器，其输入电压必须在一定范围内才能正常工作，因此，对来自极头的信号进行衰减后，可以保证在较大声压级时放大器不过载。

8.7.3 传声器输出变压器

某些传声器输出端带有变压器，其主要作用是进行阻抗变换以及实现平衡输出。大多数电子管传声器的输出端带有变压器，通常变压器的次级有一个中心抽头，可以使次级的两组线圈处于串联或并联状态，如果串联时的输出阻抗是 200Ω，则并联时的输出阻抗变为 50Ω，使传声器的输出阻抗可变，如图 8-77 所示。现在大多数晶体管传声器不带输出变压器，其输出端往往有一个固定的平衡输出阻抗。

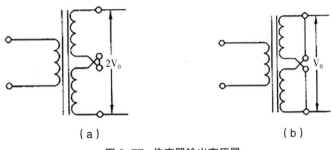

（a）　　　　　　　　（b）

图 8-77　传声器输出变压器

8.7.4 传声器电缆

传声器电缆俗称话筒线，它对信号传输有一定的影响，主要表现为三个方面。一是由于线路存在一定的阻抗，会使幻象供电电压有所降低，但在正常情况下，这种微小的变化不会影响传声器正常工作。例如，某声频线电阻为 $0.08\Omega/m$，则 100m 长的线路阻抗为 8Ω，形成回路后线路的总阻抗是 16Ω，与幻象供电分压电阻 $6.8k\Omega$ 相比，这个附加电阻是可以忽略不计的。

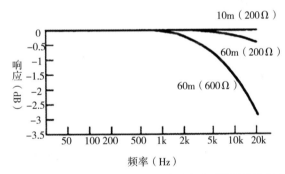

图 8-78　不同传声器输出阻抗、不同线路长度时传输线的频率特性

传声器电缆对信号传输的另一个影响是：由于线路等效电容的作用，会引起声频信号的高频损失。图 8-78 所示为不同传声器输出阻抗、不同线路长度时传输线的频率特性，可见，输出阻抗越大、线路越长，高频衰减越大。因此，采用低输出阻抗的传声器对信号传输是比较有利的。

另外，信号传输过程中会引入干扰信号。这些干扰信号可能来自现场的灯光控制系统，也可能来自无线广播和通信，是以电磁波的形式通过电磁感应耦合产生的。综上所述，为了减小传声器电缆对声音信号传输的影响，应尽量避免使用长线，如果一定要使用长线，则应选择阻抗小、屏蔽好的声频电缆。

8.7.5 传声器附件

传声器应用范围很广，所遇到的使用环境也不尽相同，为了使各种条件下的应用都能保证其各项技术指标，传声器配有一些必要的附件。

8.7.5.1 防风罩

各类传声器在室外使用或测量时，均会遇到由于风从各个方向吹到传声器膜片上而产生的风动噪声，或由于移动传声器时猝发气流和紊流形成的噪声，或是近讲时各种唇音气流产生的噪声，这时传声器需要配备防风罩，用来衰减这些干扰噪声。

图 8-79 所示为风动噪声的频谱特性。可见，风动噪声是以低频为主，而且锐心形传声器的风动噪声比全指向性传声器的风动噪声要高出约 20dB。

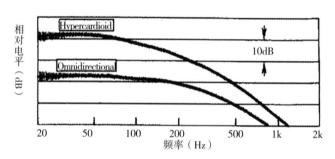

图 8-79　风动噪声的频谱特性

防风罩多用泡沫塑料、毛毡或尼龙无纺布等材料制作，大致有球形、长柱形和根据传声器外形而定型制作等，但无论哪一种形状，总的要求都是对风动噪声有明显衰减 (一般要求衰减 15dB~20dB)，并且防水防霉性好，便于装卸和清洗。图 8-80 为常见的几种防风罩。

图 8-80　常见的几种防风罩

8.7.5.2 传声器架

将能够支撑或吊挂传声器的装置称为传声器架。传声器架一般分为台式、落地式和吊杆式等类型。对各式传声器架的综合要求是可以方便灵活地调节传声器的位置和方向，并且安放或吊挂平稳可靠，减振性能良好。

在传声器使用过程中应特别注意防振，因为振动不仅会引入噪声，而且容易损坏传声器。因此，在使用中除了使用那些带防震结构的传声器架以外，在移动传声器时应特别小心，电容传声器最好关闭电源后再移动。另外，传声器应安放在不易被人碰到的地方，以免人走动无意间挂倒传声器。图 8-81 为一种带减振装置的传声器架。

图 8-81　一种带减振装置的传声器架

习题 8

1. 传声器的声接收方式主要有哪几种？试用结构简图说明其工作原理，并说明其指向性。

2. 什么是传声器的近讲效应？试说明近讲效应产生的原因。

3. 传声器的性能参数主要有哪些？

4. 什么是传声器的灵敏度？灵敏度大小与哪些因素有关？

5. 什么是传声器的频率特性？如何表示？

6. 什么是传声器的指向性？有哪些表示方法？

7. 试说明压强式动圈传声器的基本结构和工作原理。

8. 压强式动圈传声器的频率特性工作在什么控制区？并解释声谐振系统的作用。

9. 试说明复合式动圈传声器的基本结构和工作原理，以及获得心形指向性的基本设计思路。试问其频率特性工作在什么控制区？

10. 试说明压强式电容传声器的基本结构和工作原理，并问其频率特性工作在什么控制区？

11. 电容传声器为什么要配置前置放大器？

12. 实现可变指向性主要有哪些途径？简述双膜片可变指向性电容传声器的工作原理。

13. 枪式传声器的基本结构和性能特点是什么？试说明其工作原理。

14. 什么是界面传声器？什么情况下需要使用界面传声器？主要解决什么问题？

9 扬声器及扬声器系统

扬声器是一种把电能转变为声能，并向开阔空间辐射的电声换能器，用符号 ◁ 表示。对扬声器来说，电学端是输入端，力学端是输出端，输出端负载是振膜的声波辐射阻抗。利用第9章介绍的换能器等效四端网络，可以对扬声器特性进行理论分析与计算，也就是说，利用换能器的等效四端网络，结合扬声器的输入输出特点，可以画出扬声器的等效类比电路，以此作为对扬声器进行理论分析与计算的基本依据。

扬声器种类繁多，按换能原理分，主要有电动式、电容式、压电式等；按声波辐射方式分，主要有直接辐射式和间接辐射式。直接辐射式是指扬声器振膜直接向周围空间辐射声波，而间接辐射式则是指扬声器振膜通过号筒间接地向周围空间辐射声波。此外，人们还根据扬声器振膜形状、磁路结构、性能及应用等方面的特点对扬声器进行分类命名，如锥形、球顶形、内磁式、外磁式、高音单元、中音单元、低音单元等。

由于单只扬声器不能满足高保真重放要求，在实际应用中，往往将不同类型的扬声器组合起来，放置在各种类型的箱体中，并配以分频器，使每一个扬声器只担负其中一个较窄频带的重放，这种声音重放装置称为组合式扬声器箱或箱式扬声器系统。

9.1 扬声器性能参数

扬声器和其他电子元件、设备一样，需要有一系列技术参数来说明其性能和质量。扬声器的电声参数就是指用来描述扬声器电声性能的一系列物理参数。但是，由于扬声器是用来重放声音给人听的，因此，其性能好坏最终是由主观音质评价来决定。目前，扬声器的电声参数虽然在很大程度上反映了扬声器的性能，但不能完全反映主观试听结果，因此，对于高质量扬声器，需要主观试听和观客测试两者相结合来评价其性能好坏。

扬声器的电声参数主要有额定功率、额定阻抗、频率响应、灵敏度、指向性、失真度、效率、瞬态特性和相位特性等。

9.1.1 额定功率

扬声器的额定功率是指在非线性失真不超过该类扬声器所许可范围的最大输入电功率。它是扬声器正常工作的功率，又称为标称功率。

额定功率指的是在一段时间内的平均功率。在实际应用中，输入扬声器的声频信号强度变化很大，在某一瞬时，可能出现大大超过额定功率的峰值功率。也就是说，扬声器所能承受的瞬时功率可能是额定功率的几倍。

扬声器的输入功率除了受到非线性失真限制外，还受到音圈耐热能力的限制。由于热量具有累计效应，因此，额定功率又分为长期最大功率和短期最大功率。长期最大功率是指扬声器长时间工作时所能承受的最大输入电功率，而短期最大功率则是指扬声器短时间工作时所能承受的最大输入电功率，一般短期最大功率是长期最大功率的几倍。额定功率通常是指长期最大功率。

9.1.2 额定阻抗

扬声器阻抗是指在扬声器输入端测得的电阻抗。扬声器阻抗是频率的函数。扬声器阻抗模值随频率变化的特性称为扬声器的阻抗特性。图 9-1 所示为电动式扬声器典型阻抗特性曲线。

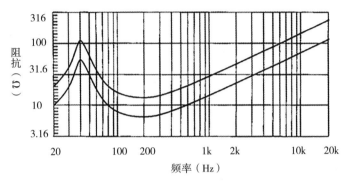

图 9-1 电动式扬声器典型阻抗特性曲线

扬声器的额定阻抗通常是指扬声器在有效频率范围内获得最大输入电功率的输入阻抗模值，即扬声器阻抗特性曲线上的最小阻抗值，用 R_n 表示。图 9-1 所示的阻抗曲线的最低点出现在第一个共振峰之后，通常以该点对应的阻抗值或不高于此阻抗的 20% 的某值作为扬声器的额定阻抗。

额定阻抗又称为标称阻抗。额定阻抗通常作为扬声器与前级功率放大器配接的负载阻抗，如果以额定阻抗作为放大器的负载时不过载，就可保证功放在整个工作频带内不出现过载现象，同时也保证扬声器的输入功率不超过额定功率。因此，额定阻抗通常作为计算扬声器输入电功率的阻抗依据。

9.1.3 频率响应

扬声器的频率响应是指自由场条件下，在恒定电压作用下，扬声器在参考轴上离参考点1m 处所产生的声压随频率变化的特性。参考点一般选择在辐射口平面中心，参考轴则是通过参考点垂直于辐射口平面的一条直线，是扬声器的最大响应轴，通常称为主轴。

扬声器的频率响应通常用曲线表示，称为频率响应曲线，简称频响曲线。图 9-2 所示为某电动式扬声器的频响曲线。扬声器的频率响应也可以用有效频率范围和不均匀度表示。一般在扬声器的声压频率响应曲线上，于声压级某一值下降一指定的分贝数处划一水平直线，与频响曲线相交的上下限频率所包含的频率范围称为有效频率范围。在频响曲线上，从哪一点声压级算起，各个国家有不同的规定。国际电工委员会（IEC）规定，在频响曲线的最高声压的区域取一个倍频程的宽度，求其中的平均声压级，然后从这个声压级算起，下降 10 dB 的一条水平直线与频响曲线的交点所对应的频率，作为有效频率范围的上下限。不均匀度是指扬声器在有效频率范围内声压级的最大值与最小值之差。

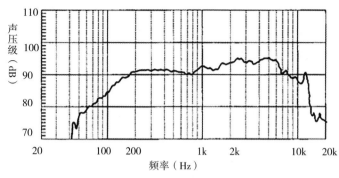

图 9-2　某电动式扬声器频响曲线

扬声器的频率响应也叫频率特性，它是扬声器的重要参数之一，它反映了扬声器对各种频率的声波的辐射能力。在实际应用中常常根据不同的用途来选择扬声器，这时，扬声器的频率特性往往是首先要考虑的。

9.1.4 灵敏度

实际应用中常采用平均特性灵敏度或特性灵敏度作为扬声器的灵敏度参数。

在扬声器的有效频率范围内，馈给它相当于在额定阻抗上有 1W 电功率的窄带（如 1/3 倍频程带宽）噪声信号，在其参考轴上离参考点 1m 处，读出各规定频率点的声压，然后求其算术平均值，这样求得的灵敏度称为平均特性灵敏度。

在扬声器有效频率范围内，当馈给扬声器以相当于在额定阻抗上消耗 1W 电功率的粉红噪声信号时，在其参考轴上离参考点 1m 处所测得的声压值，称为扬声器的特性灵敏度，一般简称为扬声器灵敏度，其单位为 Pa/1W·1m。当用分贝来表示扬声器特性灵敏度时，单位为 dB/1W·1m。

9.1.5 指向性

扬声器的指向性是指扬声器辐射的声压随方向不同而变化的特性，它反映了扬声器在不同方向上的声辐射本领。当波长与扬声器本身的线度可以比拟时，由于从振膜不同位置辐射的声波在空间发生相互干涉，扬声器的声辐射会明显地表现出指向性，而且频率越高，指向性越强。扬声器的指向性一般用指向性图、指向性因数（Directivity factor）、指向性指数（Directivity index）和指向性频率特性来描述。

指向性图是声源指向性函数 $D(\theta)$ 的极坐标图形。指向性函数定义为

$$D(\theta) = \frac{P(\theta)}{P(0°)}$$ （9.1）

其中，$P(\theta)$ 为等距离情况下 θ 方向的声压，$P(0°)$ 为主轴方向的声压。

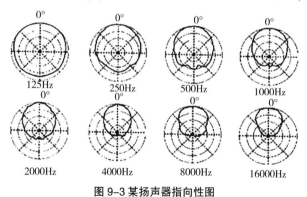

图 9-3　某扬声器指向性图

指向性图是扬声器辐射声波大小随方向变化的曲线，与工作频率有关，是扬声器指向性最为直观和最为常用的一种描述方法。图 9-3 所示为某扬声器的指向性图。

指向性因数是指在自由场条件下，扬声器主轴上指定距离 r 处的声强 I_1 与在同一位置上辐射声功率和它相同

的点源在该点所产生的声强 I_2 之比，即

$$Q(f) = \frac{I_1}{I_2} \tag{9.2}$$

指向性指数定义为指向性因数的对数乘以 10，单位为 dB，即

$$DI(f) = 10\lg Q(f) \tag{9.3}$$

扬声器指向性频率特性是指在若干规定的声波辐射方向上所测得的扬声器频响曲线族。

9.1.6 谐波失真

谐波失真是表示扬声器非线性失真大小的一个技术指标。所谓非线性失真是指由振幅非线性引起的一种失真，一般用谐波失真和互调失真两个参数来表示。

谐波失真是指当给扬声器输入某一频率的正弦信号时，扬声器输出声信号中除了出现原输入信号的频率成分外，同时还出现与输入成整数倍频率的信号，这种现象称为谐波失真。

谐波失真大小可用谐波失真度 K 来表示，其定义式为

$$K = \frac{\sqrt{P_2^2 + P_3^2 + \cdots + P_n^2}}{P} \times 100\% \tag{9.4}$$

式中，$P = \sqrt{P_1^2 + P_2^2 + P_3^2 + \cdots + P_n^2}$，为总输出声压有效值；$P_1$ 为基波声压有效值；P_n 为 n 次谐波声压有效值。此外，还有二次谐波失真度和三次谐波失真度，分别定义为 P_2/P 和 P_3/P。

9.1.7 互调失真

扬声器在实际使用时输入的不是单一频率的正弦信号，而是较为复杂的、包含多种频率成分的声频信号。为了更准确地描述扬声器实际使用时的失真大小，可以用两个不同频率的信号代替单频信号进行测量。当在扬声器有效频率范围内，输入两个频率分别为 f_1 和 f_2 的信号时，在输出声信号中除了原输入频率信号外，还产生谐波、差拍、加拍等其他频率分量，这些和频和差频失真成分称为互调失真。

在 IEC 国际标准和我国国标中推荐使用 n 次调制失真法测量互调失真，即在规定的频率范围内，馈给扬声器两个频率分别为 f_1 和 f_2（$f_2 > 8f_1$，电压幅度比为 $u_{f_2} = \frac{1}{4} u_{f_1}$）的正弦信号组成的混合信号，电压为与额定功率相应的电压，由频谱分析仪分析其声输出的各频率成分。

二次调制失真系数定义为

$$d_2 = \frac{P_{(f_2-f_1)} + P_{(f_2+f_1)}}{P_{f_2}} \times 100\% \tag{9.5}$$

或以分贝为单位表示为 $20\lg d_2$。

三次调制失真系数定义为

$$d_2 = \frac{P_{(f_2-2f_1)} + P_{(f_2+2f_1)}}{P_{f_2}} \times 100\% \tag{9.6}$$

或以分贝为单位表示为 $20\lg d_3$。

9.1.8 效率

扬声器的效率是表示扬声器电声能量转换能力的一个重要参数，它是扬声器有效辐射声功率与输入电功率之比，用 η 表示，即

$$\eta = \frac{W_a}{W_e} \times 100\% \tag{9.7}$$

式中，W_a 表示输出声功率，W_e 表示输入电功率。

扬声器的效率参数在扩声系统的设计中往往要用到。因为在扩声设计中，常常要求在听众席上获得一定的声压级，因此要根据声压级要求和扬声器的辐射效率来计算扬声器所需的输入电功率，在此基础上才能合理选择功率放大器。

9.1.9 瞬态特性

扬声器的瞬态特性是用来描述其振动系统对快速变化信号的跟随能力的一项指标。由于振动系统存在惯性，往往跟不上快速变化的电信号，从而引起输出波形的失真，这种失真称为瞬态失真。瞬态特性的好坏通常用瞬态失真的大小来表示。

瞬态失真与扬声器的频率响应、相位特性以及振膜的力阻、振动系统的质量等因素有关。频带越宽，瞬态特性越好，因为信号变化越快，其包含的频率成分越丰富，没有足够宽的频率响应是不可能反映快速变化的信号；扬声器振动系统的质量越小，则惯性越小，瞬态特性就越好；阻尼越大，Q 值越低，固有振荡衰减得越快，则瞬态特性越好。

输入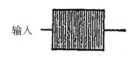

输出

图 9-4 用猝发声观察扬声器瞬态特性

扬声器的瞬态特性常用波形来表示。馈给扬声器一个方波信号或猝发声信号（包含 8~16 个正弦波的正弦波列脉冲信号），在输出端测得输出信号波形，从输出信号包络畸变的大小，可直观看出扬声器瞬态特性的好坏，如图 9-4 所示。

9.1.10 相位特性

扬声器的相位特性是指其输出信号与输入信号之间的相移随频率变化的特性。根据信号传输理论，信号不失真的相位特性是相移与频率呈线性关系，即

$$\varphi(f) = 2\pi f \tau_0 \tag{9.8}$$

式中，$\varphi(f)$ 为相移，f 为频率，τ_0 为延迟时间。

扬声器的相位特性可以用曲线表示，称为相位特性曲线。

扬声器的相位特性、互调失真、瞬态特性等技术参数是后来才受到重视的。虽然确信它们对主观听音有影响，但是直到现在人们还不能定量说明其对主观听音影响的大小。因此，这些技术参数一般只作为扬声器研制开发的参考数据，而并不要求厂家随产品明确给出。

9.2 锥形扬声器

9.2.1 锥形扬声器结构与工作原理

振膜为圆锥形的电动式扬声器称为锥形扬声器。过去，锥形振膜多数为纸质的，因此，锥

形扬声器又称为纸盆扬声器。电动式扬声器是在21世纪20年代问世的，由于它性能良好稳定、结构简单坚固和成本低廉，几十年来一直是世界上最广泛采用的一种扬声器，而锥形扬声器又是电动式扬声器中产量最大、应用最广的扬声器，它不仅应用于高质量的声音重放系统，而且在收音机、录音机、电视机等家用电器甚至电动玩具中均采用这种扬声器。

锥形扬声器一般由振动系统、磁路系统和辅助系统三个部分组成，图9-5所示为锥形扬声器基本结构示意图。

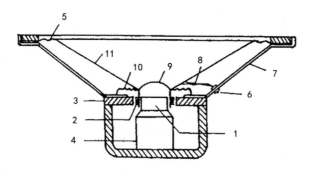

1、4-场心柱；2-音圈；3-导磁板；

5-折环；6-接线柱；7-盆架；8-引出线

9-防尘罩；10-定心支片；11-锥盆

图9-5　锥形扬声器基本结构示意图

振动系统由策动元件音圈、辐射元件振膜和定位元件折环和定心支片组成。音圈的两端作为电输入端，当音圈中通以交变声频电流时，音圈在磁场中受电磁力作用而振动，从而带动与之相连的锥盆振动，辐射声波。折环位于锥盆与盆架的交接处，定心支片位于锥盆和音圈的结合部，折环和定心支片均设计成在轴向有较大的顺性而在垂直于轴的方向有较大的刚性，以保证锥盆的振动方向不偏离轴向。

磁路系统包括永磁体、导磁板、杨心柱等，其主要作用是为音圈振动提供一个均匀的恒定磁场。磁路系统有两种基本结构，一种叫内磁式，其永磁体为圆柱形，位于磁路结构内部，如图9-6（a）所示；另一种叫外磁式，其永磁体为环状，位于磁路结构的外围，如图9-6（b）所示。由于外磁式磁路漏磁严重，会影响对磁敏感元器件的正常工作，因此常用于对磁不敏感的场合，而内磁式磁路中的永磁体处于磁路结构内部，磁泄漏很少，可用于收录机等对磁敏感场合。

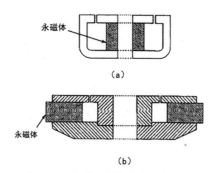

图9-6　内磁式和外磁式磁路结构

辅助系统包括盆架、压边、接线柱等，主要用于扬声器各部件的连接、固定和支承以及便于在电声设备中安装。

9.2.2 锥形扬声器等效类比电路

设锥形扬声器磁隙的磁感应强度为 B，音圈导线长度为 l，音圈等效电阻、电感分别为 R_0、L_0。在振动系统中，音圈相当于质量元件，设其等效质量为 M_{m1}，锥盆用等效质量 M_{m2} 表示，折环和定心支片可视为弹性元件，其力顺分别用 C_{m2} 和 C_{m3} 表示，振动系统各元件的摩擦阻力可用力阻 R_{m0} 表示。再设声频信号源的源电压为 $\dot{E}$，内阻为 R_g，且锥盆低频时的辐射阻抗用无限障板上活塞辐射阻抗 Z_r 等效。由于锥盆向两面辐射声波，所以以 $Z_r=2R_r+j\omega2M_r$，其中 R_r、M_r 分别为单面活塞的辐射阻和辐射质量。以 Z_r 作为锥形扬声器的负载，可得到锥形扬声器的等效类比电路如图9-7所示。

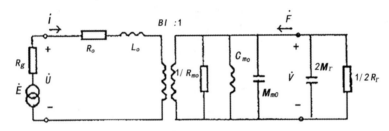

图9-7　锥形扬声器等效类比电路

在图9-7中

$$M_{m0} = M_{m1} + M_{m2} \qquad (9.9)$$

$$C_{m0} = \frac{C_{m2}C_{m3}}{C_{m2} + C_{m3}} \qquad (9.10)$$

把图9-7中的变量器化除，可得到锥形扬声器输入端等效电路和输出端等效力学类比电路，分别如图9-8和图9-9所示。这里等效力学类比电路已从导纳型变换为阻抗型。

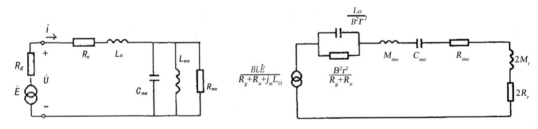

图9-8　锥形扬声器输入端等效电路　　图9-9　锥形扬声器输出端等效力学类比电路

在图9-8中

$$C_{me} = \frac{2M_r + M_{m0}}{B^2l^2} \qquad (9.11)$$

$$L_{me} = B^2l^2C_{m0} \qquad (9.12)$$

$$R_{me} = \frac{B^2 l^2}{2R_r + R_{m0}} \tag{9.13}$$

图 9-8 可用于对输入端电流、电压及功率的计算，图 9-9 可用于计算振膜振速和输出声功率等。

9.2.3 锥形扬声器性能分析

扬声器工作频率范围较宽。低频时，振动系统可视为集中参数系统，可以利用等效类比电路分析其特性。高频时，振动系统是一个分布参数系统，难以用一个适当的等效类比电路来反映其电声特性，主要依赖于实验和经验来进行定性分析。

9.2.3.1 锥形扬声器频率特性

1. 低频特性

低频时，锥盆振动视为无限障板上圆形活塞的振动，因为锥形扬声器在工作时总是安装在箱体上，箱体就相当于一种弯曲的障板，而且扬声器的测试也总是安装在障板上进行的。因此，按照这种假设进行理论分析的结果更能说明扬声器实际工作情况。

设锥盆有效半径为 a，当 $ka<0.5$ 时，扬声器单面辐射阻和辐射质量分别为

$$R_r \approx Z_0 S_D (ka)^2 / 2 \tag{9.14}$$

$$M_r \approx \frac{8}{3} \rho_0 a^3 \tag{9.15}$$

式中，$Z_0 = \rho_0 c_0$，为空气特性阻抗；$S_D = \pi a^2$，为锥盆有效面积；$k = \omega/c_0$，为波数。圆形活塞声源单面辐射阻和辐射抗见式（5.65）。

低频时，锥盆声辐射可以认为无指向性，此时扬声器的声功率频响曲线和声压频响曲线是一致的，因此只要分析其输出声功率频率特性。扬声器辐射声功率为

$$W_a = V^2 \cdot 2R_r \tag{9.16}$$

式中，V 为锥盆振速有效值。

振速有效值 V 可根据图 9-9 所示力学类比电路进行计算。低频时，忽略音圈电感的影响，图 9-9 简化为图 9-10。

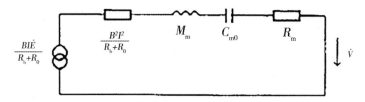

图 9-10　低频时锥形扬声器等效力学类比电路

在图 9-10 中

$$M_m = M_{m0} + 2M_r \tag{9.17}$$

$$R_m = R_{m0} + 2R_r \tag{9.18}$$

由图 9-10 得

$$V = \frac{BLE}{R_g + R_0} \cdot \frac{1}{\sqrt{\left(R_m + \frac{B^2l^2}{R_g + R_0}\right)^2 + \left(\omega M_m - \frac{1}{\omega C_{m0}}\right)^2}} \qquad (9.19)$$

频率特性分段讨论如下：

（1）当 $\omega M_m = \dfrac{1}{\omega C_{m0}}$ 时，系统产生串联谐振，此时锥盆振速达最大值，声输出也达最大值。谐振频率用 f_0 表示，称为扬声器的低频共振频率。由谐振条件得

$$f_0 = \frac{1}{2\pi\sqrt{M_m C_{m0}}} \qquad (9.20)$$

共振峰值取决于系统的总品质因数 Q_T，Q_T 值为

$$Q_T = \frac{\omega_0 M_m}{R_m + \dfrac{B^2l^2}{R_g + R_0}} \qquad (9.21)$$

（2）当 $f \ll f_0$ 时，$\omega M_m \ll \dfrac{1}{\omega C_{m0}}$，且忽略力阻，式（9.19）简化为

$$V = \frac{BlE}{R_g + R_0} \cdot \omega C_{m0} \qquad (9.22)$$

此时

$$W_a = \left(\frac{BlE}{R_g + R_0} \cdot \omega C_{m0}\right)^2 \cdot Z_0 S_D (ka)^2 \qquad (9.23)$$

可见，输出声功率与 ω^4 成正比，即频响曲线以每倍频程 12 分贝的速率上升；

（3）当 $f \gg f_0$ 时，$\omega M_m \gg \dfrac{1}{\omega C_{m0}}$，同样忽略力阻后，式（9.19）简化为

$$V = \frac{BlE}{R_g + R_0} \cdot \frac{1}{\omega M_m} \qquad (9.24)$$

这时

$$W_a = \left(\frac{BlE}{R_g + R_0} \cdot \frac{1}{\omega M_m}\right)^2 \cdot Z_0 S_D (ka)^2 \qquad (9.25)$$

输出声功率与频率无关，即频响曲线为一平坦直线。通常把这一频段作为锥形扬声器的主要工作频段，因此，锥形扬声器工作在质量控制区。低频共振频率 f_0 一般作为锥形扬声器的低频下限频率。

图 9-11 给出了锥形扬声器低频响应的理论曲线以及 Q_T 值对频响曲线的影响。扬声器 Q_T 值的选定要结合频响的均匀性、瞬态特性要求和声频功率放大电路特性等综合考虑。一般瞬态特性要求 $Q_T < 0.5$，以免固有振荡衰减太慢引起瞬态畸变，而频响均匀性则要求 $Q_T \approx 1$，对

于晶体管收音机中的扬声器，要求其频响在低频有所提升，即 Q_T 值高些。折衷考虑的结果是取 Q_T 值为 0.5~1。

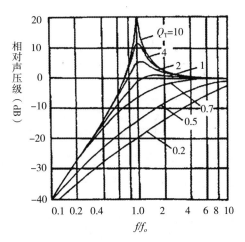

图 9-11 锥形扬声器低频响应理论曲线

2. 中高频特性

中频段是指锥盆由活塞振动过渡到分割振动的频率范围。在中频段，折环首先开始像一个柔软的弹性膜那样振动，本身会产生共振。折环低次共振对扬声器频响影响较大，使中频响应曲线出现较大的峰谷。高频段是指锥盆产生分割振动的频率范围，在此频段，锥盆的振动具有十分复杂的性质。用全息照相对扬声器锥盆振动进行分析后表明，随着频率的增加，锥盆表面可以出现各种各样的振动模式，在有些频率，出现把表面分割为振动相位相反区域的节圆，如图 9-12（a）所示，而在另一些频率时，则出现节径，如图 9-12（b）所示，在更高频率时还会出现既有节圆又有节径的十分复杂情况，如图 9-12（c）所示。

图 9-12 锥盆分割振动模式

当锥盆作分割振动时，扬声器辐射声功率的大小，取决于振动相位相反的区域面积比。由于振动模式随着共振频率发生不规则变化，这种不规则性反映在扬声器的频响曲线上，表现为较大的不均匀性。因此，必须适当增加锥盆的刚性和内部损耗，使共振得到抑制。

当频率特别高时，锥盆顶部力顺不能忽略。由于其隔振作用，音圈振动不能传递到纸盆，使锥盆的声输出急剧减小，因此出现高频重放上限。

9.2.3.2 锥形扬声器阻抗特性

图 9-13 所示为典型锥形扬声器阻抗特性曲线。下面根据图 9-8 所示扬声器输入端等效电路对其阻抗特性进行分析。

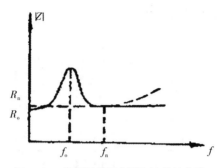

图 9-13 典型纸盆扬声器阻抗特性曲线

在图 9-8 中，C_{me}、L_{me} 和 R_{me} 分别是力端反映到电输入端的等效电容、电感和电阻，分别称为动生电容、动生电感和动生电阻。扬声器的输入电阻抗为

$$Z = R_0 + j\omega L_0 + \cfrac{1}{\cfrac{1}{R_{me}} + j\omega C_{me} + \cfrac{1}{j\omega L_{me}}}$$ （9.26）

下面根据式（9.26）分段讨论阻抗特性：

（1）当 $f=0$ 时，由式（9.26）得

$$|Z| = R_0$$

即在直流情况下，扬声器的阻抗就是音圈的直流电阻 R_0；

（2）频率较低时，忽略音圈电感 L_0。当 $f=f_0$ 时，∣Z∣达到最大值。谐振频率为

$$f_0 = \frac{1}{2\pi\sqrt{M_{me}C_{me}}} = \frac{1}{2\pi\sqrt{M_m C_{m0}}}$$ （9.27）

与扬声器的低频共振频率相同。

谐振峰的品质因数 Q_M 为

$$Q_M = \frac{\omega_0 C_{me}}{1/R_{me}} = \frac{\omega_0 M_m}{R_m}$$ （9.28）

由于 Q_M 不计及电学系统的电阻，故称为扬声器的力学品质因数。

（3）当频率由 f_0 继续升高时，并联支路感抗愈来愈大，容抗愈来愈小，动生阻抗逐渐呈容性，同时，音圈电感的作用逐步增强。当音圈感抗与呈容性的动生阻抗发生串联谐振时，阻抗出现最小值。

（4）当频率继续增大时，容抗越来越小，音圈电感的感抗占主导地位，因此，阻抗随频率增大而出现上升趋势。

9.2.3.3 锥形扬声器效率

直接辐射式扬声器效率很低，通常只有百分之几。低频段锥形扬声器的电声转换效率可用下式计算为

$$\eta = \frac{B^2 l^2 \rho_0^2 S_D^2}{\pi c_0 M_m^2 R_0}$$ （9.29）

可见，扬声器的效率与许多因素有关，它与磁感应强度 B 的平方成正比，与振膜的有效面积 S_D 成正比，与音圈导线的电阻有关，还与振动系统等效质量 M_m 有关。增大 B 和 S_D 能提高效率，但是，B 太大会使低频振幅过大而导致非线性失真增大；S_D 增大则 M_m 增大，会使高频辐射声功率下降，同时也使 η 下降。因此，在实际设计中，不能片面追求效率，而必须兼顾扬声器的其他性能。

9.2.3.4 锥形扬声器指向性

由于锥盆在中、低频段可以看成活塞振动，因此它的指向性同圆形活塞的指向性基本一致，即指向性与 a/λ 有关，比值越大，指向性越强。换句话说，频率越高、锥盆口径越大，则指向性越强；反之，频率越低、锥盆口径越小，则指向性越弱。

9.2.3.5 锥形扬声器非线性失真

1. 由磁通分布不均匀引起的失真

音圈是在磁隙中振动的，前面理论分析中均假设音圈振动所及范围的磁场是均匀的。但是，实际情况并非如此，气隙沿轴向在导磁板内、外表面附近均有漏磁存在，使该处磁感应强度变弱，因此，音圈振动所及范围的磁场并不是均匀的，尤其在低频时，音圈的振幅较大，使这种磁场的不均匀性更加显著。由于磁场的不均匀，使音圈在振动过程中平均磁感应强度发生变化，导致音圈驱动力 Bli 产生非线性失真，最终引起扬声器输出的非线性失真。

2. 由磁路的非线性引起的失真

由磁路非线性所引起的失真，一般称为电流失真。产生这种失真的原因有两个，一是在低频大振幅时，音圈对磁缝隙的相对位置变化较大，使磁路磁阻发生变化，导致音圈电感变化，使电流产生失真；二是由于构成磁路的磁性材料本身的非线性所引起。由于音圈电感对中、高频段影响较大，因此这种失真在中、高频段较为显著。

3. 由悬置系统引起的失真

扬声器的悬置系统主要是指锥盆的折环和定心支片。悬置系统相当于一个弹簧，在振幅比较小的范围线性还较好，当振幅较大时，就要产生非线性失真。因此，由悬置系统引起的失真对低频段影响较大。

4. 由锥盆分割振动引起的失真

在频率较低时，锥盆如刚性活塞作整体运动，可视为线性系统。当频率较高时，锥盆产生分割振动，成为一个分布参数系统，这时分布力顺元件会产生非线性失真，特别是当锥盆或折环共振时产生的失真较大。

9.2.4 改善锥形扬声器性能的若干方法

改善扬声器性能一般从两个方面着手考虑：一是展宽其重放频带，减小频率特性不均匀度；二是改善其非线性失真，因为这两项指标对扬声器性能的好坏起着决定性作用。可以采用某些使扬声器构造复杂化或改善扬声器声学装置的方法，来改善扬声器性能。

9.2.4.1 双锥盆

一般锥形扬声器的有效频率范围较窄，约为几十赫兹至几千赫兹，这是因为扬声器低频设计所要满足的条件与高频设计所要满足的条件相矛盾。要降低低频下限频率，就要增大振动系统质量，而提高上限频率，又要求减小振动系统质量；低频时希望振膜面积较大，而高频时则希望振膜小而轻。采用双锥盆结构可以在一定程度上改善扬声器频率特性，扩展其有效频率范围。双锥盆结构如图 9-14 所示，两个锥盆牢固地和音圈及定心支片连在一起，内锥盆顶角小，且有较大的力劲，适合高频重放，在大锥盆和音圈之间，还设计了一个小小的波纹，起到对高频的隔振作用。在中低频段，两锥盆和音圈一起振动，共同向周围介质辐射声波，但是，随着频率的增高，由于大锥盆与音圈之间的弹性连接，使大锥盆不再振动了，但轻而硬的小锥盆仍和音圈一起振动，直至 10kHz 以上还能有效辐射声波。

图 9-14 双锥盆结构示意图

9.2.4.2 短路环

加短路环是改善扬声器高频特性的一项举措。前面章节已经指出，在频率较高时，扬声器的电阻抗受音圈电感的影响，随频率的增大而上升，这在扬声器定压输入的情况下，必将使扬声器的输入电功率减小，其结果导致扬声器辐射声功率的降低，影响高频重放。所谓短路环，实际上是套在场心柱上的一个薄铜套或铝套，起到音圈的次级线圈的作用，如图 9-15（a）所示。由于短路环的作用，使音圈的电感在高频时接近于零，因此大大缓和了阻抗曲线上升的趋势，如图 9-15（b）所示，也就避免了由于阻抗曲线上升对高频声输出产生的不良影响。同时，由于音圈电感接近于零，磁性材料非线性引起的电流非线性失真也就减小了。

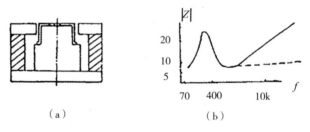

（a）　　　　　　　　　（b）

图 9-15 用短路环对音圈感抗进行补偿

9.2.4.3 短音圈与长音圈

短音圈结构和长音圈结构是为了减小由磁感应强度不均匀而产生的非线性失真而设计的，主要用于低频扬声器。所谓短音圈，是指音圈长度做得比磁缝隙长度小，如图 9-16（a）所示，使音圈在振动过程中不会跳出磁场的均匀区，避免由此引起的非线性失真。但是这种方法磁场的利用率低，为了达到一定的灵敏度必须增加磁钢的体积。所谓长音圈，则是指音圈的长度大于磁缝隙的长度，如图 9-16（c）所示，以使音圈在振动过程中与所有的磁通相耦合（包括均匀区和非均匀区），使平均磁感应强度保持恒定。图 9-16（b）所示为普通音圈结构，通常用于高频扬声器，因为高频扬声器的振幅很小，由 B 值不均匀引起的非线性失真并不严重，不必采用短音圈或长音圈设计。

图 9-16 短音圈与长音圈

9.2.4.4 同轴复合扬声器

同轴复合扬声器是由多个承担不同频带重放的扬声器同轴组合而成的，可以做成双频带、三频带，甚至四频带。双频带同轴复合扬声器的结构是通过分频滤波器将两只较窄频带的扬声器同轴组合在一起，工作时每只扬声器只重放整个频率范围的部分频带的音频信号。图 9-17所示为双频带同轴复合扬声器结构。

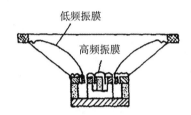

低频振膜
高频振膜

图 9-17 双频带同轴复合扬声器

9.2.5 扬声器振膜和音圈

9.2.5.1 振膜

振膜是扬声器振动系统的主要部件。振膜的材料、形状和内部构造直接影响着扬声器各项性能指标、音质和使用寿命。

综合扬声器各项性能参数对振膜材料的要求，一般要求振膜材料具有下述三种基本特性：

第一，单位面积质量小，即要求材料密度 ρ 要小，质量要轻；

第二，材料的机械强度高，杨氏模量 E 大，即要求材料不易损坏和变形；

第三，要有较大的内阻尼。

其中前两项要求可以用比弹性率 E/ρ 高表示，比弹性率越高，振膜越不容易产生分割振动，振膜做活塞振动的频率范围就越宽，频率特性越平坦；质量轻，则有利于高频声输出，有利于高频上限频率的提高。内阻尼较大，则可增大内部损耗，抑制锥盆共振，减小高频频响的不均匀度，减小失真。

纸浆是最早使用的振膜材料，但后来发现单纯的纸浆难以满足上述三个基本要求。为了得到扬声器振膜所需的杨氏模量、内部损耗及强度，通常将纸浆同其他材料混合使用，这种混合而成的材料称为复合材料。常用的扬声器振膜材料主要分为天然纤维、人造纤维和塑料、金属等三大类。天然纤维包括植物纤维和动物纤维，植物纤维包括从木材得到的纸浆、从树皮类得到的韧皮纤维和从种子类得到的种毛纤维；动物纤维主要是羊毛、骨胶、绢丝等。植物纤维是以纤维素为主体，而动物纤维则含有大量蛋白质，有很高的强度。人造纤维、金属（铝、铍、钛及其合金）、塑料、精细陶瓷、石墨晶体等具有较高的杨氏模量，已被用于改善纸盆性能或制作球顶形中、高频扬声器振膜。

9.2.5.2 音圈

音圈是由导线绕制在音圈架上形成的。导线的材料有铜、铝或铜包铝线，铜线可焊性好、导电性强，铝线质量轻、效率高，铜包铝线则兼具二者优点。导线构造如图 9-18 所示，导线截面有圆形和矩形之分，矩形截面导线能充分利用有限的磁隙空间，但绕制起来却相当困难，需要有专门的技术措施，因此，成本较高。导线骨架材料主要是牛皮纸、铝箔、高分子薄膜。由于声频电流通过导线时会使导线发热，所以一般要求音圈骨架耐热、轻、薄而且刚性强。纸质骨架主要用于一般功率的扬声器，大功率扬声器音圈骨架需要采用铝箔或高分子薄膜制作。为了使音圈的引出线能在同一个方向（一般从与纸盆粘接的一端引出），音圈绕制的层数总是取偶数，即两层或四层。图 9-19 所示为音圈绕制示意图。

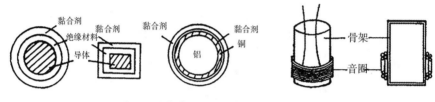

图 9-18 音圈导线构造图　　　　图 9-19 音圈绕制示意图

9.3 球顶形扬声器

在高质量扬声器系统中较常用的另一种直接辐射式扬声器是球顶形扬声器。球顶形扬声器由其振膜呈球顶形而得名，这种扬声器具有重放频带宽、高频特性好、指向性稳定、瞬态特性和相位特性较好、失真小等优点，但是，由于振膜尺寸小，因此工作效率较低。球顶形扬声器一般在分频式扬声器系统中作为中频或高频扬声器使用。

球顶形扬声器的基本结构如图 9-20 所示。由图可知，球顶形扬声器的折环、音圈、磁路系统的构造与电动式纸盆扬声器基本相同，但是，它有以下几个方面的特点：

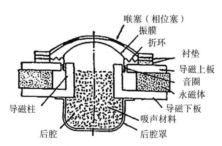

图 9-20 球顶形扬声器基本结构示意图

第一，振膜前面设有喉塞（或称为相位塞），其目的是改善高频声压频率特性和指向性，同时也起到保护振膜的作用。并非每一只球顶形扬声器都配备喉塞，这主要根据振膜材质和形状取舍。

第二，振膜的面积一般比纸盆扬声器小。口径小的扬声器，其优点是指向性好，高频特性好，它的缺点是要输出相同的声压必须加大振动振幅。因此，对于小口径球顶形扬声器来说，其支撑系统的非线性问题应给予足够的注意。

第三，球顶形扬声器的振膜一般仅由折环支撑。当振膜只靠折环支撑时，振膜在低频段的工作不易稳定。由于折环沿圆周方向的力劲不均匀，在低频共振频率以下的力劲控制范围内以及在折环固有共振的频率范围内，振膜就会出现横向振动，这就导致产生异常声和失真。为了防止产生这种失真，可采取双重折环支撑的办法。

第四，几乎所有的球顶形扬声器都设有后腔罩。由于球顶形扬声器的振膜与场心柱之间存在一个小气室，称为膜后空腔，这个膜后空腔就像附加在振膜上的一个弹簧，会影响扬声器的低频特性。如果后腔小，则振膜的力劲增大，低频共振频率上升，Q 值也变大。因此，在大多数中频球顶形扬声器中，为了减小膜后空腔对低频共振频率的提升作用，常常在场心柱中开声道，并设置后腔罩，目的是增大后腔体积，降低低频共振频率。

按振膜的软硬程度，球顶形扬声器可分为硬球顶形扬声器和软球顶形扬声器。硬球顶形扬声器的振膜一般多采用刚性大、质量轻的金属（如铝、钛、铍、硼及其合金）制作，而其中铍合金性能最佳。软球顶形扬声器的振膜则多采用非金属材料如棉布、绢、化纤等制作，方法是将这些纤维材料浸上酚醛树脂，然后热压成形，为了防止漏气和便于抑制分割振动，还要涂敷一层阻尼材料。另外还有一种介于硬球顶形和软球顶形之间的振膜，是采用纸浆及树脂薄膜等制作的。

硬球顶和软球顶的设计着眼点是不同的。对硬球顶来说，必须做到使振膜在相当高的频段也不会出现分割振动，因此要求振膜的刚性大，不易产生分割振动。对软球顶来说，则要求在产生分割振动时，不应出现单一共振，而要做到多共振均匀分散，同时，为了得到较平滑的特性，必须选择适当的黏弹性材料和吸声材料做振膜的阻尼材料。硬球顶设计和软球顶设计的共同目的是希望得到较宽的重放频带和均匀的频率响应。

9.4 号筒式扬声器

扬声器的振膜通过一个号筒向周围空间辐射声波，这种扬声器称为号筒式扬声器。所谓号筒是指截面积逐渐变化的声管。根据号筒截面积变化规律不同，大致可分为下列三种类型：圆锥型号筒，其截面积与到音头的距离成一定比例扩展；指数型号筒，其截面积与到音头的距离成指数比例扩展；双曲线型号筒，其截面积与到音头的距离成双曲函数比例扩展。这三种类型号筒的截

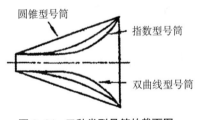

图 9-21　三种类型号筒的截面图

面图如图 9-21 所示，其中又以指数型号筒使用较为普遍，本章将对它进行重点讨论。

号筒式扬声器的最大特点是电声转换效率高，而且指向性易于控制。因此，尽管其外形较大，仍然在组合式扬声器系统和扩声系统中得到广泛应用。

9.4.1 号筒的传声特性和作用

9.4.1.1 号筒的传声特性

要了解号筒式扬声器的工作原理，首先必须了解号筒的传声特性，下面以指数型号筒为例，说明其传声特性。

指数号筒某一位置的截面积可表示为

$$S = S_0 e^{mx} \tag{9.30}$$

其中，S_0 为号筒起始处（喉部）的横截面积，x 为到起始点的距离，m 称为扩展系数。由理论分析得到，无限长指数号筒中某处声波的辐射阻抗为

$$Z_r = Z_0 S \left(\sqrt{1 - (f_c/f)^2} + j f_c/f \right) \tag{9.31}$$

其中，S 为号筒截面积；$Z_0 = \rho_0 c_0$，为空气的特性阻抗；f 为频率；$f_c = \dfrac{mc_0}{4\pi}$，称为号筒截止频率。由式（9.31）得知，只有当 $f > f_c$ 时，辐射阻为实数，声波才能在号筒里有效传播。所以，号筒相当于一个高通滤波器，号筒扬声器通常作为组合式扬声器系统的高音单元。

由式（9.31）得，号筒喉部辐射阻抗为

$$Z_{r0} = Z_0 S_0 \left(\sqrt{1 - (f_c/f)^2} + j f_c/f \right) = R_{r0} + j X_{r0} \tag{9.32}$$

号筒喉部辐射阻和辐射抗随频率变化特性如图 9-22 所示。

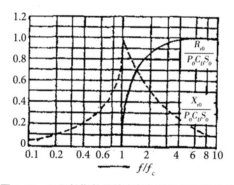

图 9-22　无限长指数号筒喉部辐射阻抗频率特性

由图 9-22 可知，在 $f = \sqrt{2} f_c$ 时，喉部辐射阻与辐射抗相等；当 $f > 2 f_c$ 时，系数 $\sqrt{1 - (f_c/f)^2}$ 已接近和超过 0.9，号筒喉部的辐射特性接近于活塞高频辐射，喉部辐射阻抗近似为纯阻并达到最大值，即

$$Z_{r0} \approx Z_0 S_0 \tag{9.33}$$

9.4.1.2　号筒的作用

由直接辐射式扬声器的等效类比电路可知，所有的抗性元件是不消耗功率的，而消耗在力阻元件上的功率则变成了热量逸散到周围空间，只有消耗在元件 R_r 上的功率，才代表扬声器向周围媒质所辐射的声功率。如果把辐射阻 R_r 看作负载，而把类比电路中的其他元件看作电源内阻，则当负载与内阻相等时，负载上将获得最大输出功率，称为阻抗匹配。对于直接辐射式扬声器而言，由于低频辐射阻仅为 $R_r \approx Z_0 S_D (ka)^2 / 2$，远小于扬声器振动系统的力阻，因而处于阻抗失配状态，元件 R_r 上所获得的功率很小，即辐射声功率很小，馈给扬声器的电功率中，极大部分变成热量而耗散掉，或者使扬声器振动系统发生运动，因此，直接辐射式扬声器的电

声转换效率极低。为了提高扬声器的效率,必须增加振膜的辐射阻。通过在振膜前加一个号筒,就可以在一定条件下使辐射阻增大到 $Z_0 S_0$,因而是一种提高声辐射效率的有效办法。

在实际情况下,号筒不可能是无限长的。由理论分析得出,有限长号筒具有无限长号筒传声特性的条件为

$$\begin{cases} k a_l > 3 \\ f > 2 \sim 4 f_c \end{cases} \qquad (9.34)$$

其中, $k = \dfrac{\omega}{c}$, l 为号筒长度, S_l 为号筒口面积, a_l 为号筒口半径。

如果所选取的号筒出声口的半径足够大,并且工作频率远大于号筒的截止频率,那么无限长号筒的声传输特性在有限长号筒中仍得以保持。

9.4.2 号筒扬声器基本结构

号筒扬声器主要由发音单元(称为音头)和号筒两个部分组成。由于音头和号筒的形式各不相同,所以号筒扬声器又是多种多样的,其中以电动式扬声器为音头的号筒扬声器使用最为广泛。

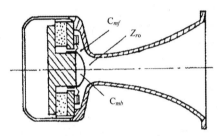

图 9-23 电动式指数号筒扬声器基本结构

图 9-23 为电动式指数号筒扬声器基本结构简图。从图 9-23 看出,球顶形扬声器的振膜通过膜前气室与较小的号筒喉部相耦合。设前室的等效力顺为 C_{mf},号筒喉部辐射阻抗为 Z_{r0},画出号筒扬声器的等效类比电路如图 9-24 所示。图中, $R_{r0} \approx Z_0 S_0$ 为号筒喉部辐射阻抗。

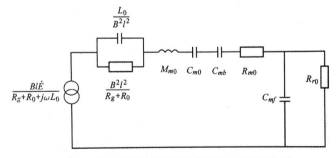

图 9-24 电动式指数号筒扬声器等效力学类比电路

当前室的线度远小于波长或工作频率足够低时,膜前气室的作用可以忽略,而看成是一个面积变量器,这时,振膜辐射阻抗为

$$R_r = \left(S_D / S_0 \right)^2 R_{r0} \qquad (9.35)$$

可见，减小喉部截面积 S_0，增大变换系数 S_D/S_0，可增加辐射阻，从而提高声辐射效率，这是配置喉塞的原因之一。配置喉塞的另一个目的是避免高频时从振膜不同位置辐射的声波在喉部干涉而引起的输出下降现象，改善高频频率特性，扩展高频重放上限。图 9-25 所示为配置喉塞的号筒音头示意图。

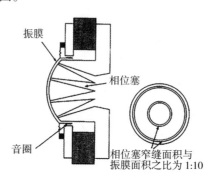

图 9-25 配置喉塞的号筒音头

9.4.3 号筒扬声器性能分析

9.4.3.1 号筒扬声器频率特性

号筒扬声器的低频下限频率由号筒的截止频率和音头的下限频率共同决定。随着频率增大，声输出随辐射阻的增大而增大。当 $f \geq \sqrt{2} f_c$ 时，忽略 L_0、C_{mf}，其等效类比电路如图 9-26 所示，图中 $C_m = \dfrac{C_{m0} C_{mb}}{C_{m0} + C_{mb}}$。

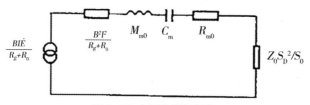

图 9-26 中频段简化电路

当元件 M_{m0} 与 C_m 发生串联谐振时，其谐振频率为

$$f_0 = \frac{1}{2\pi \sqrt{M_{m0} C_{mf}}} \tag{9.36}$$

f_0 是球顶形扬声器的最低共振频率。此时，系统处于力阻控制状态，输出不随频率变化，频响特性较为均匀平坦。因此，把谐振频率附近的频段作为电动式指数号筒扬声器的主要工作频段，即电动式指数号筒扬声器的振动系统工作在力阻控制区。

进入高频段以后，质量抗远大于力顺抗，同时，前室的分流作用越来越明显，等效力顺 C_{mf} 不能忽略。此时号筒扬声器相当于一个低通滤波器，其上限频率就是号筒扬声器的高频截止频率，即

$$f_h \approx \frac{1}{2\pi \sqrt{M_{m0} C_{mf}}} \tag{9.37}$$

综上所述，电动式指数号筒扬声器响应低端受截止频率 f_c 限制，高端受高频截止频率 f_h 限制，低频区和高频区响应均随频率变化，只在振动系统谐振频率附近，响应近似与频率无关，因此，振动系统要按力阻控制设计。如果要进一步展宽有效频率范围，则低端要降低 f_c，高端要提升 f_h。然而，f_c 的降低受号筒长度限制，f_h 的提升有赖于减小 C_{mf}，即要膜片与喉口之间的间距减小或膜片面积增加。膜片与喉口间距减小受振幅制约，膜片面积增加则导致质量抗增大，使高频输出下降，也要受到限制。降低振动系统 Q 值可展宽中频范围，但力阻的增加将加大损耗，降低效率。因此，电动式指数号筒扬声器的有效频率范围较窄。上述讨论频率特性时没有考虑到有限长号筒传输频率特性和号筒口声辐射时的指向性增益的影响。所谓指向性增益是指当圆形振膜在任何频率下都有恒定的声输出功率时，由于高频指向性变得尖锐，使轴向声压级上升。实际号筒扬声器的声压频率特性如图 9-27 所示，有限长号筒口反射波对频率特性的影响反映在频率特性曲线的低频部分呈现波动，声压频率特性曲线的高频端上升是由于号筒口声辐射时产生的指向性增益的影响。

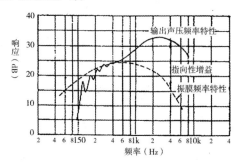

图 9-27 典型号筒扬声器声压频率特性曲线

9.4.3.2 号筒扬声器效率

下面估算在力阻控制区电动式指数号筒扬声器的效率。

由图 9-26 得，谐振时振膜振速有效值为

$$V = \frac{BlE}{R_g + R_0} \cdot \frac{1}{\dfrac{B^2 l^2}{R_g + R_0} + R_{m0} + R_r}$$

$$\approx \frac{BlE}{R_g + R_0} \cdot \frac{1}{\dfrac{B^2 l^2}{R_g + R_0} + R_r}$$

式中，$R_r \approx Z_0 S_D^2 / S_0$，一般 R_{m0} 可忽略不计。

号筒扬声器辐射的声功率为

$$W_a = V^2 R_r$$

$$= \frac{\left(\dfrac{BlE}{R_g + R_0}\right)^2}{\left(\dfrac{B^2 l^2}{R_g + R_0} + R_r\right)^2} \cdot R_r$$

输入扬声器的电功率按额定阻抗计算，并取 $R_n \approx R_0$，则输入电功率为

$$W_e \approx \frac{E^2}{R_g + R_0}$$

所以，号筒扬声器的电声转换效率为

$$\eta = \frac{W_a}{W_e}$$

$$= \frac{\dfrac{B^2 l^2}{R_g + R_0}}{\left(\dfrac{B^2 l^2}{R_g + R_0} + R_r\right)^2} \cdot R_r$$

以 R_r 为变量，将上式对 R_r 求导，并令其等于零，求得效率最大的条件是

$$R_r = \frac{B^2 l^2}{R_g + R_0} \tag{9.39}$$

且最大效率为25%。因此，号筒扬声器的效率确实比直接辐射式扬声器的效率大得多。

9.4.3.3 号筒扬声器非线性失真

号筒扬声器的非线性失真，除了由音头部分产生外，主要是由膜前空腔的非线性和喉部大振幅波的传播引起的。

1. 膜前空腔的非线性引起的失真

振膜振动时，会引起前室中空气的压缩与膨胀，而且由于压缩和膨胀的过程进行得很快，以至于来不及进行热交换，因此，空气的压缩和膨胀是一个绝热过程，前室中空气的体积和压强之间应满足

$$PV^\gamma = 常数 \tag{9.40}$$

式中，γ 为定压比热与定容比热之比。P 与 V 的关系曲线如图9-28所示。

如果振膜的位移是按正弦规律变化的，则前室中空气的体积也将按正弦规律变化。由图可知，若振膜的振幅较大时，则在号筒喉部所形成的压力波，就不再是正弦波了。这种失真的压力波从喉部向号筒口传播出去，从而出现非线性失真。

2. 喉部大振幅波传播所引起的失真

在号筒喉部即使获得一个不失真的压力波，但由于喉部截面积很小，声压振幅往往很大，声波在传播过程中也

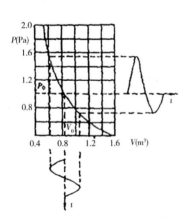

图9-28　20℃时 P 与 V 的关系曲线

会产生失真。这是由于大振幅波压力大的部分（稠密区）的传播速度比压力小的部分（稀疏区）的传播速度大的缘故，最后造成号筒口声压波形产生失真。这种波形失真以二次谐波失真为主，而且声压越大、频率越高、传播距离越长，失真就越严重。因此，为了减小号筒式扬声器的非线性失真，应尽可能地增大喉部截面积 S_0 和缩短喉部长度，但是这与提高效率和降低重放频

率下限是相矛盾的，因此应折中考虑。

9.4.4 号筒扬声器指向性控制

号筒口的辐射，恰如一个很大的平面活塞。由于号筒口较大，使号筒口的声辐射具有极尖锐的指向性，同时，由于其辐射阻抗为纯阻，因而能有效地辐射声波。这种极强的指向性和高声输出使号筒扬声器具有传声距离远的功能而被广泛应用于扩声。然而，在实际应用中更希望号筒扬声器在低频和高频都有稳定的指向性和较宽的声音覆盖区域。为了改善号筒式扬声器指向性，使其满足实际应用的需要，通常在指数号筒的基础上对号筒形状进行改进，形成各种类型的号筒。

9.4.4.1 径向号筒

径向号筒如图 9-29 所示。当工作频率远大于号筒截止频率且号筒口面积足够大时，指数号筒中声波近似以平面波形式传播。但是，对于径向号筒，其在喉部的声波波阵面是设计成柱面形的，在号筒中，声波以柱面形的波阵面传播，并在号筒口辐射，从而获得较宽的水平方向指向性。径向号筒的指向性如图 9-30 所示，在水平面方向上指向性比较稳定，辐射角取决于扇形的张角；在垂直面方向上由无指向性开始，指向性随频率增大逐渐增强。

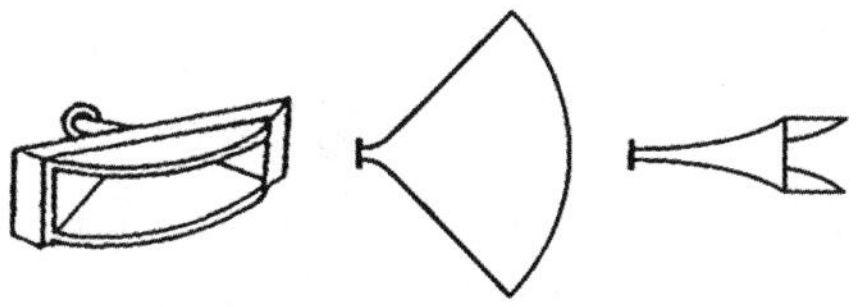

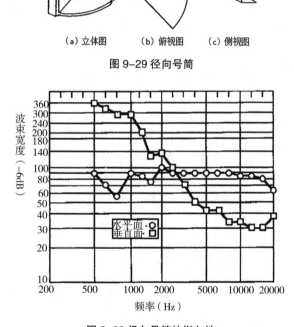

(a) 立体图　　(b) 俯视图　　(c) 侧视图

图 9-29 径向号筒

图 9-30 径向号筒的指向性

9.4.4.2 多格号筒

多格号筒如图 9-31 所示。多格号筒相当于由若干个号筒组合而成，它们的开口彼此相邻，而号筒轴则各自展开并形成一个扇形。在低频时，各子号筒的指向性都较宽，多格号筒呈现较宽的指向性，但随着频率升高，各子号筒之间发生声波干涉，因此呈现较强的指向性。在高频时，多格号筒中每个分格的辐射均向各自的轴向聚集，干涉现象逐渐消失，使整个组合的辐射保持扇形指向性。所以，这种号筒的最大特点是高频指向性稳定。多格号筒扬声器的指向性如图 9-32 所示。

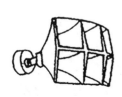

图 9-31 多格号筒图

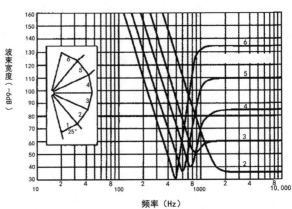

图 9-32 多格号筒的指向性

9.4.4.3 双径向号筒

双径向号筒是由 JBL 公司开发的一种等指向性号筒。所谓等指向性是指其水平面和垂直面均有较稳定的指向性。图 9-33 所示为双径向号筒外形图，可以看出，双径向号筒与曼塔莱号筒外形十分相似，只不过双径向号筒开口处的四个侧面均为曲面，可以认为是由纵方向和横方向两个径向号筒组成的。图 9-34 所示为双径向号筒的指向性。

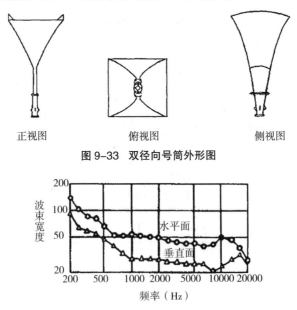

正视图　　俯视图　　侧视图

图 9-33　双径向号筒外形图

图 9-34　双径向号筒的指向性

9.5 箱式扬声器系统

一个扬声器单元是无法同时获得高频和低频的良好辐射的，要制造一个在全频段失真都很小、指向性很均匀的扬声器，在技术上是十分困难的。在实际应用中，为了使扬声器具有较宽的工作频率范围，满足高保真重放要求，可以用较复杂的结构来代替单个扬声器。将不同类型的扬声器组合起来，放置在各种类型的箱体中，并配以分频器，使每一个扬声器只担负其中一个较窄频带的重放，这种声音重放装置称为组合式扬声器箱或箱式扬声器系统。

组合式扬声器系统能较容易地满足高保真重放的技术要求。由于高、低频分别由不同的扬声器重放，因此不仅能扩展重放频带，而且还能在一定程度上改善高频指向性。当同时输入高频和低频信号时，由于低频和高频分别由不同的扬声器重放，因此互调失真较小。此外，还能由分频网络、衰减器等对频率特性进行调节和补偿。但是，组合扬声器也带来一些缺点，例如在分频频率附近指向性混乱，由于各频段扬声器组合在一起而使频率特性和阻抗特性的调整复杂化，组成元件多而价格高等。

扬声器系统主要由箱体、分频器和扬声器单元三个部分组成，如果是有源扬声器系统，则还包含功率放大器、均衡器等。随着数字化技术的发展和应用，扬声器系统也向着高性能、多功能和智能化方向发展，由此出现了扬声器系统控制器等。

9.5.1 障板的声学作用和特性

锥形扬声器不仅正面辐射声波，背面也会辐射声波。低频时，背面辐射的声波会绕射到前面，与前面的声波发生干涉，造成声场的不均匀和频率特性的不均匀。当这两列波在某一接收点相位相反时，声波互相抵消，该点声压就趋于零，听不到声音，这种现象称为声短路效应。声短路现象在低频范围较为明显。因此，在扬声器的分析和测试中，为了隔离前后辐射的声波，必须将扬声器镶嵌在一个刚性平板上，这一平板称为障板。在扬声器的实际应用中，则把扬声器安装在箱体上，借助箱体的障板作用，改善扬声器的低频特性。

障板尺寸为无限大，效果当然最好，但实际上是不可能的，实际使用的障板都是有限障板。障板的特性随障板的形状以及扬声器安装的位置而变化。设有一个半径为 R 的圆形障板，扬声器安装在中心位置，在扬声器的主轴上有一个接收点，如图 9-35 所示。圆形障板的频率特性分析如下：

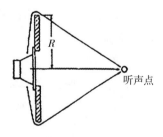

图 9-35 圆形障板上扬声器的声辐射

第一，当频率很低时，前后声波的声程差 L 远小于波长。这时，由声程差引入的相位差近似为零，在接收点由于后辐射声波与前辐射声波相位相反，因此两列声波互相抵消，声输出很小。

第二，随着频率增大，波长减小，前后声波的声程差 L 越来越接近 $\lambda/2$，前后声波在接收点相位趋于一致，声输出逐渐增大。当 $L=\lambda/2$ 时，后辐射声波与前辐射声波同相，互相加强，声输出出现第一个极大值。

设出现第一个峰值的频率为 f_c，前后声波的声程差近似为 R，则由

$$R = \frac{1}{2} \cdot \frac{c_0}{f_c}$$

得

$$f_c = \frac{170}{R} \qquad (9.41)$$

第三，频率继续增大，当 $L=\lambda$ 时，前后声波在接收点相位相反，互相削弱，声输出出现第一个谷值，此时，声波频率 $f=2f_c$。依此类推，对于 $f=nf_c$，当 n 为奇数时，频率特性出现峰值；当 n 为偶数时，频率特性出现谷值。同时，随着频率增大，后辐射声波的绕射现象越来越弱，对扬声器前方声场的影响减小，特性曲线的起伏将变得越来越小。

圆形障板的频率特性如图 9-36 所示，通常认为圆形障板工作的截止频率为 fc。由式（9.41）看出，R 越大，即障板尺寸越大，f_c 则越小。

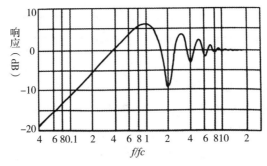

图 9-36　圆形障板的频率特性

如果障板为方形障板或其他非圆形障板，且扬声器不是安装在中心位置，则由于扬声器纸盆前后辐射的声波到达前面某一点时的距离差不是单一数值，因而频率特性曲线的起伏比较小，甚至较深的峰谷也能消失。因此，实际使用时都采用不规则障板和非对称安装。图 9-37 所示为扬声器频率特性测试时使用的标准障板尺寸和扬声器安装位置，这种障板主要适用于测量 8 英寸以下的扬声器单元。

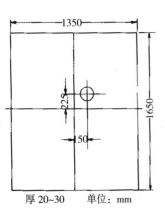

厚 20~30　单位：mm

图 9-37　标准障板尺寸

9.5.2　几种常用的箱体类型

9.5.2.1　开口式扬声器箱

除了在测量扬声器电声参数时采用标准平面障板外，在实际应用中很少采用平面障板，而经常采用它的变形即开口箱，如图 9-38 所示。这种开口式扬声器箱广泛应用于收音机、电视机中（机箱的后面板开有散热孔，对低频来说，可以认为与开放的情况相同）。

开口箱可视为弯折的平面障板，因此它具有和平面障板基本相同的声学性能，所不同的是，由于被曲折了的障板形

成一个腔体，因此，开口箱的频率特性曲线，除了出现有限障板所固有的峰谷外，还可能出现因箱板和空腔中简正振动方式被激发而造成的共振峰谷。所以，在设计开口箱时，箱体的尺寸、形状、扬声器的安装位置等都要仔细加以考虑，以免简正振动方式的影响，特别要注意避免简正振动方式的简并化。通常在箱壁贴附玻璃棉等吸声材料，以抑制共振。

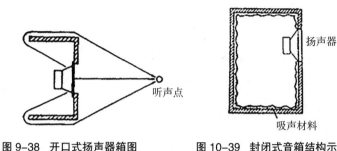

图 9-38　开口式扬声器箱图　　　图 10-39　封闭式音箱结构示意图

9.5.2.2 封闭式扬声器箱

封闭式扬声器箱的基本结构如图 9-39 所示。封闭箱的主要作用是把扬声器背面辐射的声波完全隔绝，从而避免低频时背面辐射的声波与前面的声波互相干涉，以改善低频特性。

封闭式箱体对扬声器低频特性和高频特性都将产生影响。低频时，闭箱的空腔对扬声器振膜的作用表现为一声顺（空腔弹簧），使扬声器振动系统的力劲增大，系统低频共振频率提高，而且箱体越小，影响越大；高频时，若箱子内壁不加衬吸声材料，则其作用相当于一个多谐振电路，使频响曲线出现峰谷，若在箱内加衬吸声材料，则这些共振可得到抑制。

当扬声器安装在封闭箱时，由于箱体等效力顺的影响，其谐振频率将会提高，这意味着扬声器低频重放频率上移，而且箱体越小，这种上移现象越严重。为了在确保封闭式扬声器箱低频性能的同时尽可能把箱体做得小些，经常采用高顺性扬声器。这种高顺性扬声器多采用十分柔软的复合材料做折环，因此谐振频率 f_0 极低，装入封闭箱后，虽然谐振频率会有所提升，但仍能保证所需的低频重放。

9.5.2.3 倒相式扬声器箱

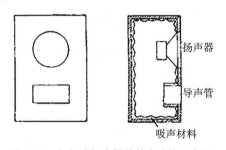

图 9-40　倒相式扬声器箱基本结构示意图

由于封闭式扬声器箱采用封闭箱吸收了扬声器背面辐射的声波，背面辐射的声波无法得到利用，造成了声能的损失，因此，封闭式扬声器箱的灵敏度较低，一般仅适合家庭或小房间内音乐欣赏，而对于剧场、影院、音乐厅等大型房间的声音重放，通常需要采用倒相式扬声器箱。

倒相式扬声器箱的基本结构如图9-40所示，它的箱面上开有两个孔，一个孔用来安装扬声器，另一个孔装有一个短管，用来辐射背面的声波。当扬声器振膜振动时，一方面向前方辐射声波，另一方面压缩箱内空气，并把箱内空气经短管压到箱外，只要设法使开口辐射的声波与扬声器正面辐射的声波同相，就达到设计目的了。因此，倒相式扬声器箱能有效利用振膜背面的声波，从而提高了声辐射效率。

倒相式扬声器箱低频等效声学类比电路如图9-41所示。图中，M_{ma}、C_{ma}、R_{ma}为扬声器单元参数；R_{ar1}和M_{ar1}为扬声器振膜正面辐射声阻和声质量；C_{ab}为箱体空气的等效声顺；$R_{at} = R_{ar2} + R_{ap}$，$M_{at} = M_{ar2} + M_{ap}$，其中$R_{ap}$和$M_{ap}$为短管的等效声阻和声质量，$R_{ar2}$和$M_{ar2}$为管口的辐射声阻和声质量。

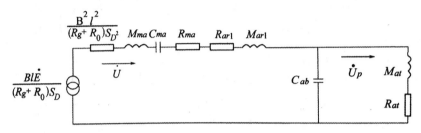

图9-41 倒相式扬声器箱等效声学类比电路

T 由图9-44可得

$$\dot{U}_P\left(R_{at} + j\omega M_{at}\right) = \left(\dot{U} - \dot{U}_P\right)\frac{1}{j\omega C_{ab}}$$

$$\frac{\dot{U}}{\dot{U}_P} = j\omega C_{ab}\left(R_{at} + j\omega M_{at} + \frac{1}{j\omega C_{ab}}\right)$$

$$= j\omega C_{ab}R_{at} - \omega^2 C_{ab}M_{at} + 1$$

这里，$\dot{U}$为振膜背面声辐射的体积速度，$\dot{U}_P$为管口声辐射的体积速度。令

$$\omega_B = \frac{1}{\sqrt{M_{at}C_{ab}}} \qquad (9.42)$$

其中，ω_B称为箱体的谐振频率，更具体地说，是短管和箱体组成的赫姆霍兹共鸣器的谐振频率，则有

$$\frac{\dot{U}}{\dot{U}_p} = \left(1 - \frac{\omega^2}{\omega_B^2}\right) + j\omega C_{ab}R_{at} \qquad (9.43)$$

设$\dot{U}$与$\dot{U}_P$的相位差为ϕ，则

$$tg\phi = \frac{\omega C_{ab}R_{at}}{1 - \omega^2/\omega_B^2} \qquad (9.44)$$

φ 随 f/f_B 变化的特性如图 9-42 所示。可见，只要当 $f \geqslant f_B$ 时，$\varphi \geqslant 90°$，此结构就可以起倒相作用了，因此常把 f_B 称为倒相频率。一般当 $f > 1.4f_B$ 时，就可以认为相位已经倒转 180°，此时，开口和扬声器正面所辐射的声波同相。

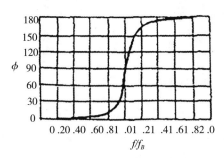

图 9-42　相位差 φ 的频率特性曲线

9.5.2.4 带通式音箱

从传输特性上看，开口箱、封闭箱和倒相箱都可以看成是高通滤波器，系统的下限频率由箱体结构和锥形扬声器共同决定，上限频率则完全由高频扬声器单元决定。所谓带通式音箱是指声传输特性为一个带通滤波器的扬声器箱，一般由两个或两个以上的空腔组成。在实际应用中，带通式音箱一般用于重放 200Hz 以下的声音信号，即作为重低音音箱，它是随着 5.1 制式多声道环绕声应运而生的。图 9-43 所示为一种带通式音箱结构。

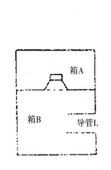

图 9-43　带通式音箱结构

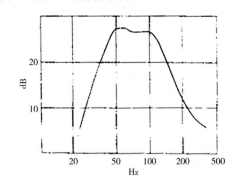

图 9-44　某一带通式音箱频率特性

从重低音音箱的结构来看，扬声器置于重低音音箱的隔板中央，扬声器及隔板将音箱分割为两个空间。在这个系统中，扬声器反面辐射部分为一封闭空间，扬声器正面辐射部分是一个带有开口的空腔，通过与开口相连的短管向外辐射声波。带通式音箱可以看成是封闭式音箱和振膜前的另外一个箱体组合而成，而带短管的空腔实际上是一个低通滤波器，因此整个系统呈现一个带通滤波器的频率特性。图 9-44 所示为某一带通式音箱的频率特性，其下限频率和上限频率分别为 44Hz 和 110Hz。

9.5.2.5 偶极式音箱

所谓偶极式音箱是指两组扬声器单元分别背对背安装在两个侧板上，并馈给反相信号。偶极式音箱的声辐射方式与单极式音箱有很大不同，其正面辐射几乎为零，声波主要向两侧辐射，其指向性如图 9-45 所示。

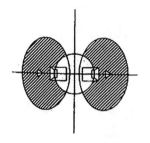

图 9-45 偶极式音箱的指向性

图 9-46 偶极式音箱的摆放

偶极式音箱最初用于家庭影院声音重放系统，作为环绕声音箱，以模拟影院中侧墙和后墙多个环绕声音箱的效果，如图 9-46 所示。

9.5.3 音箱电路部分

9.5.3.1 分频器和衰减器

由于组合式扬声器箱中的每只扬声器只负责某一频段声音的重放，因此，保证供给扬声器单元以严格的频带和正确分配馈给各扬声器单元的信号功率是十分重要的，输入扬声器系统的信号必须经过一个分频设备，通常称为分频网络或分频器。

分频器分为两类，一类称为功率分频，这种分频器的特点是分频器在功放之后，因此需要耐受加到扬声器上的大功率，而且由于分频器的分频频率与扬声器的阻抗有密切联系，而扬声器阻抗是频率的函数，与额定值偏离较大，因此常引起分频点的漂移，调整起来较困难。但这类分频器的突出优点是可以与音箱装成一体成为无源音箱，使用起来比较方便。另一类称为前置分频或电子分频，这种分频器的特点是放在功放之前，并且使用两个或三个独立的功放分别推动扬声器单元，从而降低了功放中的互调失真，但成本较高。这两种分频器各有利弊，在音质要求不是特别高的情况下，通常多采用前一种。

对两分频的扬声器系统来说，最常用的分频网络如图 9-47 所示，它是由一个二阶高通滤波器和一个二阶低通滤波器组合而成的，图 9-47（a）所示为并联型，图 9-47（b）所示为串联型。滤波器的阶次与高通或低通滤波器中动态元件的个数相同，阶次越高，电路越复杂，但滤波器阻带的衰减率越大，事实上 n 阶滤波器的阻带衰减率是 6ndB/Oct。因此，该二阶分频器的衰减率是 12dB/Oct。图 9-47（a）中各元件值可以按下式计算：

$$C_1 = C_2 = \frac{1}{\sqrt{2}\,2\pi f_c Z_0}$$

$$L_1 = L_2 = \frac{Z_0}{\sqrt{2}\pi f_c}$$

图 9-47（b）中各元件值可以按下式计算：

$$C_1 = C_2 = \frac{1}{\sqrt{2}\pi f_c Z_0}$$

$$L_1 = L_2 = \frac{Z_0}{\sqrt{2}\,2\pi f_c}$$

式中，Z_0 为扬声器额定阻抗（设高、低频扬声器的阻抗相同），f_c 为分频频率。

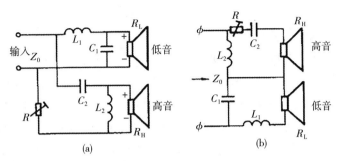

图 9-47 两分频电路

如果在高频支路里串接可调电阻 R，则成为一个简单的衰减器，其作用是调整高低频输出的大小，使输出高频和低频之间达到平衡。也就是说，当扬声器单元因灵敏度差异而造成输出声级不同时，可通过 R 的调节使声级相同。当然实际使用的衰减器要更加复杂一些。

常用的三分频网络如图 9-48 所示，它是一个并联型二阶三分频网络，图中各元件值按下式计算：

$$C_3 = \frac{1}{\sqrt{2}\,2\pi f_{c1}Z_0}, \quad L_3 = \frac{Z_0}{\sqrt{2}\,2\pi f_{c1}} \quad C_1 = \frac{1}{\sqrt{2}\,2\pi f_{c2}Z_0}, \quad L_1 = \frac{Z_0}{\sqrt{2}\,2\pi f_{c2}}$$

$$C_2 = C_1, \quad C_2' = C_3, \quad L_2 = L_1, \quad L_2' = L_3$$

式中，f_{c1} 为低频和中频之间的分频频率，f_{c2} 为中频和高频之间的分频频率。

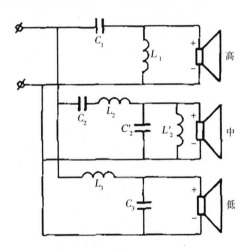

图 9-48 三分频电路

9.5.3.2 频率均衡器

频率均衡器是用来对声音的频响曲线进行均衡的设备，它把整个声音频率范围分成多个频段，可以分别对不同频段的声音进行校正，有效抑制声音过强的频率成分或提升声音过弱的频率成分。频率均衡器的主要应用是校正音频设备的频率特性、校正室内声学共振所产生的窄带峰谷畸变、抑制声反馈以及在音响艺术创作中进行频率均衡等。在扬声器系统中设置频率均衡器的主要作用是对系统在特定声学环境下的频率特性进行调整，使系统满足一定的频响要求。

为了实现均衡，频率均衡器采用窄带滤波方法，把整个音频频带划分成许多细小的校正频段，分别进行提升或衰减处理，以便获得希望达到的任何形状的频率特性曲线。校正频段可以按倍频程、1/2 倍频程或 1/3 倍频程划分。倍频程均衡器的中心频率一般规定为 63Hz、125Hz、250Hz、500Hz、1 000Hz、2 000Hz、4 000Hz、8 000Hz 和 16 000Hz。校正频带窄于倍频程的窄带均衡器，其中心频率的排列是在上述中心频率之间再插入其他的中心频率，如 1/2 倍频程窄带均衡器是在上述中心频率之间按 $2^{1/2}$ 倍插入一个中心频率，1/3 倍频程窄带均衡器则是在上述中心频率之间分别按 $2^{1/3}$ 倍和 $2^{2/3}$ 倍插入两个中心频率。校正频段宽些，其校正曲线较粗糙，但是操作简便易于掌握；校正频段越窄，其校正曲线越精细，但操作使用较复杂，必须有实时分析仪检测，才能均衡处理好，否则不仅达不到预期效果，反而会使频率畸变更加严重。

9.5.3.3 功率放大器

功率放大器是用来把来自调音台或前置放大器的信号进行功率放大并推动扬声器系统发声的。与前置放大器相比，功率放大器是处于大信号输入和大信号输出的工作状态，并且信号的动态范围很大，所以容易引起非线性失真，同时，其功率损耗较大，因此，降低失真，提高功率转换效率，保证足够的输出功率，是对功率放大器的基本要求。图 9-49 所示为典型功率放大器电路方框图，它主要由输入级、前置激励级、激励级、输出级和保护电路等部分组成。在功率较小的电路中，前置激励级和激励级常合并为一级。也有的功率放大器不设置保护电路。输入级主要起缓冲作用，用于放大信号并使放大器稳定工作；前置激励级用来推动激励级，具有一定的电压增益，并偏置在甲类工作状态，且与激励级直接耦合；激励级供给输出级所需要的信号电流；输出级则产生足够的不失真功率，以驱动扬声器发声；保护电路可自动保护输出级功率管，以免其损坏。实现过载保护有切断信号、切断负载和切断电源等方式，以完成输出短路保护、过压保护、过热保护和过流保护。

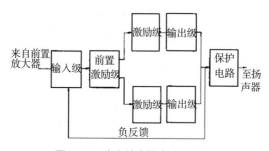

图 9-49 功率放大器电路方框图

1. 性能参数

功率放大器的主要性能参数有额定功率、频率特性、谐波失真、信噪比、输出阻抗、瞬态响应和阻尼系数等。额定功率是指在一定负载电阻、一定谐波失真条件下，加入正弦信号时在负载电阻上测得的最大有效值功率。正弦信号的峰值因数是 3dB，比一般声音信号的峰值因数小很多，这一点在选择功放额定功率时需要注意。

功率放大器按与扬声器匹配方式分为定阻抗输出和定电压输出。定阻输出功放的输出电压与负载阻抗有关，会随着负载阻抗变化而产生较大的电压波动，因此，这种功放对负载阻抗有严格的要求，负载阻抗主要有 4Ω、8Ω 和 16Ω 等。定压输出功放的输出电压不随负载阻抗而变化。为了降低长距离传输中功率损耗，定压输出功放通常需要使用输出变压器，输出电压有 60V、90V、120V 和 240V 等。由于输出端使用大功率音频变压器，所以低频的频率失真、高频的瞬态响应都不太好，而且非线性失真也较大，主要用于背景音乐系统或有线广播系统。

2. 并机工作

功率放大器并机工作时可以增大输出功率。并机是把两台或两台以上功放输出并接在一起，使它们互不影响地工作在公共负载上。一般要求每台功率放大器具有完全相同的技术特性。当两台功放特性不一致时，会降低输出电功率，并容易使功放损坏。因此，并机工作一般是由厂家提前设定，可能出现在两个通道的功放，使用时可以选择是否处在并机工作状态。常用的并机方式有串联并机和并联并机两种，如图 9-50 和图 9-51 所示。串联并机使输出阻抗增大为原来的两倍，并联并机使输出阻抗减小为原来的二分之一。

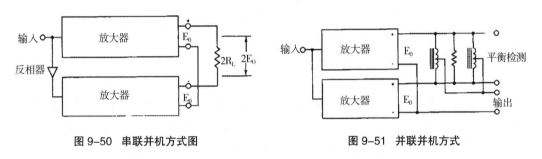

图 9-50　串联并机方式图　　　　　　　　　图 9-51　并联并机方式

9.5.4 声柱

声柱是由多个同相工作的扬声器按一定结构排列成直线或曲线组装在一个长方形柱状箱体上而形成的一种声音重放装置。声柱的柱状箱体通常装有一排或两排扬声器，每排扬声器为 4~12 只。声柱的扬声器安装面一般为平面型的，也有做成曲面形的，图 9-52 所示为各种形式的声柱。

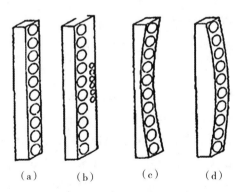

（a）　　　（b）　　　（c）　　　（d）

图 9-52　各种形式的声柱

声柱具有结构简单、电声转换效率高、输出声功率大和垂直方向指向性强等特点。首先，声柱可以看成是点声源线性排列组成，由于相邻声场之间的相互作用，使各扬声器单元的辐射阻增大，因此，声柱与单只扬声器组成的系统相比在输入相同电功率的情况下具有较高的输出声功率，因此具有较高的电声转换效率。其次，由于各只扬声器之间的干涉效应，声柱在垂直面上的声辐射表现出较强的指向性，而在水平面上，其辐射指向性和一只普通扬声器差不多，图 9-53 所示为声柱的指向性示意图。关于声柱指向性的理论分析，可参看第 4.3.2 节。

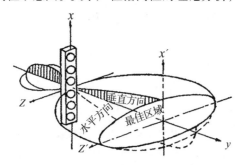

图 9-53　声柱的指向性示意图

由于声柱具有上述特点，因此被广泛应用于室内外扩声系统。首先利用声柱垂直指向性强的特点，可以将主声束投向听众席，供给强的直达声，减小混响干扰，提高清晰度；其次，利用声柱的高灵敏度可补偿远处因距离增大而造成的衰减过多之缺陷，使整个听音区域声场均匀；其三，利用声柱的方向性，可以使系统的布置更可靠地防止电声反馈。

声柱的主要性能参数是声柱的谐振频率、声柱的指向性和声柱的效率。声柱的谐振频率决定了声柱的低频特性，是声柱设计的重要参数，而指向性和效率又是进行室内外扩声设计的基本依据。谐振频率和辐射效率的理论分析必须借助于系统的等效力声类比电路，在电输入端各扬声器单元可以是并联连接或串联连接，同时要考虑各扬声器单元由于声场之间相互作用产生的互辐射阻抗。声柱的垂直面指向性可以用 n 个等强、同相振动的点声源均匀排列成一直线的组合声源来等效。

分析结果表明，对点声源组成的声柱，其垂直指向性除主轴为极大值外，在非主轴方向也会出现极大值。克服这个缺点可以采用线声源。线声源由大量分布在直线上间隔非常小的等强同相点声源组成，如果点声源的数量趋于无限大，点声源间的距离趋近于零，则极限情况就是直线声源。但是，理想的线声源较难实现。理论分析表明，当 $n > 3$ 时，副瓣就会受到很大的抑制，当 $n > 5$ 时，声柱的副瓣小于 0.32，因此扬声器单元的数目一般应大于 5。

9.6 线阵列扬声器系统

如今世界上出现了越来越多的大型运动会场及大型演出场地，在这样一个大型场地上，观众都希望能听到声场分布均匀、清晰的声音。解决这一问题的常用方法是使用分区扩声，即在场地的四周安装多组扬声器系统，但是，这不仅需要多组分散扬声器系统，而且安装调试工作量大、花费时间多，并且由于各声源之间的干涉和延时等问题，很难达到良好的音质效果。另外，由于要达到远距离辐射的目的就需要采用大功率音箱，导致成本价格提高，因此不太适合以商业为目的应用。而垂直线阵列恰恰可以解决这些问题，故大量的线阵列扬声器系统应运而生。目前许多国内的扩声场所和大型演出场地都在使用线阵列系统。

线阵列扬声器系统是以多只音箱的线型组合工作，其工作原理类似于声柱。五十年代的柱状扬声器系统被认为过时了，这是因为声柱的设计没有考虑到扩展工作频带和对复杂听众席几何形状的覆盖，因此声柱的结构相对比较简单，不具有灵活多变性，特性单一，难以适应不同类型大型扩声场所的要求。

线阵列扬声器的主要优点是可以对指向性进行精确控制，能够最大限度地把声能集中到观众区，减少了投射到周围边界的声能，提高了声音的清晰度，同时声波随距离的衰减较普通扬声器系统慢，因此可以对大型会场进行集中式扩声，避免了分区式扩声系统安装调试工作量大、各声源之间的干涉和延时问题，大大提高了声音的质量。

9.6.1 有限长线声源的辐射

由第 5.3.2 节可知，点声源组成的声柱，其指向性的缺点是在频率较高时会出现旁瓣波束，即副极大值。为克服这一缺点，可以采用如图 9-54 所示的线声源。

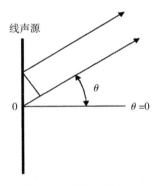

图 9-54　有限长线声源

9.6.1.1 有限长线声源的指向性

线声源实际上可以看成由分布在直线上间距相同、间隔非常小、源强相等且同相位的大量点声源所组成。线声源的指向性函数可视为上述点源直线阵的极限情况。当点源间距 $l \to 0$ 时，总点数 $n \to \infty$、$nl \to L$（L 为线声源长度），得出线声源的指向性函数为

$$D(\theta) = \lim \frac{\sin(\frac{nl\pi}{\lambda}\sin\theta)}{n\sin(\frac{\pi l\sin\theta}{\lambda})} = \frac{\sin(\frac{L\pi}{\lambda}\sin\theta)}{\frac{\pi L\sin\theta}{\lambda}} = \frac{\sin\Delta}{\Delta} \qquad (9.45)$$

其中 $\Delta = \frac{\pi L}{\lambda}\sin\theta$。线声源的指向性函数在直角坐标系下如图 9-55 所示。图 9-56 所示为线声源在不同 L/λ 值时的指向性图。

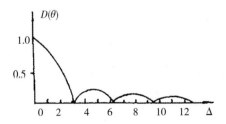

图 9-55　线声源在直角坐标系下的指向性

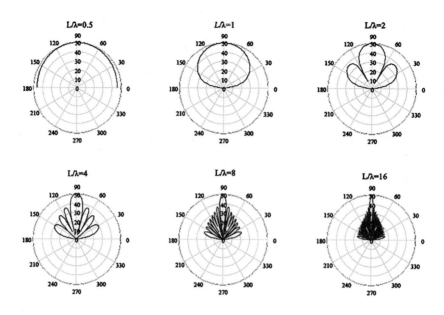

图 9-56　线声源在不同 L/λ 值的指向性图

由上述分析可以看出，线声源指向性具有两个特点：

第一，线声源阵列没有出现副极大，但存在次极大；

第二，线声源阵列的长度小于半个工作波长时，它失去其指向性；当阵列长度大于半个工作波长时，它的指向性逐渐变得尖锐。例如，要控制 100Hz 低频的指向性，线阵列的长度应大于 1.7 米，阵列越长，波束越窄。当 $L<\lambda$ 时，不会出现旁瓣波束。

因此，构成线声源阵列的必要条件是：

第一，声源之间的间隔距离 $l \leq \dfrac{\lambda_{\min}}{2}$ ，$\lambda_{\min}$ 为工作频率范围内的最高频率波长，目的是为了减小线阵列的旁瓣，使之不出现副极大，从而能够更好地把声能集中到主瓣（参看第 5.3.2 节）；

第二，线声源阵列的长度 $L \geq \dfrac{\lambda_{\max}}{2}$ ，$\lambda_{\max}$ 为工作频率范围内的最低频率波长，目的是为了使线声源有较窄的主波束；

第三，线声源阵列中各频段的扬声器单元必须排在一条直线上，即呈声柱状态，并且各声源嘴口面积之和至少等于阵列声柱面板面积的 80%。

9.6.1.2　有限长线声源辐射的声压

波阵面为柱面的声波称为柱面波。一个无限长的直线声源辐射的是柱面波，实际上只要柱面声源的长度比声波波长大许多倍，同时圆柱的半径比波长小许多倍，这时辐射的声波就可以近似为柱面波。线阵列辐射的声波在一定条件下可以看成是柱面波。

向外发散的柱面波声压表达式为

$$p = A\sqrt{\frac{2}{\pi k r}}\, e^{-j\left(kr-\frac{\pi}{4}\right)} e^{j\omega t} \tag{9.46}$$

式中，$k = \dfrac{\omega}{c_0}$，为波数，A 为待定系数。

由上式可以看出，柱面波的声压与 $\sqrt{r}$ 成反比，而球面波的声压是与 r 成反比。对于球面波来说，由于声压与距离成反比，则当距离增加一倍时，声压级下降 6dB；而对于柱面波来说，由于其声压是与 $\sqrt{r}$ 成反比，则当距离增加一倍时，声压级只下降 3dB。从以上分析可以看出，当声波距离增加一倍时，柱面波比球面波的声压级衰减少 3dB。

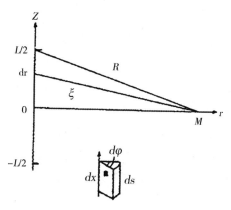

图 9-57　线声源的声压计算

下面分析有限长柱面声源（线源）向半自由空间辐射的声压。如图 9-57 所示，设线源的长度为 L，选用柱坐标 (r, φ, z)，线元 dz 到接收点的距离为 ξ。dz 的面元为 $dz = \alpha d\varphi dz$，其中 α 为线源的半径，则面元 ds 在 ξ 处产生的声压为

$$dp = j\frac{k\rho_0 c_0}{2\pi\xi}U_a e^{j(\omega t - k\xi)}ds \qquad (9.47)$$

其中，ρ_0 为空气密度；c_0 为空气中的声速；k 为波数；U_a 为面元 ds 的振动速度幅值。

如果假设线源为均匀的直线源，那么整个线源在 r 处产生的总声压为

$$p = j\frac{k\rho_0 c_0 U_a}{2\pi}\int_0^\pi \int_{-\frac{L}{2}}^{\frac{L}{2}} \frac{1}{\xi}e^{j(\omega t - k\xi)}ds = j\frac{k\rho_0 c_0 U_a}{2\pi}\int_0^\pi \int_{-\frac{L}{2}}^{\frac{L}{2}} \frac{1}{\xi}e^{j(\omega t - k\xi)}ad\varphi dz$$

当 $\xi > L$ 时，从图 9-57 可得 $\xi \approx r + \dfrac{z^2}{2r}$，并把 $\dfrac{1}{\xi} \approx \dfrac{1}{r}$ 代入到总声压公式得

$$p \approx j\frac{k\rho_0 c_0 U_a}{2\pi}\int_0^\pi \int_{-\frac{L}{2}}^{\frac{L}{2}} \frac{a}{r}e^{j(\omega t - kr - k\frac{z^2}{2r})}d\varphi dz = \frac{\rho_0 c_0 U_a ka}{2r}e^{j(\omega t - kr + \frac{\pi}{2})}\int_{-\frac{L}{2}}^{\frac{L}{2}} e^{-jk\frac{z^2}{2r}}dz \qquad (9.48)$$

下面分两种情况进行讨论：

第一，在远场情况下，假设 $\xi \to \infty$，即 $r \to \infty$，或者满足 $k\dfrac{z^2}{2r} \approx 0$，即波长远大于线声源长度 L 时，由式（9.48）得到线声源辐射的声压为

$$P_f = \frac{\rho_0 c_0 U_a L k a}{2r} e^{j\left(\omega t - kr + \frac{\pi}{2}\right)}$$

可以看出，这是球面波的表达式，辐射声压与距离 r 成反比。

第二，在近场情况下，为了方便计算，首先进行变量替换，设 $y = \sqrt{\frac{2}{\lambda r}}z$，代入式（9.48）得

$$p = \frac{\rho_0 c_0 U_a k a}{2r} e^{j\left(\omega t - kr + \frac{\pi}{2}\right)} \sqrt{\frac{\lambda r}{2}} \int_{-\frac{L}{2}\sqrt{\frac{2}{\lambda r}}}^{\frac{L}{2}\sqrt{\frac{2}{\lambda r}}} e^{-j\frac{\pi}{2}y^2} dy$$

可以看出，有限长线声源在近场辐射声压与 $\sqrt{r}$ 成反，因此线阵列在近场区可视为柱面波。

从上面对有限长线声源远近场的推导中可以看出，在远场区声源是以球面波方式传播，每增加一倍的传播距离，球面积增加 4 倍，则单位面积上的声能就减小四倍（-6dB）；而线声源在近场区传播的是圆柱面声波，因此，每增加一倍的传播距离，圆柱面的面积增加 2 倍，单位面积上的声能减小两倍（-3dB）。所以在声波辐射过程中，它比点声源扬声器系统的声压衰减明显减慢。但线阵列从近场区到远场区的过程是一个逐步扩展的过程，没有明显的界限，所以它的界限的划定是由使用中对误差大小的要求而确定的。

9.6.2 弧线形声源的辐射

设线声源的形状为圆弧的一部分，圆弧半径为 R、弧角为 θ，如图 9-58 所示。

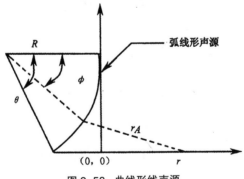

图 9-58　曲线形线声源

轴上声压的计算方法与直线形声源的声压计算方法相似，根据图上标示，其在 r 处的声压可表示为

$$dp = j\frac{k\rho_0 c_0}{2\pi r_A} U_a e^{j(\omega t - kr_A)} ds \qquad (9.49)$$

其中，$r_A = \left[\left(r + R(1 - \cos\phi)\right)^2 + R^2\left(\sin\theta - \sin\phi\right)^2\right]^{\frac{1}{2}}$，$ds = 2\pi a \cdot R d\phi$，a 为弧线形声源的截面半径，因此轴上总声压为

$$p = j\frac{k\rho_0 c_0 U_a}{2\pi} \cdot 2\pi a \operatorname{Re}^{j\omega t} \int_0^\theta \frac{e^{-jkr_A}}{r_A} d\phi$$

由上式可以计算出弧线形声源的指向性如图 9-59 所示。可以看出，弧线形声源的指向性

比相同长度和频率的直线形声源要宽。

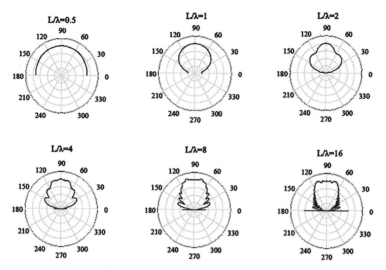

图 9-59　θ 为 60° 的弧线形声源指向性

下面对相同长度的直线声源和弧线声源的声压响应进行了比较。设直线声源与弧线声源均为 4m 长，弧线声源的角度为 30°、半径为 8m，图 9-60 所示为 2kHz 时轴上声压随距离变化的曲线。由图可知，尽管弧线声源仅有 30° 的弯曲角度，它在近场的轴上响应还是比直线声源更平滑。

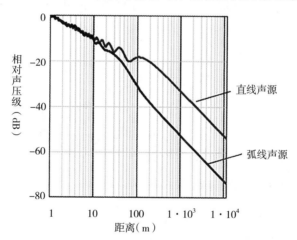

图 9-60　2kHz 时轴上声压随距离变化的曲线

由以上分析看出，相同长度的弧线声源和直线声源相比，弧线声源具有较宽的指向性和较小的远近场临界距离，因此，将直线声源与弧线声源相结合，组成 J 形线阵列扬声器系统，使直线阵列主要分担远距离声场覆盖，而曲线阵列主要分担近距离声场覆盖，可以获得较为均匀的声场。通过调整直线阵列的长度和弧线的曲率半径和长度，可以灵活控制覆盖声场的大小和声场的声压分布，这是线阵列系统使用灵活方便的一个主要原因。

9.6.3 J 型声源

当弧线声源与直线声源结合使用时，就构成了 J 型阵列或 J 型声源，其基本结构如图 9-61 所示。

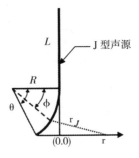

图 9-61　J 型阵列

主轴 r 上的相对声压为

$$p_J(r) = \int_0^L \frac{e^{-jkr_L}}{r_L} dl + R\int_0^\theta \frac{e^{-jkr_A}}{r_A} d\phi$$

其中

$$r_L = \sqrt{r^2 + (R\sin\theta + l)^2}$$

$$r_A = \sqrt{(r + R(1-\cos\phi))^2 + R^2(\sin\theta - \sin\phi)^2}$$

图 9-62 所示为相同长度的直线阵列和 J 型阵列在 1kHz 的辐射指向性。通常 J 型阵列的直线部分提供的是很长很窄部分的指向性，用于远场区域的覆盖，弧线部分则提供的是阵列前面和下方的近场区域的覆盖，其在垂直面上的指向性是不对称的。

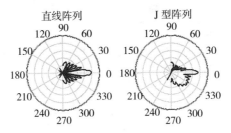

图 9-62　相同长度的直线阵列和 J 型阵列在 1kHz 的指向性

9.6.4 线阵列单元的排列

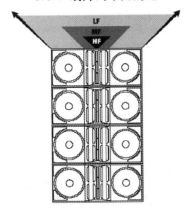

图 9-63　线阵列中扬声器单元的摆放

图 9-63 所示为线阵列中各扬声器单元的摆放位置，图中高音单元摆放在音箱的中间，中音单元围绕在高音单元周围，而低音单元摆在最外面，并形成几何对称。这是因为高音单元所辐射的声波波长较短，因此，为了满足相邻声源间隔 $l < \dfrac{\lambda}{2}$ 的条件，应尽量减小高音单元之间的间距，以满足线声源指向性的要求。

研究表明，线阵列单元之间的间隔对主轴上的指向性影响相对较少，但是它会改变旁瓣的指向性结构。旁瓣的结构随间隔的长度而变化，间隔越大，旁瓣将变得更多并改变位置。因此，面板上扬声器的布置是线阵列扬声器系统设计的重要环节。

9.7 耳机

耳机是指通过耳垫与人耳的耳廓相耦合，将声音直接送到外耳道的一种小型电声换能器。耳机和扬声器一样，都是用来重放声音的，但扬声器是向自由空间辐射声能，而耳机则是在一个小的空腔内形成声压。耳机的外形结构和各部件名称如图 9-64 所示，将左右两个单元用头环连接起来戴在头上的耳机称为头戴式耳机，专业上使用的都是这种耳机。还有一种可以插入外耳道的小型耳机，称为插入式耳机。耳机主要用于广播监听，其任务是重放音域宽阔的音乐节目，因此首先要求频带响应好、失真小、音质优美，其次才要求有一定的灵敏度，其频带一般设计在 20Hz~20kHz 左右。

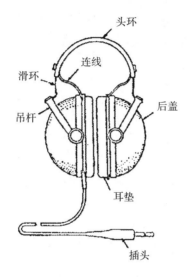

图 9-64 耳机外形结构示意图

耳机种类繁多，可以按换能原理、策动方式、放声方式等进行分类。耳机按换能原理不同分为电动式、电磁式、压电式和静电式（电容式）；按策动方式不同分为中心策动式和全面策动式；按放声方式不同分为密闭式和开放式。尽管耳机多种多样，它们具有以下共同特点：

第一，因为只要求在耳机与耳廓之间形成的小气室内产生声压，所以小的功率如 0.1W 左右就可以得到很大的声压；

第二，电声换能器可以使用效率较低但音质良好的静电式、压电式以及在高分子振膜上印刷导电层的全面驱动电动式，因此可以得到音质优良的重放声；

第三，由于是在外耳道直接送上直达声，所以声音不受外界环境声和噪声的干扰，音质只由耳机本身决定，而用扬声器重放声音时，音质受房间声学特性的影响较大；

第四，新型的高级耳机虽然已经相当轻型化，但长时间佩戴也会由于它的重量和压迫感而产生疲倦。

9.7.1 密闭式耳机

耳机按放声方式可分为密闭式耳机和开放式耳机。密闭式耳机是一种传统式耳机，它将耳机壳和耳垫设计成全封闭型，将人耳严密地覆盖住，使之与外界完全隔绝。这种设计可获得良好的频率响应，失真度也较小，尤其是低频特性较为出色。但是，由于人耳处形状不规则，保持较好密闭是有一定困难的，常会产生声漏现象，而声漏现象对耳机的低频响应影响很大，因此，为了减小声漏只能加大头环压力，结果使密闭式耳机佩戴不舒适，极易产生疲劳感。因此，这种耳机只有在迫不得已的情况下才使用，例如必须在高噪声环境下听音，或为了确保高质量的录音监听等。图 9-65 所示为密闭式动圈耳机结构示意图。

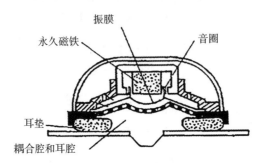

图 9-65 密闭式动圈耳机结构示意图

9.7.2 开放式耳机

将耳机的后盖开孔，并采用透气性耳垫，使耳机和耳廓之间的气室适当地泄漏空气，形成开放状态，以减少压迫感，这种耳机称为开放式耳机。图 9-66 所示为开放式动圈耳机结构示意图。开放式耳机振动系统的共振频率一般设计在 150Hz 左右（而密闭式耳机振动系统的共振频率在 1500Hz 左右），所以在声漏情况下，低频特性下降较小，低频频率响应仍然较为平坦。由于开放式耳机能克服密闭式耳机佩戴不舒适的主要缺点，又同样具有较好的频率响应和较小的失真度，所以已成为广播监听用耳机和音乐欣赏用耳机的主流产品。

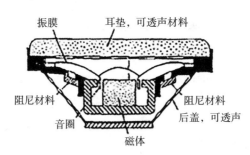

图 9-66 开放式动圈耳机结构示意图

9.7.3 耳机性能参数

描述耳机电声性能的技术参数主要有额定阻抗、频率特性、灵敏度和谐波失真。额定阻抗是指在馈给耳机相当于 1mW 功率的电压时，测得的耳机的最小输入阻抗，一般额定阻抗不应超过这个最小值的 20%。耳机的额定阻抗有 8Ω、32Ω、200Ω、600Ω、1kΩ 和 2kΩ 等。耳机的特性电压是指馈给耳机单元 500Hz 的正弦信号，在耦合腔中产生 94dB 声压级时，所馈给耳机单元的电压值。频率特性是指馈给耳机特性电压时，测得的耦合腔内声压级随频率变化的特性。耳机的灵敏度也称为特性声压级，是指馈给耳机在额定阻抗上产生 1mW 功率的

500Hz 正弦信号时，在耦合腔中产生的声压级。耳机的谐波失真用总谐波失真或 n 次谐波失真表示，总谐波失真或 n 次谐波失真分别是指当按特性电压馈入正弦信号时，测得的各次谐波声压的均方根值与总声压之比和 n 次谐波的声压与总声压之比。

习题 9

1. 扬声器的性能参数主要有哪些？

2. 什么是扬声器的额定功率和额定阻抗？有何实际应用？

3. 什么是扬声器的谐波失真？大小如何定义？

4. 什么是瞬态失真？瞬态失真大小与哪些因素有关？

5. 锥形扬声器主要由哪几部分组成？各部分的作用是什么？

6. 扬声器的振膜材料应满足哪些基本特性？为什么？

7. 试用等效类比线路分析锥形扬声器的低频频率特性及其低频截止频率。

8. 什么是球顶形扬声器？试说明其基本结构和工作原理。有何实际应用？

9. 纸盆扬声器和球顶形扬声器产生非线性失真的原因有哪些？

10. 某电动式扬声器要求低频谐振频率为 20Hz，采用了力顺为 $8.6×9^{-4}$ m/N 的高顺性折环。试计算扬声器振动系统等效质量；若 Q_m 为 0.53，则其等效力阻为多少？

11. 什么是号筒扬声器？号筒的主要作用是什么？

12. 号筒扬声器的基本性能特点是什么？

13. 常用的号筒有哪几种？其指向性特点如何？

14. 扬声器系统主要由哪几部分构成？试画出信号流程图，并说明各部分作用。

15. 音箱主要有哪几种类型？试分别阐述其工作原理、声学特性和应用特点。

16. 倒相式音箱的工作原理是什么？试用类比线路图分析倒相工作频率条件。

17. 如何根据用途合理选配功放的额定功率？

18. 什么是功放的并机工作？其工作原理是什么？

19. 什么是声柱？其主要性能特点是什么？

20. 耳机从声学设计上分为哪两类？试分别说明其声学设计理念和应用特点。

10 室内声学基本理论

在第 4 章中，主要讨论了在无边界的环境下声波的传播特性。无界空间中的声场称为自由声场。然而，大多数声音是在房间里聆听的，受到房间边界的影响，因此，了解声音在有界空间的传播特性是非常重要的。在此前提下，才能知道如何通过建筑声学设计改善室内听闻条件，获得良好的听音效果。

室内声场主要有两种基本分析方法。一是利用几何声学分析处理室内声场，这种分析方法将声波视同光线一样向各方向直线传播，遇到界面将产生反射，且满足反射定律，即入射角等于反射角。在几何声学中，通常用统计学方法进行室内声场的分析计算，因此也称为统计声学。几何声学忽略了声波的波动特性，具有直观简便的优点，通常用来分析计算室内声场的平均特性，如混响时间、室内稳态声压级等，其适用条件是工作频率高、房间尺寸大，并且满足扩散声场的前提条件。二是利用波动声学分析处理室内声场，即通过求解带边界条件的波动方程来分析室内声场特性，因此它保留了声波的波动特性，具有普遍适用的特点，但数学计算较复杂，尤其对实际房间更是如此。当房间不满足几何声学分析条件时，例如，房间小且工作频率较低，或房间角落的声学特性，就无法用几何声学进行精确分析，这时必需借助波动声学法。

10.1 用几何声学分析处理室内声场

10.1.1 壁面声反射与声吸收

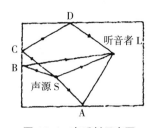

图 10-1 声反射示意图

假设房间中有一声源发出声波，声波将向四周传播开去。设想把从声源发出的声波看成无数条向四周发出的声线，这些声线传播到壁面时，会沿镜像方向产生反射，即入射角等于反射角，如图 10-1 所示。同时，声线在遇到壁面时，有一部分声能会被壁面吸收。声吸收大小与壁面吸声系数有关，如果壁面吸声系数为 α，入射声能为 E，则被壁面吸收的声能为 αE，而反射声所携带的能量减小为 $(1-\alpha)E$。一般来说，壁面吸声材料的吸声系数随频率变化，并且入射波的声能或声功率为声强与面积之乘积。

10.1.2 扩散声场

当房间中某个声源发出声波时，在几何声学中，可看成由声源向四周发出无数条声线，每条声线遇到壁面会发生镜像反射，最终经过多次反射声能衰减为零，图 10-2 所示为其中一条声线的反射情况。这样，房间内的声线随时间迅速变得越来越密集，但每条声线携带的能量变少。如果房间壁面呈不规则形状，那么声线就在室内到处"乱窜"，并不断地迅速改变其方向，结果使室内声能的传播完全处于无规状态，以至于从统计学上可以认为，声线通过任何位置的几率是相同的，并且从不同方向到达各位置的几率也是相同的，同时，在同一位置相遇时各声线的相位关系是无规的。这样的室内声场的平均声能密度分布是均匀的。这种统计平均的均匀声场称为扩散声场。可见，从几何声学角度看，房间形状越不规则，越容易获得扩散声场，矩形房间则不能满足理想扩散声场条件。此外，扩散声场是统计分析的前提条件。

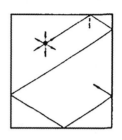

图 10-2
扩散声场示意图

10.1.3 平均自由程

平均自由程是指房间内两次反射之间的平均路程，一般用 $\bar{L}$ 表示。对于一个矩形房间，平均自由程可由以下公式计算：

$$\bar{L} = \frac{4V}{S} \tag{10.1}$$

其中，$\bar{L}$ 为平均自由程（m），V 为房间体积（m³），S 为房间总表面积（m²）。公式推导可参看附录 15。

在扩散声场的统计分析中，往往需要计算声线在 1 秒内与壁面的碰撞次数，这时就要用到平均自由程。只有知道声线在 1 秒内与壁面的碰撞次数，才能计算出室内声能的衰减速率，从而确定混响时间。另外，只有了解声线在 1 秒内与壁面的碰撞次数，才能计算出室内声场每秒钟被壁面吸收的声能，才能计算出室内稳态声能密度，从而计算室内稳态声压级。

10.1.4 平均吸声系数

室内声学环境都具有一定的吸声性能。声吸收主要来源于壁面。壁面吸声系数定义为

$$\alpha = \frac{E_{in}}{E} \tag{10.2}$$

其中，α 为壁面吸声系数，E 为入射声能，E_{in} 为壁面吸收的声能。

平均吸声系数是室内声学的重要参数之一，它反映了房间声学环境的总体吸声情况。平均吸声系数定义为房间的总吸声量与总表面积之比，即

$$\bar{\alpha} = \frac{\sum S_i \alpha_i + \sum A_j}{\sum S_i} = \frac{\sum S_i \alpha_i + \sum A_j}{S} \tag{10.3}$$

其中，$\bar{\alpha}$ 为平均吸声系数，α_i 为墙面吸声系数，S_i 为吸声系数为 α_i 的墙面面积（m²），$S = \sum S_i$ 为室内总表面积（m²），A_j 为室内吸声物体的吸声量（m²）。吸声体可能是人、座椅或其他具有吸声特性的物体。例如，室内有 20 把木椅，每把木椅的吸声量为 0.02m²，则 20 把木椅的吸声量为 $20 \times 0.02 = 0.4$（m²）。

由此可见，如果已知 $\bar{\alpha}$，则房间的总吸声量为 $\bar{\alpha}S$。吸声量单位是面积的单位，因此，也将吸声量称为等效开窗面积，因为当波长甚小于窗的几何尺寸时，开窗的吸声系数相当于 1。

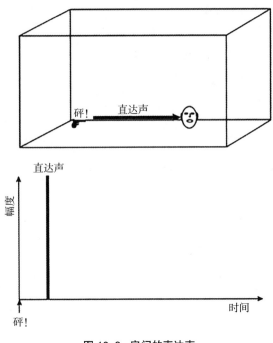

图 10-3 房间的直达声

常用吸声材料和吸声结构的吸声系数见附录 18。

10.1.5 直达声、早期反射声和混响声

10.1.5.1 直达声

设房间里有一支发令枪和一位听音者。手枪发声后一瞬间，听音者将听到手枪发出的声音，这个声音从手枪直接到达听音者，传播距离最短，延迟时间可以用距离除以声速计算。听音者首先听到的是这个声音，这个声音分量称为直达声，它的传播路径和相应的时间响应如图 10-3 所示。

由于直达声携带的声音信号不受周围环境影响，因此这个声音十分重要。为了获得清晰的声音和好的语言清晰度，要求直达声具有较高的声压级。此外，直达声对听觉定位起重要作用。

直达声的传播特性与自由空间的传播特性相同，因为它没有和边界发生相互作用，因此可以用自由空间声压或声强计算公式来计算离声源一定距离的直达声的声压或声强。下面举例计算扬声器发出的直达声声压级。

例 10.1 某扬声器在 1 米处产生的声压级为 102dB，试问距扬声器 4 米处的直达声声压级是多少？

解： 利用第 3 章的式（3.28），可计算一定距离的直达声声压级为

$$L_{p_d} = L_{p_{1m}} - 20 \lg r$$

$$L_{p_d} = 102 - 20 \lg 4 = 102 - 12 = 90 \,（dB）$$

可见，距离对直达声声压级的影响十分显著。

10.1.5.2 早期反射声

听到直达声稍后一段时间内，听音者会听到经过一个或更多表面(墙壁、地板等)反射后的声音，这些声音称为早期反射声，如图 10-4 所示。早期反射声在到达时间和到达方向上都与直达声不同，听觉可以利用它们来判断房间的大小，并有助于判断

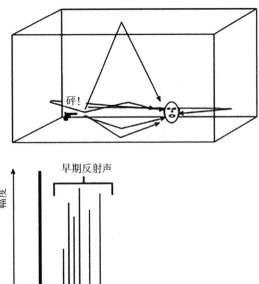

图 10-4 房间的早期反射声

声源在空间的位置，同时，这些早期反射声有助于提高声音的响度，改善听闻条件。另外，如果这些反射声相对直达声的延迟时间较长，当延时大于约50毫秒时，可能会形成到回声。

早期反射声的声压级与传播距离以及反射面有关，通常表面会吸收一定的声能，因此声吸收会使反射声强度进一步变弱。一般来说，由于表面的吸声作用，反射声的声压级要比仅仅依据距离平方反比定律的直达声的声压级小。下面举例计算扬声器的早期反射声强度。

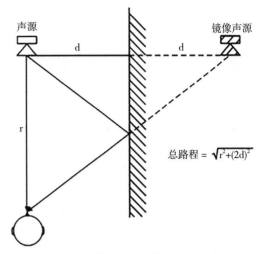

图 10-5 计算早期反射声强度的几何图形

总路程 = $\sqrt{r^2+(2d)^2}$

例 10.2 某扬声器在 1m 处产生的声压级为 102dB。当扬声器距离坚硬反射墙 1.5m，并且听音者站在扬声器前方 4m 处时，试问其产生的反射声的声压级 p_r 和相对于直达声的延迟时间是多少？

解：题图如图 10-5 所示。图中给出扬声器相对墙面产生的镜像声源，可以根据直角三角形勾股定理计算出反射声的路程为

$$L = \sqrt{4^2 + \left(1.5 + 1.5\right)^2} = 5 \ （\text{m}）$$

由已知的 1m 处的声压级，并根据平方反比定律即式（4.28），计算出反射声的声压级为

$$L_{p_r} = L_{p_{1m}} - 20\lg L$$
$$= 102 - 20\lg 5 = 102 - 14 = 88(\text{dB})$$

与上一个例题比较后可知，反射声的声强级比直达声低 2dB。延迟时间为 $\dfrac{5}{343} = 14.6 \times 10^{-3}$ （s）。同理，直达声的延迟时间为 $\dfrac{4}{343} = 11.7 \times 10^{-3}$ （s）。因此，反射声相对于直达声到达听音者的延迟时间为 14.6ms – 11.7ms = 2.9ms。

当壁面存在声吸收时，声压级会进一步减小。为了便于理解，利用声强进行计算。由于声强是由单位面积声功率决定的，因此，反射声的声强为

$$I_r = I_i \times \left(1 - \alpha\right) \tag{10.4}$$

其中，I_r 为反射声声强（W/m²），I_i 为入射声声强（W/m²），α 为壁面吸声系数。

由于声强的乘积运算相当于声强级的加法运算，因此式（10.4）可用声强级表示为

$$L_{I_r} = L_{I_i} + 10\lg\left(1 - \alpha\right) \tag{10.5}$$

上式与平方反比定律结合后，得到经过吸声表面反射后早期反射声声强级计算公式为

$$L_{I_r} = L_{I_{1m}} - 20\log_{10} L + 10\lg\left(1 - \alpha\right)$$

对于单个声源或行波来说，声压级等于声强级，因此，一次反射声声压级计算公式为

$$L_{p_r} = L_{p_{1m}} - 20\lg L + 10\lg(1-\alpha) \tag{10.6}$$

例 10.3 某扬声器的最大声压级为 1m 处 102dB。当扬声器距离反射墙 1.5m，并且听音者站在扬声器前方 4m 处时，试问其产生的反射声声压级是多少？设墙面的吸声系数分别为 0.9、0.69 和 0.5。

解： 一次反射声声压级可用式（10.6）计算，前面例题已经计算出反射声路程 L 为 5m，因此，三种不同吸声系数时听音者处的声压级为

$$L_{p_r} = 102 - 20\lg 5 + 10\lg(1-0.9) = 102 - 14 - 10 = 78 \text{（dB）}$$

$$L_{p_r} = 88 + 10\lg(1-0.69) = 88 - 5 = 83 \text{（dB）}$$

$$L_{p_r} = 88 + 10\lg(1-0.5) = 88 - 3 = 85 \text{（dB）}$$

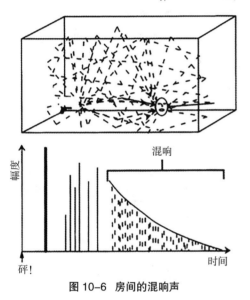

图 10-6 房间的混响声

10.1.5.3 混响声

听到直达声的更长时间后，声音经过多次反射并从各个方向到达听音者。由于声音从如此多不同的方向和路径到达听音者，因此各个反射声彼此在到达时间上非常靠近，听音者听到的是一组密集的反射声，这部分声音称为混响声，如图 10-6 所示。混响声属于环境声，之所以称之为环境声，是因为它与房间的声学环境密切相关。相比而言，直达声仅与声源有关。混响声具有丰富和烘托音乐的作用，还能使不同乐器的声音融合，使听音者听到相互融合的所有乐器的声音。因此，混响声是人们所希望听到的。

图 10-6 也称为房间脉冲响应，用来表示直达声和各次反射声之间的时间关系和强度关系。脉冲响应在一定程度上反映了房间音质，脉冲响应越均匀、越光滑，则房间音质越好。

10.1.6 混响时间

10.1.6.1 混响时间定义

当声源停止发声时，直达声随之消失，但混响声不会立刻随之消失，而是要经历一个被壁面不断反射吸收最终消失的过程。这个现象称为室内混响。室内混响的大小用混响时间表示。

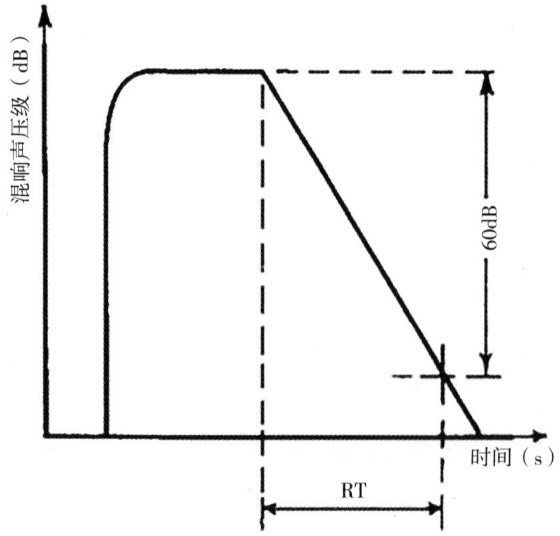

图 10-7 混响时间示意图

混响时间定义为当声源停止发声时，室内混响声能密度从稳态开始衰减到原来的百万分之一（60dB）所经历的时间，记为 T_{60} 或 RT，如图 10-7 所示。

混响时间长短与房间大小以及每次反射的吸声量有关。当房间较小时，由于两次反射之间的时间间隔较短，而每次反射都存在能量损失，所以混响时间较短。壁面吸声系数越大，则每次碰撞吸收的能量越多，混响时间越短。

10.1.6.2 混响时间计算公式

1. 爱润混响公式

设声源停止时刻（$t=0$）室内平均混响声能密度为 D_0，则经过第一次反射后平均能量密度为 $D_0(1-\bar{\alpha})$，第二次反射后平均能量密度为 $D_0(1-\bar{\alpha})^2$，第 N 次反射后平均能量密度为 $D_0(1-\bar{\alpha})^N$。而根据平均自由程计算公式，可得出声线 1 秒内发生的反射次数为 $c/L = \dfrac{cS}{4V}$，t 秒内发生的反射次数为 $\dfrac{cS}{4V}t$，t 秒后的平均声能密度为

$$D_t = D_0\left[(1-\bar{\alpha})^{\frac{cS}{4V}t}\right]$$

$$\lg\frac{D_0}{D_t} = \lg(1-\bar{\alpha})^{-\frac{cS}{4V}t}$$

根据混响时间定义得

$$\lg 10^6 = \left(-\frac{cS}{4V}T_{60}\right)\cdot\lg(1-\bar{\alpha})$$

$$T_{60} = -\frac{6\times 4V}{cS\lg(1-\bar{\alpha})} = \frac{-0.161V}{S\ln(1-\bar{\alpha})} \tag{10.7}$$

其中，T_{60} 为混响时间（s）。

式（10.7）称为艾润（Norris-Eyring）混响公式，式中的负号与自然对数计算产生的负号相抵消，使混响时间的计算结果为正值。混响时间计算公式的推导是以统计学为基础的，因此，式（10.7）背后存在一些重要假设，这就是，声波以相同的机率从各个方向到达墙面的各个位置，即声场为扩散声场。

由此可见，当平均吸声系数保持不变时，混响时间随房间尺寸的增大而增大。在普通房间里，吸声往往是由地毯、窗帘和人等产生，一般可以认为其所占面积的比例不变（平均吸声系数大致相同），因此，一般来说，大房间比小房间具有较长的混响时间，这也是我们主观评判房间大小的依据之一。另一个评判依据是早期反射声与直达声的时间间隔。我们常常看到人们更喜欢在"大"声学环境而不是"小"声学环境里听音，这里"大""小"其实是指混响时间的大小。现在，利用高质量的电子混响系统，也可以在小房间产生长混响，但是，在这样的环境听音总给人不自然的感觉，因为听觉感受和视觉是相矛盾的。

例 10.4 某房间的表面积为 $75m^2$，体积为 $42m^3$，平均吸声系数分别为 0.9 和 0.2。试问混响时间分别是多少？如果房间尺寸加倍，而保持平均吸声系数不变，混响时间有什么变化？

解：利用式（10.7），当 $\bar{\alpha}=0.9$ 时

$$T_{60}=\frac{-0.161V}{S\ln(1-\bar{\alpha})}=\frac{-0.161\times42}{75\ln(1-0.9)}=0.04 \text{（s）}$$

当 $\bar{\alpha}=0.2$ 时

$$T_{60}=\frac{-0.161V}{S\ln(1-\bar{\alpha})}=\frac{-0.161\times42}{75\ln(1-0.2)}=0.4 \text{（s）}$$

当房间尺寸加倍时，体积增大为 2^3 倍，表面积增大为 2^2 倍，因此，新的混响时间增大为原来的两倍，分别为 0.08s 和 0.8s。

2. 赛宾混响公式和努特森混响公式

当 $\bar{\alpha}<0.2$ 时，由于 $\ln(1-\bar{\alpha})\approx-\bar{\alpha}$，代入艾润公式得

$$T_{60}=\frac{0.161V}{S\bar{\alpha}} \tag{10.8}$$

以上混响时间计算公式称为赛宾公式，是美国声学家赛宾于 1895 年提出，用于计算室内吸声较小时的混响时间。

由于混响时间主要与房间体积、表面积和平均吸声系数有关，而实际材料的吸声系数随声波频率变化，因此，房间的混响时间也将随频率变化。此外，还要考虑空气的声吸收。当频率高于 1kHz 时，空气的声吸收将对混响时间产生显著影响。下面推导考虑空气声吸收时混响时间计算公式。

设由于空气吸收引起的声压变化为 $p=p_0e^{-\alpha x}$，其中 α 为声压吸收系数，则空气声吸收引起的声强变化为 $I=I_0e^{-2\alpha x}=I_0e^{-mx}$，其中 $m=2\alpha$，称为声强吸收系数。考虑空气声吸收后，t 秒后的平均混响声能密度为

$$D_t=D_0(1-\bar{\alpha})^{\frac{cS}{4V}t}e^{-mct}$$

解得

$$T_{60}=\frac{0.161V}{-S\ln(1-\bar{\alpha})+4mV} \tag{10.9}$$

上式为考虑空气声吸收后的混响公式，称为努特森混响公式。其中，声强吸收系数 m 与空气的温度、湿度以及频率有关，可查表得到，或参看图 3.11。例如，在 20℃、相对湿度 50% 的空气中，频率为 2kHz 时的 4m 值等于 0.010/m，4kHz 时 4m 为 0.024/m。

例 10.5 某未装修的起居室的表面积为 75m²，体积为 42m³。地面是水泥上面铺地毯，天花板是木条上面抹泥灰，面积都是 16.8m²，窗户的面积是 6m²，其余是在砖墙上抹灰泥后上油漆。忽略门的吸声影响。各种材料的吸声系数如表 10-1 所示。试问其不同频率的混响时间分别是多少？

表 10-1　常用材料吸声系数

材料	频率					
	125Hz	250Hz	500Hz	1kHz	2kHz	4kHz
木板条抹灰	0.14	0.10	0.06	0.05	0.04	0.03
水泥地面铺地毯	0.02	0.06	0.14	0.37	0.60	0.65
地板（木搁栅）	0.15	0.11	0.10	0.07	0.06	0.07
刷上油漆的灰泥	0.01	0.01	0.02	0.02	0.02	0.02
墙面（1/2英寸石膏板）	0.29	0.10	0.05	0.04	0.07	0.09
窗户（浮法玻璃）	0.35	0.25	0.18	0.12	0.07	0.04
木镶板	0.30	0.25	0.20	0.17	0.15	0.10
窗帘（棉质皱褶到一半面积）	0.07	0.31	0.49	0.81	0.66	0.54
空气吸声4m（每 m^3、气温 $20^{\circ}C$、相对湿度30%）	–	–	–	–	0.012	0.038

解：利用表 10-1 的数据建立一个表格，如表 10-2 所示。计算每个表面的吸声量及其随频率的变化值，将每个表面的贡献相加，代入混响时间公式计算出混响时间。混响时间随频率变化曲线如图 10-8 所示。可见，混响时间从低频的 1.49 秒变化到高频的 0.55 秒。这是这类房间的典型混响时间特性，听起来声音不太理想。通过适当增加低频吸声，可以改善房间混响时间频率特性，从而改善听音效果。

表 10-2　未装修的起居室吸声和混响时间计算

表面材料	面积（ m^2 ）	频率 / 吸声量（ m^2 ）					
		125Hz	250Hz	500Hz	1kHz	2kHz	4kHz
天花板（木板条抹灰）	16.8	2.35	1.68	1.01	0.84	0.67	0.50
地面（水泥地面铺地毯）	16.8	0.34	1.01	2.35	6.22	10.08	10.92
墙面（刷上油漆的灰泥）	35.4	0.35	0.35	0.71	0.71	0.71	0.71
窗户（浮法玻璃）	6.0	2.10	1.50	1.08	0.72	0.42	0.24
吸声量（ m^2 ）		5.14	4.54	5.15	8.48	11.88	12.37
房间体积（ m^3 ）	42						
$4mV$						0.5	1.6
混响时间（s）		1.32	1.49	1.31	0.80	0.57	0.55

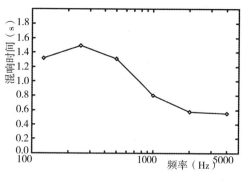

图 10-8　未装修的起居室混响时间频率特性　　　　图 10-9　实际混响衰减曲线

10.1.6.3 早期衰减时间

早期衰减时间（early decay time，EDT）主要是指 T_{10}，有时也把 T_{20} 和 T_{30} 包含在内，分别指利用 0~-10dB、0~-20dB 和 0~-30dB 的斜率计算的混响时间。

从上一节分析可以看到，在理想扩散声场中，混响衰减时间特性应是光滑的指数衰减特性，即单位时间衰减恒定的分贝数，声压级衰减曲线成线性。然而，实际声场并非理想扩散声场，因此，实际测得的混响衰减曲线包含多个衰减斜率，看上去更像一条两段或三段的折线，如图 10-9 所示。

在实际应用中，T_{60} 一般是指以 -5~-35dB 的斜率计算的混响时间。这个混响时间与听觉的关系并不是特别密切，这是因为本底噪声的存在，使混响声级在衰减 60dB 之前就已经降低到本底噪声级，并被本底噪声所淹没。因为我们很难听到整个混响的衰减过程，因此，我们的大脑自然而然将注意力集中在所能听到的部分，所以，听觉对前 20dB 到 30dB 的衰减曲线更加敏感。从理论上说，如果混响衰减曲线是理想的指数型，则 60dB 混响时间与早期衰减时间是相同的。但是，如果混响衰减曲线呈现图 10-9 所示的两个斜率的特性，则这种简单的关系就会被打破，产生的结果是，虽然 T_{60} 是描述混响声场特性的一个恰当值，由于衰减 30dB 的早期衰减速率较大，使听觉感到的混响时间要比实际混响时间短，其对听音的影响是声音听起来要比从简单测量得到的 T_{60} 值所预测的声音更"干"。因此，现代声学设计者在设计音乐厅时更关注早期衰减时间 EDT，而不像过去那样只关注 T_{60}。

10.1.6.4 最佳混响时间

混响时间与音质的关系非常密切。混响时间过长，则声音浑浊不清，清晰度降低；

混响时间太短，则产生沉寂感，空间感变差。而且，不同类型的音乐需要不同的混响时间。因此，对于不同用途和体积的厅堂，存在一个听音效果最令人满意的混响时间，称为最佳混响时间。

然而，也存在一些广泛适用的规则。首先，对于节奏感强、起伏较快的音乐，要比较慢而谐和的音乐需要更干的声学环境；其次，当演奏的空间体积增大时，所有类型音乐所需的混响时间随之增大。图 10-10 所示为最佳混响时间随音乐类型和房间体积变化的特性；最后，大多数听众偏好混响时间在低频（125Hz）比中频（500Hz）提升约 40%，如图 10-11 所示。低频混响的提升有助于增加声音的"温暖感"，同时，由于低音乐器的基频往往较弱，通过增大混响声级可以提高低音乐器的音量。然而，当在演播室进行录音时，或监听录制的音乐时，低频混响提升是没有必要的，这时往往更需要平坦的混响时间频率特性。

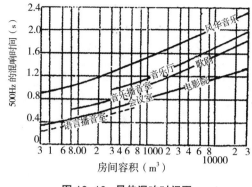

图 10-10　最佳混响时间图

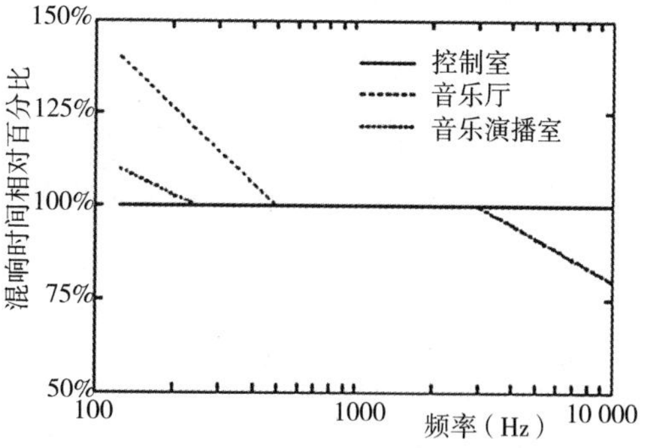

图 10-11　理想混响时间频率特性

10.1.7　室内稳态声压级

10.1.7.1　室内稳态混响声场的建立

设房间里有一个声功率为 W 的声源。从声源开始发声到停止发声，混响声场可分为建立、稳态和衰减三个阶段，如图 10-12 所示。

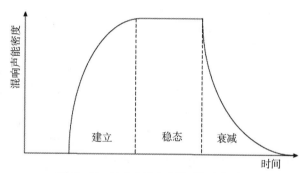

图 10-12　混响声能密度随时间变化过程

1.混响声场的建立

在声源刚刚开始发声时，由于室内声能密度较小，声源每秒提供的声能大于壁面每秒吸声的声能，因此房间的混响声能密度逐渐增大。这里需要注意，声源向声场提供的声能不是 W，而是 $W(1-\bar{\alpha})$。稳态混响声场的建立时间与房间的尺寸和房间的吸声量有关。房间越大，两次反射的时间间隔越大，建立稳态声场所需时间越大；吸声量越大，则每次碰撞被吸收的声能越多，建立稳态声场所需时间越小。

2.稳态混响声场

随着室内混响声能密度的增大，当声源提供的声能等于房间吸收的声能时，室内混响声能密度将维持不变，进入动态平衡状态，室内混响声场达到稳态。较小吸声量的房间比较大吸声量的房间具有更高的稳态混响声压级。一个瞬态声在房间里不能达到稳态声压级。

3.混响声场的衰减

当声源停止发声时，房间里的混响声能密度不会马上变为零，而是以一定的速率衰减，最后减小为零。衰减速率取决于每次反射吸声量的大小，因此，在吸声量较小的房间，混响声场需要更多的时间完成衰减过程。

10.1.7.2 室内稳态声压级的计算

1. 稳态混响声能密度

设声场为扩散声场，D_R 为稳态混响声能密度，V 为房间体积，则室内混响声能为 $D_R V$。

经过一次反射后，声能被壁面吸收的损失为 $D_R V \bar{\alpha}$，其中 $\bar{\alpha}$ 为房间平均吸声系数。声波在单位时间内的反射次数为 $c/\bar{L} = c/\dfrac{4V}{S} = \dfrac{cS}{4V}$，则单位时间内的声能损失为 $D_R V \bar{\alpha} \dfrac{cS}{4V} = \dfrac{D_R \bar{\alpha} cS}{4}$（设每次损失是一样的）。稳态时，声源提供的声能等于房间吸收的声能，即

$$W(1-\bar{\alpha}) = \frac{D_R \bar{\alpha} cS}{4}$$

由此可得，稳态混响声能密度为

$$D_R = \frac{4W(1-\bar{\alpha})}{\bar{\alpha} cS} = \frac{4W}{cR} \qquad (10.10)$$

其中，W 为声源声功率，$R = \dfrac{S\bar{\alpha}}{1-\bar{\alpha}}$，称为房间常数。

2. 直达声声能密度

设声源为无指向性，其输出声功率为 W，则根据式（3.24），距声源 r 处直达声声能密度为

$$D_d = \frac{W}{4\pi r^2 c} \qquad (10.11)$$

3. 总稳态声压级

总稳态声是由两个部分组成，即混响声和直达声。由于这两部分声波为非相干波，因此满足能量叠加原理，即总声压有效值平方为各列波声压有效值平方之和（参看第 3.3.7 节）。

根据 $D = \dfrac{p^2}{\rho c^2}$，并将式（10.10）和式（10.11）代入后得

$$p_R^2 = \frac{4W\rho c^2}{cR} = \frac{4W\rho c}{R}$$

$$p_d^2 = \frac{W\rho c}{4\pi r^2}$$

其中，p_R 为混响声声压，p_d 为直达声声压。再由能量叠加原理得

$$p^2 = p_d^2 + p_R^2 = \frac{W\rho c}{4\pi r^2} + \frac{4W\rho c}{R} = W\rho c\left(\frac{1}{4\pi r^2} + \frac{4}{R}\right)$$

其中，p 为总声压。因此，根据式（4.4），室内稳态总声压级为

$$SPL = 10\lg\frac{p^2}{p_r^2} = 10\lg W + 10\lg \rho c + 94 + 10\lg\left(\frac{1}{4\pi r^2} + \frac{4}{R}\right)$$

由于

$$SWL = 10\lg\frac{W}{10^{-12}} \approx 10\lg\left(W \cdot \frac{\rho c}{400\times10^{-12}}\right) = 10\lg W + 10\lg \rho c + 94$$

所以

$$SPL = SWL + 10\lg\left(\frac{1}{4\pi r^2} + \frac{4}{R}\right) \quad （10.12）$$

其中，SWL 为声功率级（参看第 3.2.3 节）。

室内稳态混响声压级为

$$SPL_R = SWL + 10\lg\frac{4}{R} \quad （10.13）$$

当声源输出声功率和房间声学特性已知时，可以利用式（10.12）和式（10.13）计算室内稳态声压级和稳态混响声压级。例如，在扩声系统设计时，用于室内稳态声压级的计算。然而，在实际应用时，声源往往具有指向性，这时直达声的计算还需要考虑到声源的指向性。室内声场越是满足扩散声场条件，计算结果越符合实际情况。

当声源具有指向性时，设声源的指向性因数为 Q（参看第 9.1 节），则室内稳态声压级为

$$SPL = SWL + 10\lg\left(\frac{Q}{4\pi r^2} + \frac{4}{R}\right) \quad （10.14）$$

例 10.6 某扬声器的输出声功率级为 113dB。当房间总表面积为 75m²、平均吸声系数为 0.9 和 0.2 时，混响声场的声压级是多少？如果使面积增大 1 倍，而保持平均吸声系数不变，那么混响声场的声压级变为多少？

解：由式（10.13）得，混响声场的声压级为

$$SPL_R = SWL + 10\lg\frac{4}{R}$$

在两种情况下房间常数为

$$R_{(\alpha=0.9)} = \frac{S\alpha}{(1-\alpha)} = \frac{75 \times 0.9}{1-0.9} = 675 \quad （\text{m}^2）$$

$$R_{(\alpha=0.2)} = \frac{S\alpha}{(1-\alpha)} = \frac{75 \times 0.2}{1-0.2} = 18.75 \quad （\text{m}^2）$$

因此，混响声场的声压级为

$$SPL_{R(\alpha=0.9)} = 113 + 10\lg\frac{4}{675} = 113 - 22.3 = 90.7 \ \text{dB}$$

$$SPL_{R(\alpha=0.2)} = 113 + 10\lg\frac{4}{18.75} = 113 - 6.7 = 106 \ \text{dB}$$

面积加倍的结果是使房间常数以同样的倍数变化，因此

$$SRL_R = SWL + 10\lg\left(\frac{4}{2R}\right)$$

$$= 113 + 10\log_{10}\left(\frac{4}{R}\right) - 3$$

因此，面积加倍的结果是使混响声场的声压级分别减小 3dB。

10.1.8　临界距离

从听音者的角度看，混响声与直达声和早期反射声有很大不同。直达声和早期反射声都满

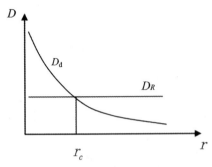

图 10-13 直达声和混响声随距离变化特性

足平方反比定律，它们的声压级随位置变化。而对于理想扩散声场，房间里的混响声大小几乎不随听音者位置变化。因此，直达声与混响声之间的平衡随听音者相对声源的位置而变化。

图 10-13 所示为混响声与直达声的声能密度随到声源距离变化的特性。由图可知，当到声源的距离达到某一值时，混响声开始大于直达声，这个距离就是直达声和混响声能量相等时的距离，称为临界距离，一般用 r_c 表示。

将式（10.10）和式（10.11）代入 $D_R = D_d$ 得

$$\frac{4W}{cR} = \frac{W}{4\pi r^2 c}$$

$$r = r_c = \sqrt{\frac{R}{16\pi}} = 0.141\sqrt{R} \qquad (10.15)$$

当考虑到声源指向性时，设声源指向性因数为 Q，则

$$r = r_c = \sqrt{\frac{RQ}{16\pi}} = 0.141\sqrt{RQ} \qquad (10.16)$$

临界距离也称为混响半径或扩散距离。临界距离的重要意义在于，它是直达声为主的声场与混响声为主的声场的分界线：当到声源距离小于临界距离时，直达声大于混响声，接收到的声音以直达声为主；当距离大于临界距离时，声音以混响声为主。因此，临界距离在录音、扩声系统设计等方面具有重要意义。

例 10.7 设某无指向性扬声器自由式落地放置，房间的总表面积为 $75m^2$，平均吸声系数为 0.2，试问临界距离是多少？如果扬声器嵌入式安装在墙面上，临界距离变为多少？

解： 因为扬声器为无指向性，因此 Q 等于 1。前面例题已经计算出房间常数为 18.75，将已知数代入式（10.16）得

$$r_c = 0.141\sqrt{RQ} = 0.141\sqrt{18.75 \times 1} = 0.61 \text{（m）}$$

如果扬声器采用嵌入式安装，则扬声器仅向半空间辐射声能，Q 等于 2，这时临界距离为

$$r_c = 0.141\sqrt{RQ} = 0.141\sqrt{18.75 \times 2} = 0.86 \text{（m）}$$

临界距离仍然很小，原因是房间平均吸声系数很小。在这样的房间听音，听音者听到的主要是混响声，因此，如果作为听音室，需要进行适当的吸声处理，改善听音环境。

10.2 用波动声学处理室内声场

10.2.1 房间的简正频率和简正波

波动声学法是通过求解带边界条件的波动方程来分析室内声场特性的一种分析方法，它保留了声波的波动特性，而不像几何声学那样，忽略了声波的波动性。因此，虽然说波动声学法

适合于低频小房间的分析，但实际上是适用于任何情况，只是因为它的计算比较复杂，不如几何声学分析来得直观简便，因此，通常应用于几何声学无法适用的情况。

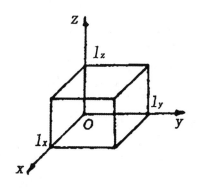

下面主要以矩形刚性壁面房间为例，分析室内声场特性。虽然这是一种极端情况，但它有助于了解室内声场的基本规律，是有一定实际意义的。

设矩形刚性壁房间的长、宽、高分别为 l_x、l_y、l_z，以房间的一个顶角为坐标原点，建立直角坐标系，如图 10-14 所示。假设房间内无声源（如声源刚刚停止发声时）

图 10-14　矩形房间的位置坐标

和无阻尼（声波无能量损失），通过求解带边界条件的波动方程后，得到室内声压的表达式为

$$p = \sum_{n_x=0}^{\infty}\sum_{n_y=0}^{\infty}\sum_{n_z=0}^{\infty} A_{n_x n_y n_z}\cos\frac{n_x\pi}{l_x}x\cos\frac{n_y\pi}{l_y}y\cos\frac{n_z\pi}{l_z}z\cdot e^{j\omega_n t} \qquad (10.17)$$

其中

$$\omega_n = 2\pi f_n$$

$$f_n = f_{(n_x,n_y,n_z)} = \frac{c}{2}\sqrt{\left(\frac{n_x}{l_x}\right)^2 + \left(\frac{n_y}{l_y}\right)^2 + \left(\frac{n_z}{l_z}\right)^2} \qquad (10.18)$$

其中，c 为声速（常温下为 344m/s），n_x、n_y、n_z 分别取 0、1、2、…、∞，但不能同时为 0。式（10.17）和式（10.18）的推导过程见附录 16。

由式（10.17）可知，室内声场是由无数多个振动频率为 f_n 的驻波叠加而成的，驻波振幅由 $A_{n_x n_y n_z}$ 决定。由于这个频率与声源无关，是由房间本身体型和尺寸决定的，因此称为简正频率，相应的驻波称为简正波，也称为简正模式。不同的简正模式可用 (n_x,n_y,n_z) 表示，对应的简正频率记为 $f_{(n_x,n_y,n_z)}$。

10.2.2　简正波分类

对于矩形房间，简正波可分为轴向波、切向波和斜向波三大类，如图 10-15 所示。轴向波或轴向模式是指传播方向平行于矩形房间任一轴的一类简正波。例如，平行于 x 轴的轴向波为 $(n_x,0,0)$ 模式，其简正频率计算公式为

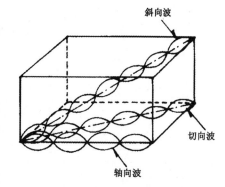

图 10-15　矩形房间中的简正波

$$f_{(n_x,0,0)} = \frac{n_x c}{2l_x} \quad (n_x = 1、2、\cdots、\infty) \qquad (10.19)$$

同理，平行于 y 轴和 z 轴的轴向波频率分别为 $f_{(0,n_y,0)} = \dfrac{n_y c}{2l_y}$ 和 $f_{(0,0,n_z)} = \dfrac{n_z c}{2l_z}$，其中 $n_y = 1、2、\cdots、\infty$，$n_z = 1、2、\cdots、\infty$。

切向波是指传播方向平行于矩形房间任一面的一类驻波模式。例如，平行于 xy 平面的切向波为 $(n_x, n_y, 0)$ 模式，其简正频率计算公式为

$$f_{(n_x,n_y,0)} = \frac{c}{2}\sqrt{\left(\frac{n_x}{l_x}\right)^2 + \left(\frac{n_y}{l_y}\right)^2} \quad (n_x、n_y = 1、2、\cdots、\infty) \quad (10.20)$$

同理，平行于 yz 平面和 xz 平面的切向波频率分别为

$$f_{(0,n_y,n_z)} = \frac{c}{2}\sqrt{\left(\frac{n_y}{l_y}\right)^2 + \left(\frac{n_z}{l_z}\right)^2} \quad (n_y、n_z = 1、2、\cdots、\infty) \quad (10.21)$$

$$f_{(n_x,0,n_z)} = \frac{c}{2}\sqrt{\left(\frac{n_x}{l_x}\right)^2 + \left(\frac{n_z}{l_z}\right)^2} \quad (n_x、n_z = 1、2、\cdots、\infty) \quad (10.22)$$

传播方向既不平行于轴也不平行于面的驻波模式称为斜向模式或斜向波，其简正频率计算公式为

$$f_{(n_x,n_y,n_z)} = \frac{c}{2}\sqrt{\left(\frac{n_x}{l_x}\right)^2 + \left(\frac{n_y}{l_y}\right)^2 + \left(\frac{n_z}{l_z}\right)^2} \quad (n_x、n_y、n_z = 1、2、\cdots、\infty) \quad (10.23)$$

轴向波 　　切向波 　　斜向波

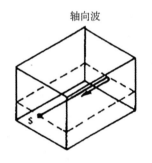

图 10-16　三类简正波形成示意图

图 10-16 所示为三类简正波形成示意图。由图可知，轴向波、切向波和斜向波所形成的驻波个数呈依次增多之势，因此，矩形房间中这三类波的强度有所不同。一般来说，轴向波最强，切向波次之，斜向波最弱。

虽然式（10.17）表示矩形刚性壁房间无声源、无阻尼时的声场声压，但实际声场总存在阻尼作用。当考虑阻尼作用时（如非刚性壁的情况下），式（10.17）中的各次简正波振幅将随时间呈指数规律衰减，简正频率也将略微偏离上述计算值，但驻波的基本特征不会发生变化。

例 10.8 某房间尺寸为 $3.5m \times 5m \times 2.5m$，试计算其最低模式频率。如果某切向模式在 3.5m 方向具有一个半波长、在 5m 方向有三个半波长，试问这个切向模式的频率是多少？斜向模式（2,2,2）的频率是多少？第一个模式重合频率是多少？

解：利用式（10.18）计算模式频率。最低模式频率是第一个沿着房间最长尺寸方向的轴向模式频率，在本题为（0,1,0）模式，其频率为

$$f_{(0,1,0)} = \frac{c}{2}\sqrt{\left(\frac{0}{3.5}\right)^2 + \left(\frac{1}{5}\right)^2 + \left(\frac{0}{2.5}\right)^2} = \frac{343}{2}\sqrt{\left(\frac{1}{5}\right)^2} = 34 \text{（Hz）}$$

在 3.5m 方向有一个半波长、在 5m 方向有三个半波长的切向模式是（1,3,0），其频率为

$$f_{(1,3,0)} = \frac{c}{2}\sqrt{\left(\frac{1}{3.5}\right)^2 + \left(\frac{3}{5}\right)^2 + \left(\frac{0}{2.5}\right)^2} = 172\sqrt{0.082 + 0.36} = 114 \text{（Hz）}$$

斜向模式（2,2,2）的频率为

$$f_{(2,2,2)} = \frac{c}{2}\sqrt{\left(\frac{2}{3.5}\right)^2 + \left(\frac{2}{5}\right)^2 + \left(\frac{2}{2.5}\right)^2} = 172\sqrt{0.327 + 0.16 + 0.64} = 182 \text{（Hz）}$$

长度 5m 是长度 2.5m 的两倍，所以沿着 5m 方向的第二个轴向模式与沿着 2.5m 方向的第一个轴向模式频率重合，即

$$f_{(0,2,0)} = f_{(0,0,1)}$$

$$f_{(0,2,0)} = \frac{c}{2}\sqrt{\left(\frac{0}{3.5}\right)^2 + \left(\frac{2}{5}\right)^2 + \left(\frac{0}{2.5}\right)^2} = 172\sqrt{\left(\frac{2}{5}\right)^2} = 69 \text{（Hz）}$$

$$f_{(0,0,1)} = \frac{c}{2}\sqrt{\left(\frac{0}{3.5}\right)^2 + \left(\frac{0}{5}\right)^2 + \left(\frac{1}{2.5}\right)^2} = 172\sqrt{\left(\frac{1}{2.5}\right)^2} = 69 \text{（Hz）}$$

10.2.3 声源存在时的室内声场

为了突出声源对室内声场的影响，不使问题复杂化，我们仍然以矩形刚性壁房间为例进行分析。设声源在单位时间向单位体积空间提供的媒质质量为 $\rho q(x,y,z,t)$，其中 ρ 为空气密度（常温下为 1.21kg/m^3），$q(x,y,z,t)$ 为声源面积与振速的乘积，称为声源函数。利用波动声学法解波动方程（存在声源时的波动方程）后，得到室内总声压为

$$p = \sum_{n_x=0}\sum_{n_y=0}\sum_{n_z=0}\left(\frac{-\rho c^2\omega jB_{n_xn_yn_z}}{\omega^2 - \omega_n^2}\right)\psi_{n_xn_yn_z}e^{j\omega t} \tag{10.24}$$

其中，ω 为声源频率，$B_{n_xn_yn_z}$ 为由声源函数决定的常数，$\psi_{n_xn_yn_z} = \cos\frac{n_x\pi}{l_x}x\cos\frac{n_y\pi}{l_y}y\cos\frac{n_z\pi}{l_z}z$，$n_x$、$n_y$、$n_z$ 为 0、1、2、…、∞。

由式（10.24）可知，当室内声源为单一频率 ω 时，室内稳态声场是由无数个振动频率为 ω 的驻波组成，对比式（2.17）后可知，驻波的存在方式与无声源（自由振动）时相同，即以轴向波、切向波和斜向波三种形态存在。当声源为宽带声音信号时，当频率等于简正频率 ω_n 时，驻波振幅达到无限大（在实际情况下，阻尼总是存在的，因此将达到极大值），即产生共振，在频率特性曲线上表现为共振峰。因此，简正模式也称为共振模式或共振驻波。共振模式使房间频率特性出现峰谷，当某个共振峰足够显著时，就会引起声染色效应，对房间音质产生不利影响。

10.2.4 简正频率分布对音质的影响

10.2.4.1 简正频率的分布

由式（10.18）可以计算矩形房间包含的简正频率。由式（10.18）可知，从与房间最长轴对应的第一个轴向波频率（最低简正频率）开始，简正频率有无数多个，并且是离散的。

表 10-3 尺寸为 3m×4.5m×6m 的矩形房间的部分简正频率

简正波 (n_x, n_y, n_z)	频率（Hz）	简正波 (n_x, n_y, n_z)	频率（Hz）
(0,0,1)	28.6	(1,0,2)	80.5
(0,1,0)	38.0	(0,2,1)	81.6
(0,1,1)	47.7	(0,0,3)	85.8
(1,0,0)	57.2	(1,1,2)	89.4
(0,0,2)	57.2	(0,1,3)	93.7
(1,0,1)	63.9	(0,2,2)	95.1
(0,1,2)	68.6	(1,2,0)	95.1
(1,1,0)	68.6	(1,2,1)	99.2
(1,1,1)	74.3	(1,0,3)	
(0,2,0)	76.1		

例如，有一个尺寸为 3m×4.5m×6m 的矩形房间，利用式（10.18）可计算出低于 100Hz 的所有简正频率，如表 10-3 所示。可见，低于 100Hz 的简正频率大约有 18 个，其中存在不同简正模式而简正频率相同的情况，如（1,0,0）和（0,0,2）、（0,1,2）和（1,1,0）、（0,2,2）和（1,2,0），这是因为房间边长成整数比 1:2、2:3 或 3:4。这种不同简正模式的简正频率相同的现象，称为简并化。

矩形房间的简正频率个数可以计算出来。频率低于 f 的简正波总数为

$$N = N_a + N_t + N_b = \frac{4\pi f^3 V}{3c^3} + \frac{\pi f^2 S}{4c^2} + \frac{fL}{8c} \quad （10.25）$$

其中，第一项为轴向波个数，第二项为切向波个数，第三项为斜向波个数，$V = l_x l_y l_z$，为房间体积，$S = 2(l_x l_y + l_x l_z + l_y l_z)$，为房间总内表面积，$L = 4(l_x + l_y + l_z)$，为矩形房间边线总长。

对式（10.25）进行微分后，得到一定频带内包含的简正频率个数为

$$dN = \left(\frac{4\pi f^2 V}{c^3} + \frac{\pi f S}{2c^2} + \frac{L}{8c} \right) df \quad （10.26）$$

其中，df 为频带宽度，f 为频带的中心频率。式（10.25）和式（10.26）的推导见附录17。

由此可见，一定频带内包含的简正频率个数随中心频率的增大而增大。简正频率的总体分

布情况是低频比较稀疏，高频比较密集。对于矩形房间，简正频率的分布主要与房间的尺寸有关：房间尺寸越大，相邻简正频率间隔越小，其分布越密集；尺寸比例决定了简正频率分布是否均匀，当尺寸比例为小整数比时，容易出现简并化现象，造成简正频率分布的不均匀。

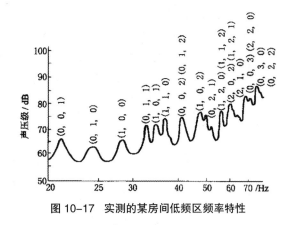

图 10-17　实测的某房间低频区频率特性

10.2.4.2 简正频率分布与音质的关系

正如第 10.2.3 节提到，驻波模式会引起一个有限带宽的共振峰，从而影响房间频率特性。图 10-17 所示为实测的低频区简正频率对某房间频率特性的影响。这些共振峰反映了房间对声音传输的影响，当其中一些共振峰能够被听觉感知时，就产生了声染色。

在较大的、声学性能良好的房间里，简正频率分布密度随频率的变化是均匀的。Bonello 准则指出，将频率按三分之一倍频程（近似于听觉临界频带）划分，然后计算每个频带内包含的模式个数。如果每三分之一倍频程带宽的模式频率个数随频率单调上升，那么，尽管房间里存在共振驻波，仍然能够听到均匀的频率响应；如果每三分之一倍频程内的共振频率个数随频率的升高而不变或下降，那么房间频率响应上就可能存在听觉能够察觉的频响峰值。Bonello 准则进一步指出，模式频率重合即简并化也可能引起可觉察的频率响应峰值，因此应避免出现简并化。

Bonello 准则并不难解释。首先，之所以按听觉临界频带划分，是因为听觉对声音信号的频谱分析是基于临界频带，听觉对临界频带内的声音信号频谱变化不敏感，因此，可以对临界频带内的简正频率数目进行统计，无需考虑简正频率分布是否均匀。其次，由于三分之一倍频程带宽随中心频率的增大而增大，为了使模式频率均匀分布，就要求每三分之一倍频程带宽的模式频率个数随频率单调上升。只有这样，激发的共振模式才足够多，由于平均效应，使频率特性的峰谷效应减弱，同时，也使声压空间分布的驻波效应减弱，使频率特性和声压分布变得均匀。因此，音质就不会受到共振模式的影响。

一般来说，低频（小于 300Hz）简正频率分布较稀疏，因此对房间音质有较大影响。简正频率分布越密集、越均匀，则房间的传输频率特性越好，房间的音质越好。应避免相邻简正频率的间隔大于 20Hz 和简并化现象。为此应避免房间尺寸比例为整数或小整数比。推荐的长宽高尺寸比例有 $1.618:1:0.618$、$1:\sqrt{2}:\sqrt[3]{2}$、$1:1.25:1.6$、$1:1.14:1.39$、$1:1.28:1.54$、$1:1.60:2.33$ 等。

例 10.9 有一尺寸为 $8.5\text{m} \times 4.9\text{m} \times 3\text{m}$ 的矩形房间，试计算所有小于 300Hz 的轴向波频率，并讨论其是否可能对房间音质产生不利影响。

解： 首先分别计算沿三个轴向的小于 300Hz 的轴向波频率，然后将其按从小到大的顺序排列，并计算相邻简正频率间隔，再用间隔小于 20Hz 且大于 2Hz 的条件进行检验。如果符合此间隔条件，可以认为轴向波频率分布较均匀，不会引起声染色现象，对音质没有不良影响，否则，有可能产生声染色。计算结果见表10-4。

用条件 2Hz<Δf<20Hz 检验后得出结论：在 140Hz 和 280Hz 出现简并化，并且多处频率间隔过大，因此可能引起声染色，上述房间尺寸比例并不理想。

表 10-4　小于 300Hz 的轴向波频率（8.5m×4.9m×3m）

轴向波频率（Hz）	$\dfrac{n_x c}{2l_x}$（Hz）	$\dfrac{n_y c}{2l_y}$（Hz）	$\dfrac{n_z c}{2l_z}$（Hz）	按从小到大顺序排列（Hz）	间隔（Hz）Δf
n=1	20	35	57	20	15
n=2	40	70	113	35	5
n=3	60	105	170	40	7
n=4	80	140	226	57	3
n=5	100	175	283	60	20 ?
n=6	120	210		80	20 ?
n=7	140	245		100	13
n=8	160	280		113	7
n=9	180			120	20 ?
n=10	200			140	0 ?
n=11	220			140	20 ?
n=12	240			160	10
n=13	260			170	5
n=14	280			175	5
				180	20 ?
				200	10
				210	10
				220	6
				226	14
				240	5
				245	15
				260	20 ?
				280	0 ?
				280	3
				283	

10.2.5　共振模式的带宽和振幅

研究表明，共振峰带宽和振幅与房间平均吸声系数有关：房间吸声越强或平均吸声系数越大，共振峰越平缓，带宽越宽，振幅越小；反之，房间吸声越弱或平均吸声系数越小，共振峰越尖锐，带宽越窄，振幅越大，如图 10-18 所示。图中 α 代表房间平均吸声系数。

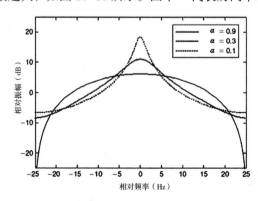

图 10-18　不同吸声系数时共振模式带宽和振幅

增大吸声也会减小驻波中最大声压和最小声压的差值，从而减小声压空间分布的不均匀度，图 10-19 所示为不同吸声系数时驻波模式声压振幅的空间分布。显然，吸声系数较大时，驻波声压随空间位置的波动较小，这对获得扩散声场是有利的。

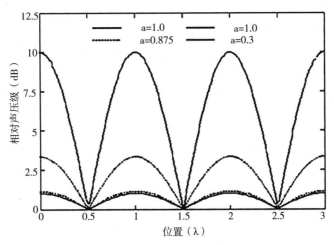

图 10-19　不同吸声系数时驻波模式声压振幅的空间分布

10.3　典型房间频率特性

任何一个房间，总存在一个频率值，当频率低于此值时，房间里驻波模式起主导作用。在驻波模式起主导作用的频率区域，房间频率响应将起伏变化。由于驻波的声压随位置变化，受驻波模式影响的房间声压级也将随位置变化，其结果是声场不再是扩散声场，混响时间的计算公式不再适用。图 10-20 所示为典型房间频率特性，图中分为三个不同的频率区域。

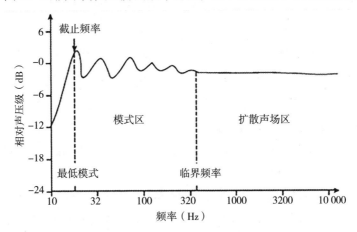

图 10-20　典型房间频率特性

截止区：低于最低共振模式的频率区域，有时也称为压强区。在此频率区域，房间的所有尺寸都比半波长小，房间里几乎没有声波传播，就像一个终端没有开口的打气筒。当房间里存在声源如扬声器、乐器时，声源的辐射阻抗变得很小，使之难以向空间辐射声波，这些频率的声压级极小。截止频率可按最低简正频率计算，即

$$f_c = \frac{c}{2L} = \frac{343}{2L} \qquad (10.27)$$

其中，L 为房间的最大边长。

模式区：紧接着截止区的是声学特性以驻波模式为主的频率区域，称为模式区。在此区域，频率特性呈现峰谷起伏，以扩散声场为前提的计算方法不适用。

扩散声场区：在此区域，有关混响时间和稳态混响声压级的计算公式成立。通常在此频率范围，只要混响频率特性良好，音质将达到最佳。此时房间的驻波效应最小，听音者感受到的是一个在整个房间均匀的混响声。

从模式区变换到扩散区的分界频率称为临界频率，注意这里不要和听觉临界频率相混淆。虽然临界频率是指某个特定的频率值，但实际上特性转换的边界是模糊的，因此，临界频率只是发生区域转换的某个代表性频率。临界频率可按下式计算，即

$$f_c = 2102\sqrt{\left(\frac{T_{60}}{V}\right)} \qquad (10.28)$$

上式表明，临界频率与房间体积的平方根成反比，与混响时间的平方根成正比。因此，较大房间的临界频率小于较小房间的临界频率，较小混响时间或较大平均吸声系数意味着较小临界频率。从这一点看，大房间较容易获得扩散声场，增大吸声系数也可以抑制房间的共振效应，从而改善音质。

10.4 实际应用

在了解室内声场的基本规律后，不难理解在实际应用中，与音质相关的以下几个问题：

第一，声源位置对音质的影响。当声源如音箱等处在房间的不同位置时，相当于改变了式（10.24）中的 $B_{n_x n_y n_z}$，将激发出不同的简正波强度关系，甚至使某些简正模式振幅为零而不存在，从而改变模式频率分布特性，影响房间音质。这一点在矩形房间尤为突出，例如，当声源处在房间中心位置时，将只激发出 n_x、n_y n_z 为偶数的简正模式，使房间的模式效应变得显著，不易产生扩散声场，对音质不利；如果声源置于某个非对称位置，则会激发出更多的简正模式甚至所有简正模式，平均后使模式效应减弱，有利于产生扩散声场，改善音质。这与音乐声学中的杨氏定律相类似，即声源所在位置相当于房间的激振点，它将抑制此处为波节的共振模式。因此，应尽量使声源处在房间尺寸的非整数比例位置。

第二，房间尺寸比例对音质的影响。对于小型演播室或听音室，这一点更为显著。由式（10.18）可知，房间尺寸比例将影响简正频率分布，从而影响房间频率特性和声场的均匀扩散。因此，存在一些推荐的最佳尺寸比例，要尽量避免采用整数比。

第三，房间大小对音质的影响。大房间比小房间更容易获得扩散声场，因此更容易获得较好音质。从简正频率分布的角度看，房间越大，简正频率分布越密集，声源激发的共振模式越多，房间频率特性和声场空间分布越均匀，越容易获得扩散声场。从临界频率计算公式也可以看出，房间尺寸越大，临界频率越低，声场越容易均匀扩散。因此，大型厅堂不容易出现声染

色现象，反而更要注意避免回声、声影等声学缺陷。

第四，房间声染色的本质。研究人员曾经对中小型演播室的声染色现象进行过调查，发现声染色主要发生在低于 300Hz 的频率区域。由于低频简正频率分布比较稀疏，因此声场的驻波模式效应比较显著，当某个共振模式强到足以让人耳觉察时，就出现了声染色现象。由于轴向波振幅最大，往往是产生声染色的主要原因。解决的途径有：改变房间内部结构的尺寸比例、采用非平行墙设计、增加低频吸声、对平行墙进行扩散处理等。

习题 10

1. 有一 $l_x \times l_y \times l_z$ 为 10m×7m×4m 的矩形房间，已知室内的平均吸声系数 $\bar{\alpha}$ 为 0.2，试求该房间的平均自由程、房间常数与混响时间（忽略空气声吸收）。

2. 有一 $l_x \times l_y \times l_z$ 为 7m×6m×5m 的混响室，室内除了有一扇 4m² 的木门外，其他壁面都由磨光水泥做成。已知磨光水泥的平均吸声系数在 250Hz 时为 0.01，在 4 000Hz 时为 0.02，木门的平均吸声系数在此二频率分别为 0.05 和 0.1。试求在此二频率时的混响时间（温度为 20℃、相对湿度为 50% 时，4m=0.024m^{-1}）。

3. 已知某一混响室空室时的混响时间为 T_{60}，现在在某一壁面上铺上一层面积为 S'、平均吸声系数为 α'_i 的吸声材料，并测得此时室内混响时间为 T'_{60}，试证明这层吸声材料的平均吸声系数为

$$\alpha'_i = \frac{0.161V}{S'_i}\left(\frac{1}{T'_{60}} - \frac{1}{T_{60}}\right) + \alpha_i$$

4. 有一体积为 30m×15m×7m 的厅堂，要求它在空场时的混响时间为 2s。（1）试求室内的平均吸声系数；（2）如果希望在该厅堂中达到 80dB 的稳态混响声压级，试问要求声源辐射的平均声功率为多少（设声源为无指向性）？（3）假定厅堂中坐满 400 个观众，每个观众的吸声量为 0.5m²，问此时室内的混响时间变为多少？（4）如果声源的平均辐射声功率维持不变，那么此时室内稳态混响声压级变为多少？（5）试问距离声源 3m 和 10m 处的总声压级是多少？

5. 有一 10m×7m×4m 的矩形房间，两长墙是拉毛水泥砖墙，吸声系数为 0.05；两端墙是背面具有 50mm 空气层的 3mm 厚胶合板，吸声系数为 0.15；顶棚和地面的吸声系数分别为 0.03 和 0.10；室内有 25 张木板硬座椅，每张椅子的吸声量是 0.08m²，试求：（1）房间总吸声量；（2）房间平均吸声系数；（3）混响时间。

6. 一间 15m×8m×4m 的教室，关窗时的混响时间是 1.2s。侧墙上有 8 个 1.5m×2.0m 的窗，全部打开时，混响时间变为多少？

7. 一个 1 500 人的多功能礼堂体积为 7 000m³，表面积为 2 850m²，频率 500Hz 时的平均吸声系数为 0.26。试求：（1）距声源 11m 处的第一排座位的声压级为 60dB 时，演员的声功率是多少？（2）距声源 30m 的最后一排的声压级是多少？

8. 有一车间尺寸为 40m×12m×6m，1 000Hz 时的平均吸声系数为 0.05（或 0.5），一机器的噪声声功率级为 96dB。试求在两种吸声情况下：（1）混响时间；（2）混响半径；（3）

距机器 3m 处与 10m 处的声压级。

9. 一个矩形录音室尺寸为 15m×11.5m×8m，侧墙吸声系数为 0.30，天花吸声系数为 0.25，地面全铺地毯，吸声系数为 0.33，室中央（或两墙交角处）有一声功率级为 110dB 的点声源。试求在两种情况下：（1）距声源 0.5m、1m、2m、4m 处的声压级；（2）混响半径；（3）混响时间。

10. 有一 $l_x×l_y×l_z$ 为 6m×5m×4m 的混响室六面都是刚性壁。假设在室内分别发出中心频率为 50Hz、100Hz、1 000Hz、4 000Hz、带宽为 10Hz 的声波，试问它们分别能在室内激起多少个简正模式？

11. 试问在上题的房间中，在 95~105Hz 频带内将包含哪几个简正模式？

12. 什么是房间的简正频率？简正频率分布对音质有何影响？

13. 有一尺寸为 7m×5m×3m 的矩形房间，试分别计算：（1）轴向波、切向波和斜向波的最低简正频率；（2）所有小于 300Hz 的轴向波频率，并讨论其对房间音质是否可能产生不利影响。

11　室内音质设计

11.1　室内音质评价

人们在不同厅堂中聆听演讲或音乐演出时，由于不同厅堂声学条件的差异，音质效果会有较大不同。如何来描述和评判这种音质的差别呢？长期以来，乐师、指挥家、录音师和声学家普遍使用着一些评价音质的术语，例如丰满度、活跃度、温暖度、沉寂感、空间感等，这些属于描述人们对音质主观感受的评价指标。但是，为了指导厅堂声学设计，还必须寻找到能与主观评价良好相关的客观物理指标或参数，这些参数应该能够用仪器加以测量，也可以用公式加以计算。因此，音质评价既需要主观评价，也需要客观评价，二者相辅相成。

11.1.1　语声音质评价

语言听闻主要有清晰度和可懂度的要求，此外还要求达到一定的响度。响度是满足良好听闻的基本条件，通常并不列入主观音质评价术语中。因此，对于语言，清晰度是唯一的主观评价术语。

关于语声清晰度的主观评价方法，参看第 6.1.5 节。

语声清晰度的客观评价参数是语言传输指数（Speech Transmission Index，STI），其测量原理见第 6.1.5 节。

11.1.2　厅堂音质主观评价术语

大多数情况下，音质评价是指对厅堂中聆听音乐时的音质感受，所以在讨论音质评价时，通常默认为对音乐的音质评价。厅堂音质主观评价术语主要有以下几个：

第一，清晰度。音乐声听闻的清晰度或明晰度可分为横向清晰度和纵向清晰度。横向清晰度是指同时演奏的音符的透明度与可辨析程度；纵向清晰度是指相继音符的分离和可辨析的程度。

第二，丰满度。音乐的丰满度是指在室内演奏音乐时，室内各界面的反射声对直达声所起的一种增强和烘托作用。在缺乏反射声的环境里听音，声音听起来是干涩或沉寂的。由于室内各界面的声反射而获得的比在旷野里听闻的音质提高程度，称为丰满度。有时我们还把低频反射声丰富的音质称为具有温暖度，而把中、高频反射声丰富的音质称为具有活跃度。

第三，亲切度。亲切度是指听众在尺度较小的房间内听音的感觉。古典作曲家作曲时，头脑中常有对其作品所演奏的房间的亲切度的考虑。例如，室内乐作品适宜在亲切度高、清晰度高而丰满度较低的房间中演奏；而巴赫的管风琴作品，则适宜在类似大教堂的大空间内演奏，

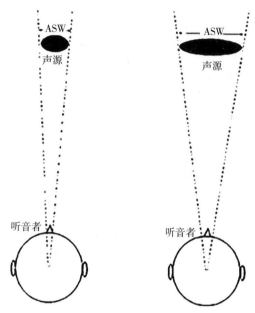

图 11-1　视在声源宽度

即亲切度要求不高，而丰满度要求较高。

第四，平衡感。音乐的平衡感是指低、中、高频声音的平衡以及乐队各声部之间的平衡。

第五，空间感。厅堂声音的空间感包含多种含义。总体来说，空间感是指房间内的反射声从各个方向到达听众，听觉不能分辨这些反射声的方向，但能够得到一个总体印象，即空间感。

具体地说，与空间感相关的评价术语还有声源的横向宽度感、纵深感、包围感等。横向宽度感即视在声源宽度（Apparent Source Width，ASW），是指声源在听感上的横向宽度，如图 11-1 所示。延迟时间小于 50~80ms 的早期侧向反射声有利于展宽视在声源宽度。声源的纵深感（depth perception）是指声源或声源群在纵向的延伸感。这两项决定了声源的轮廓感或立体感。空间感还包含对听音环境的感受，如房间大小、混响大小、室内或室外等。包围感是指声音来自四面八方的感受。

11.1.3　厅堂音质客观评价参数

音质的客观评价是指用可以测量或可以通过公式计算的物理指标来评价厅堂音质。通过客观评价可以避免主观评价的模糊性与离散性，并有助于指导厅堂音质设计，使之达到定量化与科学化。

同时需要注意，音质主客观评价参量之间并非一一对应的简单关系，而是一种多元映射的复杂关系。不仅厅堂音质评价如此，电声器件的音质评价也是如此。建立主观评价与客观评价参数之间的关系，一直是重要的研究课题。

目前国际声学界常用的厅堂音质客观评价指标主要有以下几项：

第一，混响时间 T_{60} 与早期衰减时间 EDT。

混响时间是第一个确定的与音质关系密切的客观指标。混响时间定义为当声源停止发声时，室内声能密度从稳态开始衰减到原来的百万分之一（60dB）所经历的时间。早期衰减时间（Early Decay Time，EDT）主要是指 T_{10}，即利用 0~-10dB 的斜率计算的混响时间。

混响时间以及 EDT 主要与声音的混响感、丰满度、温暖度和活跃度有关。混响时间计算公式及其更多与音质的关系见第 10.1.6 节。

第二，声压级和强度指数。

满足良好听闻条件的基本要求是声音具有一定的响度，而与响度关系最为密切的是声音的声压级。

由于在音乐演奏过程中，声压级是波动起伏的，其变化的动态范围可达 40dB 以上，所以必须设法规定一个单一的声压级指标来评价。例如，用乐队齐奏强音标志（f）乐段时的平均

声压级 L_{pf} 作为评价指标。但是，这个指标不仅仅由厅堂本身决定，还与乐队规模、声功率等因素有关，因此存在不足之处。

另一个与响度评价有关的物理指标是强度指数 G，它定义为厅堂中某处测得的声压级与声源声功率级之差，即

$$G = L_P - L_W \qquad (11.1)$$

由式（10.12）得

$$G = SPL - SWL = 10 \lg \left(\frac{1}{4\pi r^2} + \frac{4}{R} \right) \qquad (11.2)$$

可见，强度指数只与听音位置和厅堂特性有关，因此，它便于不同厅堂之间的比较，更适合作为评价声音响度的客观指标。强度指数的优选值约为 –2.0~+4.0dB。

第三，侧向能量因子。

20 世纪 60 年代以来，声学家们发现侧向反射声能（80ms 以内）与良好的声音空间感有关。早期侧向反射声越丰富，厅堂音质的空间感越好。

侧向能量因子 LEF（Lateral Energy Fraction）被定义为早期侧向声能与早期总声能之比，是由 Jordan 和 Barron 分别于 1980 年和 1981 年提出的，即

$$LEF = \int_{t_s}^{80ms} \left[p_L^2(t) \, dt \right]_{lateral} \Big/ \int_0^{80ms} \left[p_0^2(t) \, dt \right]_{total} \qquad (11.3)$$

其中，$t_s = 0/5ms$，为积分起始的时间，p_0 为无指向性话筒测得的脉冲响应声压，p_L 为特定指向性话筒测得的脉冲响应声压。LEF 的优选值约为 0.20~0.30。

第四，双耳互相关系数 IACC。

另一个与空间感相关的客观评价指标为双耳互相关系数（Inter-aural Cross-correlation Coefficient，IACC），是由 Gottlob 于 1973 年在前人研究的基础上提出的。IACC 定义为

$$\varphi_{rl}(\tau) = \frac{\int_{t_s}^{t_e} p_r(t) \, p_l(t+\tau) \, dt}{\left(\int_{t_s}^{t_e} p_r^2(t) \, dt \cdot \int_{t_s}^{t_e} p_l^2(t) \, dt \right)^{1/2}} \qquad (11.4)$$

$$IACC = \max \left| \varphi_{rl}(\tau) \right|, \quad |\tau| \le 1ms \qquad (11.5)$$

其中，$\phi_{rl}(\tau)$ 为归一化互相关函数，t_s=0 或 5ms，t_e=80ms、100ms 或 1000ms 以上，p_l 和 p_r 为双耳脉冲响应声压。可见，双耳互相关系数是建立在评价双耳信号相似性的基础上。研究表明，双耳信号相似度越大，空间感越小；双耳信号相似度越小，则空间感越大。$IACC$ 的优选值约为 0.3~0.4。

第五，混响时间频率特性。

为使音乐各声部声音平衡，音色不失真，还必须照顾到低、中、高频声音的均衡。这就要求混响时间的频率特性要平直，一般允许低频混响时间有 10%~45% 的提高，这一点符合日常听音习惯。因此，音乐厅较理想的混响时间频率特性如图 11-2 所示。

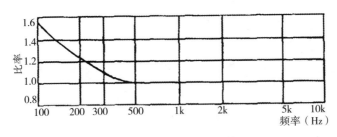

图 11-2　混响时间频率特性

第六，清晰度和明晰度。

清晰度和明晰度实际上是同一种指标，都是用来客观测量和计算厅堂音质的可辨析程度的。前者主要用于表示语言清晰度和音质的清晰度，后者用于表示音乐的明晰度。研究发现，厅堂音质的辨析度与直达声有很大关系，直达声越强，混响声越小，则清晰度越高。而早期反射声和直达声一样，对清晰度起重要作用。

清晰度定义为早期声能与总声能之比，是由 Thiele 于 1953 年提出的。其计算公式为

$$D = \int_{0}^{50ms}\left[p_0^2\left(t\right)dt\right] \Big/ \int_{0}^{\infty}\left[p_0^2\left(t\right)dt\right] \tag{11.6}$$

其中，p_0 为无指向性话筒测得的脉冲响应声压，D 为德语"清晰度"的首写字母。其优选值约为 0.4~0.6。

明晰度定义为早后期声能比，是由 Reichardt 于 1975 年提出，其计算公式为

$$C_{50} = 10\lg\left(\int_{0}^{50ms}p_0^2\left(t\right)dt \Big/ \int_{50ms}^{\infty}p_0^2\left(t\right)dt\right) \tag{11.7}$$

$$C_{80} = 10\lg\left(\int_{0}^{80ms}p_0^2\left(t\right)dt \Big/ \int_{80ms}^{\infty}p_0^2\left(t\right)dt\right) \tag{11.8}$$

其中，C_{50} 用于语言，优选值为 –6.4~+1.0dB，C_{80} 用于音乐，优选值为 –3.2~+0.2dB。

11.2 吸声材料和吸声结构

吸声材料和吸声结构是指在建筑工程中，布置在房间表面用来控制房间声学特性的材料或结构，其平均吸声系数一般大于 0.2。

吸声系数不仅与材料本身有关，而且与声波的频率以及作用方式有关。声波的作用方式分为垂直入射、斜入射和无规入射。室内声学所用的吸声系数是指无规入射吸声系数，或称为混响吸声系数，通常标称频率为 125Hz、250Hz、500Hz、1kHz、2kHz 和 4kHz。常用吸声材料和结构的吸声系数见附录 16。

在建筑声学设计中，吸声材料和吸声结构主要用来控制房间声学特性，例如控制混响时间、抑制室内共振、消除不良反射面和降低室内噪声等。常用吸声材料或结构主要分为三种类型，分别是多孔吸声材料、共振腔式吸声结构和薄膜与薄板共振型吸声结构。此外，还有一些其他特殊类型的吸声结构，例如可变吸声结构、强吸声结构等。

11.2.1 多孔吸声材料

多孔吸声材料是应用最多的一种吸声材料，如玻璃棉、矿棉、泡沫塑料等，其形状有散状、卷状、成型的板材和块状等。多孔吸声材料的声学构造特征是，具有大量内外连通的微小间隙或连续气泡的具有透气性的多孔状物质。其吸声原理是，当声波进入孔隙时，受到粘滞阻力作用，需要克服粘滞阻力做功，将部分声能转变为热能耗散掉。其吸声特性表现为中、高频吸声效果较好，最大吸声系数可达约0.8。多孔吸声材料的典型吸声特性如图11-3所示。

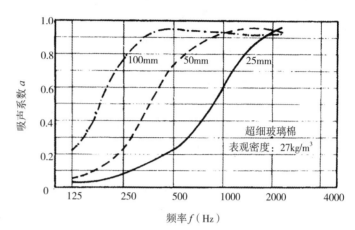

图 11-3 不同厚度超细玻璃棉的吸声系数图

由图11-3还可看出，不同厚度吸声材料的吸声特性主要表现在低频吸声性能的不同，材料越厚，低频吸声系数越大。图11-4所示为背后设置空气层对多孔吸声材料吸声性能的影响。可见，背后设置空气层与增加厚度对吸声特性的影响相同，即提高低频吸声系数。产生这种现象的原因是，墙面处声波质点振速为零，距墙 $\lambda/4$、$3\lambda/4$、…处为最大值，所以，通过增加材料厚度或增加空气层，可使吸声材料处于距墙 $\lambda/4$ 或以外的振速最大区，从而提高吸声效率，改善低频声吸收效果。

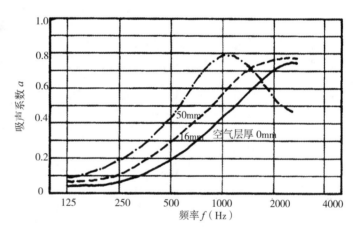

图 11-4 背后空气层对玻璃棉吸声系数的影响

11.2.2 共振腔式吸声结构

共振腔式吸声结构由一个封闭空腔连接一条颈状狭窄通道构成，声波由狭窄通道进入。其等效声学模型如图11-5所示，其中图11-5（a）为声学共鸣器，图11-5（b）为其等效力学振动模型。共振腔式吸声结构的吸声原理是：当声波频率为空腔共振频率时，空腔里的空气发生共振，吸收大量声能并通

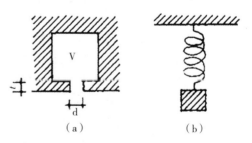

（a）　　　　　（b）

图 11-5 共振腔式吸声结构等效声学模型

过阻力转换为热能耗散掉。其吸声特性表现为具有较强频率选择性，吸声系数峰值一般出现在低频，中、低频吸声效果较好。

共振腔式吸声结构又分为单一共鸣器型吸声结构、穿孔板吸声结构和窄缝共振吸声结构。

11.2.2.1 单一共鸣器型

单一共鸣器型可以是带孔或狭槽的空心砌块，或将砖、瓦、陶器等制成的开孔罐子或玻璃瓶埋在混凝土中，都可作为这种共鸣器。其吸声特性是吸声频带窄，共振频率较低。

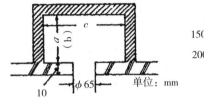

a×b×c	共振频率
150 × 150 × 300	98Hz
200 × 200 × 400	63Hz

单位：mm

图 11-6 所示为某一演播室天花板上的单一共鸣器尺寸图。图 11-7 为另一种用作单个空腔共振器的砌块及其吸声频率特性。

图 11-6 某一演播室天花板上的单一共鸣器

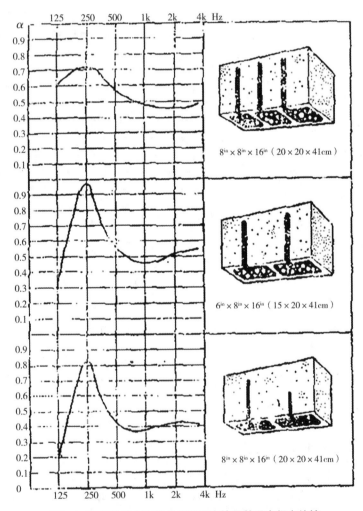

图 11-7 用作单个空腔共振器的砌块及其吸声频率特性

11.2.2.2　穿孔板共振吸声结构

穿孔板共振吸声结构是将胶合板、纤维板、金属板、石膏板、水泥石棉板等板材有规律地钻上一定数量的小孔，安装在距刚性墙一定距离处，其结构如图 11-8 所示。穿孔板共振吸声结构的吸声特性为频率选择性强，吸声系数峰值一般出现在低频，最大吸声系数可达约 0.3~0.6，中、低频吸声效果较好。通常其有效吸声频率范围在小于 1kHz。

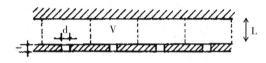

图 11-8 穿孔板共振吸声结构

穿孔板共振吸声结构的吸声系数最大值出现在共振频率，而赫姆霍兹共鸣器的共振频率为

$$f_0 = \frac{c}{2\pi}\sqrt{\frac{S}{V(t+\delta)}} \qquad (11.9)$$

其中，S 为颈口面积，V 为空腔容积，t 为孔颈深度，δ 为开口末端修正量，$\delta = 0.8d$（d 为孔径）。

由赫姆霍兹共鸣器共振频率公式可导出穿孔板共振频率计算公式为

$$f_0 = \frac{c}{2\pi}\sqrt{\frac{P}{L(t+\delta)}} \qquad (11.10)$$

其中，P 为穿孔率（穿孔面积与总面积之比），L 为板与墙的间距，t 为板厚，δ 为开口末端修正量。

图 11-9 为不同穿孔率穿孔板吸声频率特性。图 11-10 为空腔内放置吸声材料对吸声特性的影响。由图可知，放置吸声材料可增大吸声系数，并展宽有效吸声频带，并且第④种情况吸声效果最好。

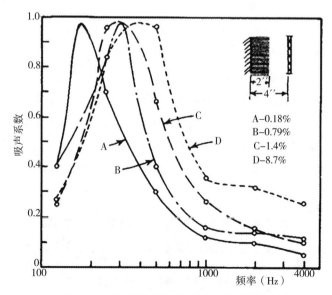

图 11-9　不同穿孔率穿孔板吸声频率特性图

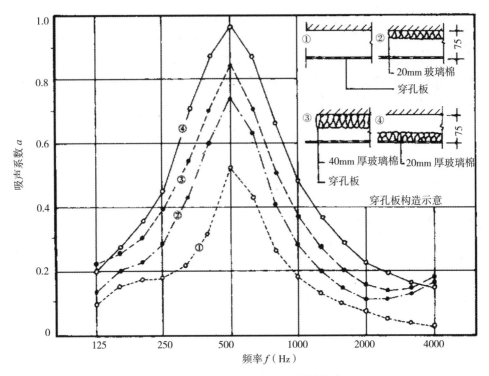

图 11-10 空腔内放置吸声材料的影响

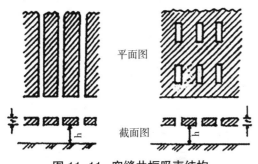

图 11-11 窄缝共振吸声结构

11.2.2.3 窄缝共振吸声结构

窄缝共振吸声结构是在用毛毡做声学处理后，再用木、金属或硬塑料做成条板装饰于墙面，如图 11-11 所示。其工作原理也属于共振腔式吸声结构。

11.2.3 薄膜与薄板共振型吸声结构

薄膜与薄板共振型吸声结构是指用板或膜离开墙面一定距离钉在木龙骨上，使之与墙面之间有一封闭空气层，如图 11-12 所示。膜通常是指皮革、人造革、漆布类织物和塑料薄膜等；板是指木板、硬纸板、胶合板、石膏板和石棉水泥板等。其吸声原理是，当声波撞击板面或薄膜时，使之发生振动，吸收部分声能并转变为热能。当声波频率等于共振频率时，系统发生共振，大量的声能转变为振动能量，最后转换为热能耗散掉。其吸声特性表现为吸声系数峰值大多在 200~1000Hz（膜）或 80~300Hz（板），吸声系数峰值可达约 0.2~0.5，因此中、低频吸声性能较好。

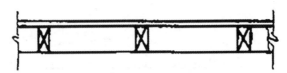

图 11-12 薄膜与薄板共振型吸声结构

薄膜共振频率的计算公式为

$$f_0 = \frac{1}{2\pi}\sqrt{\frac{\rho c^2}{mL}} = \frac{600}{\sqrt{mL}} \tag{11.11}$$

其中，m 为面密度（kg/m^2），L 为膜后空气层厚度（cm），c 为声速（m/s），ρ 为空气密度（kg/m^3）

薄板共振频率的计算公式为

$$f_0 = \frac{1}{2\pi}\sqrt{\frac{\rho c^2}{M_0 L} + \frac{K}{M_0}} \tag{11.12}$$

其中，M_0 为面密度（kg/m^2），K 为结构刚度因素（$kg/m^2 s^2$）。K 与板的弹性、骨架构造及安装情况有关。板越薄，龙骨间距越大，K 值就越小。

图 11-13 为帆布共振吸声结构的吸声特性。图 11-14 为胶合板结构的吸声特性。由图可知，材料越重、后面的空气层越厚，峰值越向低频端移动；空气层中加入多孔吸声材料，将使吸声系数峰值提高。

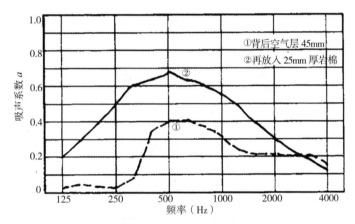

图 11-13　帆布共振吸声结构吸声特性图

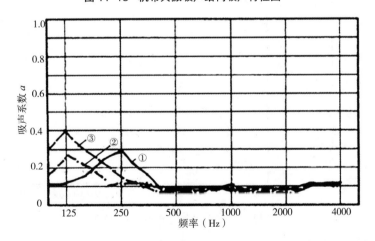

图 11-14　胶合板结构吸声特性

板厚 9mm，背后空气层：① 45mm；② 180mm；③空腔加玻璃棉

图 11-15 所示为柱面板振动型吸声结构的吸声特性。采用柱面板的优点是有利于声扩散，但造价较高。

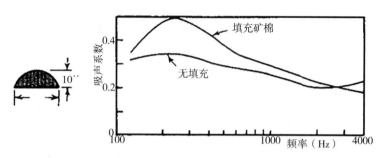

图 11-15 柱面板振动型吸声结构的吸声特性

11.2.4 其他吸声结构

11.2.4.1 可变吸声结构

可变吸声结构是指通过改变结构来改变吸声系数的吸声结构。其主要作用是使室内混响时间可变，满足厅堂多功能使用要求。可变吸声结构主要是通过翻转式或推拉式结构，使板的吸声面或反射面暴露在外，从而达到调节吸声系数的目的。图 11-16 为一种翻转式可变吸声结构。

图 11-16 翻转式可变吸声

帘幕也可作为一种可变吸声结构。与其他可变吸声结构相比，帘幕具有结构简单、价格便宜的优点。图 11-17 为不同折叠度帘幕的吸声特性。

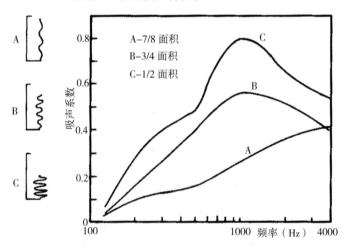

图 11-17 不同折叠度帘幕的吸声特性

11.2.4.2 空间吸声体

用穿孔板做成各种形状悬挂于空间，里面填充或衬贴多孔吸声材料，就构成了空间吸声体。

空间吸声体有两个或两个以上的面接触声波，相当于增加了有效吸声面积，因此其吸声效率较高。如果按投影面积计算，则吸声系数大于1，因此，空间吸声体通常直接用吸声量表示其吸声性能。空间吸声体可以根据建筑空间艺术造型需要，做成各种形状。图 11-18 所示为几种空间吸声体。

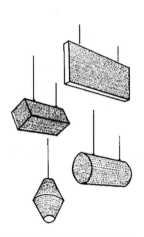

图 11-18　几种空间吸声体

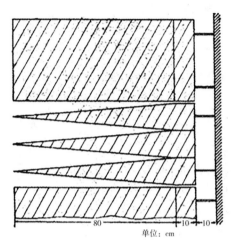

单位：cm

图 11-19　吸声尖劈的结构

11.2.4.3 强吸声结构

在消声室等一些特殊声学环境，要求在一定频率范围内，室内各表面都具有极高的吸声系数，在这种情况下就要用到一种强吸收结构，称为吸声尖劈。吸声尖劈是用棉状或毡状多孔吸声材料填充在楔形框架中，并蒙以玻璃丝布或塑料窗纱等罩面材料制成，其吸声系数可达 0.99。图 11-19 所示为吸声尖劈的结构。吸声尖劈有效工作频率下限为

$$f_c = 0.2 \frac{c}{l} \qquad (11.13)$$

其中，c 为声速，l 为尖劈长度。可见，要降低有效工作下限频率，就要增加尖劈长度，占用更多的空间。

11.2.4.4 人与家具的吸收

人和家具是室内的重要吸声体，常在演播室、音乐厅等场合出现，且占较大比例，故不能忽略它们的吸声特性。

由于人的衣着属多孔材料，故具有多孔吸声材料的吸声特性。此外，随着四季变化以及不同人穿衣不同，个体吸声特性存在差异，一般用统计平均值来表示。座椅的吸声量主要取决于所用材料及尺寸大小，同时还与排列方式、密度等因素有关。硬木、塑料、玻璃钢等制成的硬座椅的吸声量通常在 0.1m² 以下，软座椅吸声量较大，具体吸声量取决于垫层的厚度以及面层材料的透气性等因素。软座椅的吸声量大约在 0.8m² 左右。实际使用中，椅子上坐有观众。硬座椅上坐有观众，吸声量增大明显，而软座椅上坐有观众，吸声量不会有明显增大。人和家具的吸声量随频率的变化，可查看附录 16。

11.3 隔声、隔振和噪声控制

隔声、隔振是室内音质控制的基本要求之一。隔声、隔振的目的是排除或减小噪声和振动干扰，减小室内噪声，从而提高信噪比，满足音质的基本要求。

11.3.1 室内噪声来源

室内噪声主要来源于室内和室外两个方面。来源于室内的噪声包括房间内机器运行或空调系统等产生的噪声，可以通过吸声或隔离噪声源等方法进行降噪。来自室外的噪声分为空气载噪声（空气声）和固体载噪声（固体声）。空气声是指经过空气媒质传到本室墙壁外侧，再通过房间的缝隙、孔洞或透过房间的墙壁、天花板、地板、门、窗而传入室内的噪声。这些噪声通常包括交通运输噪声、工厂噪声、建筑工地施工噪声、商业噪声和社会生活噪声等。固体声是指由于建筑结构的振动而传入室内的噪声。

噪声评价方法主要有 A 计权声级和 NR 评价数值，不同用途的建筑物有不同的噪声标准，详见第 6.3.1 节。

11.3.2 空气声隔绝

11.3.2.1 隔声量

隔声是指对空气声的隔绝。某一隔离物的隔声效果通常用隔声量来衡量。隔声量定义为

$$R = 10\lg\frac{1}{T_I} \quad (\text{dB}) \tag{11.14}$$

其中，$T_I = \dfrac{I_t}{I_i}$，为声强透射系数。关于声强透射系数可参看第 3.3.3 节。

隔声量越大，则物体的隔声效果越好。例如，某墙面的隔声量为 50dB，意味着声波经过这堵墙时，声压级或声强级要衰减 50dB。

11.3.2.2 单层匀质密实墙

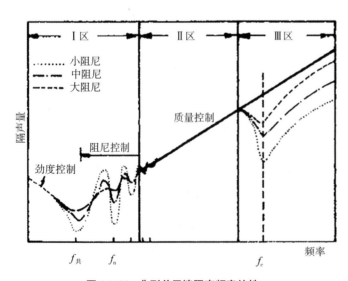

图 11-20 典型单层墙隔声频率特性

单层匀质密实墙简称单层墙。单层墙的隔声性能和入射声波的频率有关，还取决于墙本身的面密度、劲度、材料的内阻尼以及墙的边界条件等因素。典型的单层墙的隔声频率特性曲线如图 11-20 所示。

关于单层墙隔声频率特性有以下几点说明：

第一，单层匀质密实墙的隔声特性除了与墙本身的面密度、劲度、材料的内阻尼、墙的边界条件等因素有关外，主要与频率

有关。

第二，从低频开始，墙的隔声受劲度控制，墙体振速随频率增大而增大，隔声量随之降低；随着频率增加，墙体出现共振现象，隔声曲线出现峰谷，称为阻尼控制；当频率进一步提高时，质量将起主要控制作用；当频率继续升高达到吻合振动频率时，隔声量有一个较大的降低。

第三，对于声频范围，一般墙板工作在质量控制区。在质量控制区，隔声量的计算公式为

$$R = 20 \lg m + 20 \lg f - 48 \tag{11.15}$$

$$\bar{R} = 13.5 \lg m + 13 \tag{11.16}$$

其中，$\bar{R}$ 为平均隔声量，m 为墙单位面积质量，即面密度。可见，墙越厚重，声波频率越高，隔声效果越好，这就是隔声质量定律。上式可以从式（3.55）推导出来。

吻合效应是指入射声波的波长与墙体固有弯曲波的波长相吻合而产生的共振现象，此时也将出现隔声低点，称为吻合谷。设声波入射角为 θ，如图 11-21 所示，则在声波作用下产生的受迫弯曲波传播速度为

$$c_f = \frac{c}{\sin \theta} \tag{11.17}$$

而固有弯曲波传播速度为

$$c_b = \sqrt{2\pi f} \cdot \sqrt[4]{\frac{D}{\rho}} \tag{11.18}$$

其中，D 为板的弯曲劲度；ρ 为板的密度；f 为固有弯曲波频率。

由 $c_f = c_b$ 得，吻合振动频率（$\theta = \pi/2$ 时，为最低吻合振动频率）为

$$f_c = \frac{c^2}{2\pi} \sqrt{\frac{\rho}{D}} \tag{11.19}$$

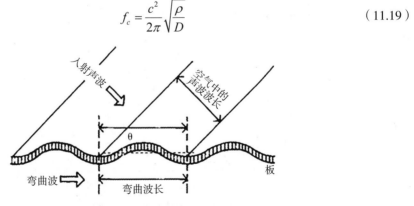

图 11-21　吻合效应原理图

11.3.2.3　双层匀质密实墙

双层墙是由两个单层墙和中间的空气层组成。从隔声质量定律可知，单层墙的面密度增加一倍，即厚度增加一倍，隔声量只增加 6dB。显然，靠增加墙的厚度来提高隔声量是不经济的，而且增加结构的自重也是不合理的。但如果把单层墙一分为二，做成留有空气层的双层墙，则在总质量不变的情况下，隔声量会有显著的提高。

双层墙提高隔声量的主要原因在于中间空气层的减振作用。当声波传播到第一层墙时，使墙板发生振动，该振动通过空气层传到第二层墙时，由于空气层相当于空气弹簧，起到减振作用，因此第二层墙板的振动大为减弱。

双层墙的隔声量计算公式为：

$$R = 20\lg\left(m_1 + m_2\right) + 20\lg f - 48 + \Delta R \tag{11.20}$$

$$\overline{R} = 13.5\lg\left(m_1 + m_2\right) + 13 + \nabla R \tag{11.21}$$

其中，m_1、m_2 分别为第一层墙和第二层墙的面密度，ΔR 为空气层产生的附加隔声量，ΔR 为 0~12dB。图 11-22 所示为附加隔声量 ΔR 随空气层厚度变化特性。由图可知，当空气层厚度为 8~10cm 时，ΔR 约为 12dB 达到最大。因此，一般取空气层厚度为 8~10cm。

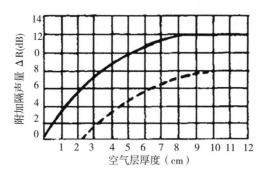

图 11-22　附加隔声量 ΔR 随空气层厚度变化特性

（实线：无刚性连接；虚线：少量刚性连接）

图 11-23 所示为双层墙的隔声频率特性。图中虚线表示相同质量的单层墙，在此频带遵循质量定律。图中 f_0 代表低频共振频率，在更高频率的谷点代表空气层轴向共振模式频率。相比而言，在大多数频率范围，双层墙比单层墙具有更大隔声量。

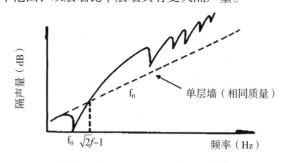

图 11-23　双层墙的隔声频率特性

11.3.2.4 门窗的隔声

门窗是隔声的薄弱环节。一般门窗的结构轻薄，而且存在较多缝隙，因此，门窗的隔声要加以重视。

门的隔声通常采取以下措施：

1. 采用厚而重的门扇，如钢筋混凝土门、多层复合结构；

2.门扇边缘注意密封，可采用软橡皮、泡沫塑料条以及毛毡等，减小缝隙透声；

3.采用双层门。对于需要经常开启的门，门扇不宜过重，门缝也经常难以封闭。这时，可设置双层门来提高其隔声效果。如果加大双层门之间的空间，构成门斗，并且在门斗内表面布置吸声材料，可进一步提高隔声效果。这种门又称为"声闸"，如图 11-24 所示。

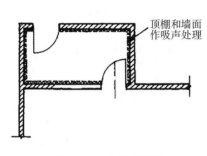

图 11-24 声闸示意图

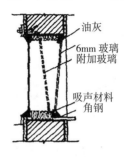

图 11-25 窗的隔声

窗的隔声通常采取以下措施：

1.采用较厚的玻璃或采用双层或三层玻璃；

2.空气层厚度约 8~12cm，玻璃彼此之间最好不平行，以免引起轴向共振；

3.玻璃之间的窗樘上可布置吸声材料；

4.注意密封。保持玻璃与窗框、窗框与墙壁之间的密封，采用橡胶条、泡沫乳胶条等减小缝隙透声。窗的隔声如图 11-25 所示。

11.3.2.5 隔声屏（障）

隔声屏（障）是指具有足够面密度，并且使声波在经过时有一个显著衰减，具有吸声作用的隔离物。隔声屏通常由前板、后板和侧板构成，形成封闭的箱式结构。前板为穿孔板，后板和侧板不穿孔，中间填多孔吸声材料。

隔声屏（障）的隔声特性一般表现为：

1.频率加倍，隔声量增加 3dB；

2.高度加倍，隔声量增加 6dB；

3.接收点和声源到屏障的距离相等时，隔声效果最差；

4.设立屏障的最佳位置是接近声源或接近接收点。

11.3.3 固体声的隔绝

11.3.3.1 固体声的产生与传播

隔振是指对固体声的隔绝。要掌握隔振措施，首先要了解固体声的产生与传播途径。固体声一般有两个传播途径：一是由于物体的撞击，使结构产生振动，直接向另一侧房间辐射声能；二是由于受撞击而振动的结构与其他建筑构件连接，使振动沿着结构层传到相邻或更远的空间。一般来说，由于撞击产生的能量较大，且固体传声的速度较快，且衰减较小，因此容易产生较大干扰。

11.3.3.2 固体声的隔绝

总的来说，隔振可采取以下措施：

1. 使振动源撞击楼板引起的振动减弱。如在楼板上面铺设地毯、橡胶板、软木地板等阻尼材料；

2. 采用浮筑楼面。即在楼板面层和结构层之间设置弹性垫层，形成屋中屋结构，如图 11-26 所示；这种方法一般用于对噪声控制要求较高的场所，例如消声室。

3. 在楼板下做隔声吊顶，阻隔楼板振动向下面空间辐射声能，如图 11-27 所示。

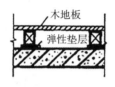
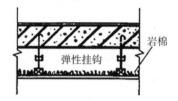

图 11-26　面层和结构层之间设置弹性垫层　　　　图 11-27　隔声吊顶

11.3.4　室内噪声控制的原则和方法

室内噪声控制的原则和方法主要包含以下几点：

第一，噪声控制的基本原则。

噪声源发出的噪声，经过一定的传输路径到达接收者或使用房间。因此，噪声控制最有效的方法是：首先，尽可能地控制噪声源的声功率，即采用低噪声设备；其次，在传播路径上采取隔声、隔振和消声措施，阻隔传播路径。这是建筑中噪声控制的基本原则。

第二，建筑选址及总体布局。

建筑噪声控制应贯彻于建筑设计的整个过程。对噪声控制要求较高的建筑如演播室、音乐厅、教室、医院等，不宜靠近高强噪声源（如铁路、交通干道等）建造。在建筑总体设计中，应把要求安静的房间布置在背向噪声源的一侧，把辅助用房、走道等布置在靠近噪声源一侧。在建筑内部，噪声较大的房间不宜紧靠要求安静的房间。

第三，提高围护结构隔声量。

提高围护结构的隔声能力，可以减少外部噪声的传入，并可以减少自身对周围环境的噪声干扰。对于一些特别安静的房间，如录音室、演播室、音乐厅、剧场、多功能厅等，其外墙不宜开窗，并应采用混凝土或实心砖墙，必要时房间外增设一外廊或附属房间来增加隔声量。

第四，室内吸声降噪。

由第 12 章可知，室内声能是由直达声和混响声两个部分组成的。当远离声源时，室内声能将以混响声为主，而混响声能与室内吸声大小密切相关，吸声越大，则混响声压级越小。因此，通过增大房间吸声系数，可以降低室内混响声压级，达到降低噪声的目的。

吸声降噪主要用于工厂车间的噪声控制，电视演播室通常也设计为强吸声环境，有助于降低现场噪声。

第五，隔声屏障与隔声罩。

隔声屏障与隔声罩主要用于房间内部噪声源的噪声控制。某些高噪声设备，可用隔声罩或隔声小间进行隔离。隔声小间或隔声罩本身应有足够的隔声量，在小间或罩内应做强吸声处理。

第六，设备隔振。

室内一些设备如果直接安装在地面上，则当其运行时，除了向空中辐射噪声外，还会把振动传给建筑结构，产生固体声。因此，需要对这些设备进行隔振处理。通常在设备与地面之间加装弹性支承，如图11-28所示。这种弹性支承可以是钢弹簧、橡胶、软木和中粗玻璃纤维板等，也可以是专门制造的各种隔振器。

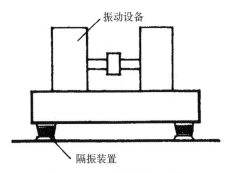

图 11-28 设备隔振基本构造

第七，管道消声。

在空调、通风系统中，风机的噪声会沿着风管传至室内。此外，气流在管道中因流动形成湍流，也会使管道振动产生噪声。这类噪声的控制，一般是通过在管道上加接消声器来实现。消声器类型很多，根据消声原理可分为阻性、抗性和阻抗复合式三种类型。扩张管式消声器和共振式消声器都属于抗性消声器，即只是利用声波的反射原理达到消声目的。阻性消声器是一种吸收性消声器，其方法是在管道内布置吸声材料将声能吸收。复合式消声器则是将两者相结合的一种消声器。

11.4 厅堂音质设计概论

11.4.1 厅堂音质设计目标和内容

11.4.1.1 厅堂音质设计目标

厅堂音质设计主观听音要求主要包含以下几点：

1. 在混响感和清晰度之间有适当的平衡；

2. 具有适当的响度；

3. 具有一定的空间感；

4. 具有良好的音色以及低、中、高音适度的平衡；

5. 无噪声干扰和回声、声聚焦、声影等音质缺陷。

与上述主观听音要求相对应的物理指标，即客观设计目标为：

1. 具有合适的混响时间及其频率特性；

2. 具有合适的声压级；

3. 具有丰富的早期侧向反射声，具有较大的侧向能量因子（LEF）或较小的双耳互相关系数（IACC）；

4. 具有扩散声场以及良好的房间传输频率特性，声场分布均匀，无回声、声聚焦、声影等音质缺陷；

5. 背景噪声符合标准。

音质设计是整个建筑设计的 个重要组成部分，在建筑设计的开始阶段就应该考虑，而不是待建筑主体结构建成后再在室内做声学装修。因此，建筑设计师在开始阶段就应该与声学工程师密切合作，听取声学工程师的意见，这样才能在建筑物完工后，获得期望的良好音质。

11.4.1.2 厅堂音质设计内容

厅堂音质设计内容主要包含以下几个方面：

1. 选址、建筑总图设计和各种房间的合理配置，目的是防止噪声干扰；

2. 确定房间容积和每座容积；

3. 体型设计；

4. 确定混响时间及其频率特性；

5. 计算室内声压级，考虑是否满足自然声演出的响度要求；

6. 确定室内允许噪声标准，测量噪声大小，决定采用哪些噪声控制措施；

7. 室内装修进行之前做声学测量并对设计进行调整；

8. 工程完成后进行声学测量和音质评价；

9. 必要时可以利用计算机仿真或缩尺模型技术进行辅助设计。

11.4.2 大厅容积的确定

在厅堂音质设计中，首先要根据大厅的规模和用途确定其容积。从声学角度看，确定大厅容积时，主要考虑保证大厅有合适的混响时间和足够的响度。

人声和乐器声等自然声源的声功率是有限的。大厅的容积越大，声能密度越低，室内声压级就越低，满足不了听觉对响度的要求。因此，自然声演出的大厅，容积不能过大。表 11-1 是自然声演出时室内最大容许容积参考值，超过这个容积就需要考虑采用电声系统。

表 11-1　自然声演出时室内最大容许容积参考值

用途	最大容许容积（m³）
教室	500
讲演厅	2 000~3 000
话剧	6 000
独唱独奏小乐队	12 000
大型交响乐队	25 000

从赛宾混响时间计算公式可知，混响时间与厅堂体积成正比，与总吸声量成反比。而在总吸声量中，观众和座椅的吸声量约占 2/3，因此，控制大厅容积和观众人数之比，相当于控制了混响时间。在实际应用中，常使用每座容积这一指标。表 11-2 为各类厅堂每座容积推荐值。

表 11-2　各类厅堂每座容积推荐值

用途	每座容积（m³/座）
音乐厅	7~12
歌剧院	5~8
多功能厅	5~10
讲演厅	3~5
电影院	4~5

11.4.3 大厅体型设计

对于一个体积一定的大厅，其体型主要影响反射声的时间分布和空间分布，甚至影响直达声的传播。因此体型设计是音质设计的重要内容。体型设计的主要目的是：

首先，充分利用直达声；

其次，争取和控制早期反射声，使其具有合理的时间分布和空间分布；

再次，适当的扩散处理，使声场达到一定的扩散程度；

最后，防止出现声学缺陷，如回声、多重回声、声聚焦、声影以及小房间可能出现的低频声染色现象等。

11.4.3.1 充分利用直达声

直达声强度直接影响声音的响度和清晰度。直达声在室内传播时，满足平方反比定律，即距离加倍，声压级衰减6dB。当直达声贴近听众席传播时，由于听众席的掠射吸收，会使声音衰减得更快。此外，还需考虑到人声和乐器声的指向性，偏离主轴方向越多，直达声越弱，尤其是高频声会显著减小。

根据上述直达声传播特点，针对以自然声演出的大厅，体型设计时要注意以下几点：

1. 控制大厅的纵向长度，使观众尽量靠近声源；当观众席位超过1 500座时，宜采用一层悬挑式楼座；当观众席位超过2 500座时，宜采用二层或多层楼座。

2. 在平面的横向，观众席应布置在一定角度范围内。

3. 大厅地面有一定坡度，减小观众席的掠射吸收造成的直达声损失。

11.4.3.2 争取和控制早期反射声

我们通常把直达声到达后50ms（语言）或80ms（音乐）内到达的反射声称为早期反射声。研究表明，早期侧向反射声有助于改善空间感。将沿视觉方向的40°圆锥形作为分界线，所有延时小于80ms的侧向（即40°圆锥形以外的）反射声以及所有延时大于80ms的声能都有利于加强空间感，其中早期侧向反射声作用尤为显著。当早期反射声来自中垂面以及40°圆锥以内时，将对直达声起加强作用，即能够改善声音的清晰度，但产生空间感的效应较弱。

使所有观众席都能获得丰富的早期反射声，尤其是早期侧向反射声，是保证良好音质的重要条件之一。通过作声线图，可确定反射面的位置、角度和尺寸，也可以检验已有反射面对声音的反射情况。作声线图是利用几何声学进行音质控制的重要手段，下面以顶棚反射面设计为例，说明声线图的做法。

在图11-29中，设声源S位于舞台大幕线后2~3m处，离舞台面高1.5m，R_1、R_2、R_3分别表示前、中、后接收点，即听众所在位置。现在需要设计顶棚反射板位置、角度和尺寸，使反射板AB提

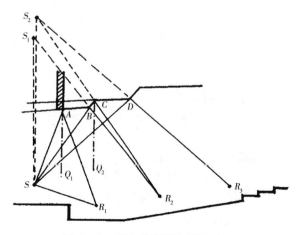

图11-29 用声线图设计顶棚反射面

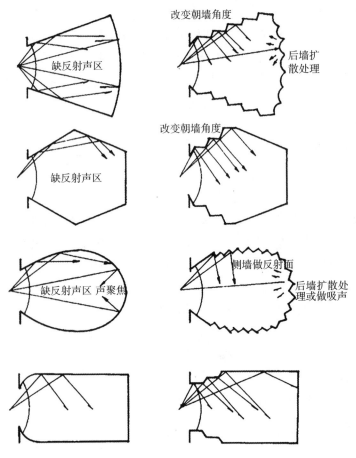

图 11-30　几种常见厅堂体型

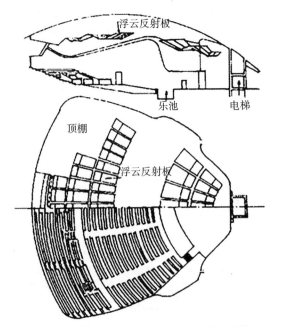

图 11-31　凹曲面屋顶下悬吊"浮云式"反射板

供的一次反射声到达前部 R_1R_2 区，使反射板 CD 提供的一次反射声到达后部 R_2R_3 区。具体做法是，首先确定 A 点，连接 AS、AR_1，作 $\angle SAR_1$ 的角平分线 AQ_1，再作 AB 射线垂直于 AQ_1，再作 S 对于 AB 的镜像声源 S_1，连接 S_1、R_2，交 AB 射线于 B 点，这样就确定了顶棚反射面 AB。同理，首先任意选定 C 点，然后可以用相同的方法得到 CD 反射面。

体型设计与争取和控制早期反射声有很大关系，下面从几个方面进行分析。

1. 平面形状与反射声分布

图 11-30 所示为几种常见厅堂体型，左侧从上往下依次是扇形、六边形（六角形）、椭圆形和鞋盒型，右侧为改进措施。从这四种体型来看，扇形、六边形和椭圆形体型都存在前区缺乏侧向反射声的问题，唯独鞋盒型能够提供较丰富的侧向反射声。通过将侧墙做成折线形，可以调整侧向反射声方向并改善声扩散。扇形和椭圆形后墙呈凹弧形，容易产生声聚焦，可以进行适当的扩散设计，防止声聚焦。

2. 剖面与顶棚设计

从顶棚来的一次反射声可以无遮挡地到达观众席，对增加声音响度和提高清晰度十分有利，因此，音质设计中应充分利用顶棚作为反射面。尤其是靠近声源的舞台口顶棚，应充分加以利用。对于中后部顶棚，可以设计成定向反射面，使整个顶棚的反射声均匀覆盖全部观众席。图 11-31 所示为某一厅堂的顶棚设计。

3. 增加侧向反射声的方法

对于较宽的大厅，观众席的中部远离侧墙，往往缺乏早期侧向反射声。为了获得较多侧向反射声，对于较宽大的观众厅，可采用山地葡萄园式平面布局，即将观众席分区，并设置在不同标高的平面上，利用各区的栏板作反射面，给部分观众席提供侧向反射声，如图 11-32 所示。20 世纪末以来，环绕型即观众席环绕舞台布置的音乐厅比较流行，这类音乐厅的听众席连成一片，往往存在侧向反射声不足的问题，为了解决这个问题，最好的办法是采用山地葡萄园式平面布

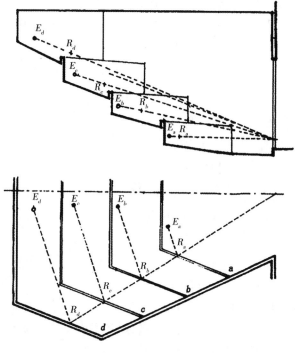

图 11-32　山地葡萄园式的座位布局

局，由此山地式音乐厅诞生了。第一个山地式音乐厅是建于 1963 年的柏林爱乐音乐厅，由德国声学家克莱默（L. Cremer）设计。

11.4.4 扩散设计

房间内声场扩散不充分会导致室内不同位置听到的声音差别较大，因此，无论是厅堂还是演播室，声场扩散都是音质设计必须考虑的问题，是音质设计的重要内容。对于大型厅堂，观众厅的包厢、挑台、各种装饰等，对声音都有一定的扩散作用，而且体积较大的厅堂较容易满足声场扩散要求，但有时还需要在墙面进行局部扩散设计，例如，对可能产生声聚焦或回声等情况的表面做扩散处理。对于体积相对较小的演播室，则必须进行必要的扩散设计，尤其需要在墙面设置扩散面。

11.4.4.1 各种扩散体

1. 凸面扩散体

凸面扩散体是指传统的用于墙面的不同形状的扩散体，例如矩形体、棱锥体、圆柱体或半球体等，如图 11-33 所示。这些物体突出于墙面或天花板的部分至少达到七分之一波长才能作为有效扩散体。通过尺寸的变化以及不同扩散体的排列组合，可以达到较好的扩散效果。

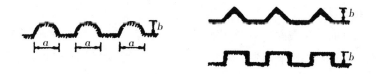

图 11-33　几种凸面扩散体形状

凸面扩散体要达到一定的扩散效果，存在一个有效工作下限频率，即当频率低于某个频率时，其对声波相当于一个平面，不能起到扩散作用。有效工作应满足的条件为

$$a \geq \frac{2}{\pi} \cdot \lambda \qquad (11.22)$$

$$b \geq 0.15a \qquad (11.23)$$

其中，a 为扩散体宽度，b 为扩散体凸出高度，λ 为有效扩散最低频率声波波长。因此，式（11.22）决定了有效工作下限频率。

一方面，如果下限频率要达到 125Hz，则 a 必须大于 1.7m，b 必须大于 0.26m，扩散体尺寸相当大。另一方面，当频率较高时，又会引起镜像反射，扩散效果也会变差。只有当扩散体尺寸与波长相当时，扩散效果最好。

2. 反射栅扩散体

由于凸面扩散体的扩散效果有限，工作频带较窄，布置在墙面从外观上给人十分零乱的感觉，且占用较多空间，尤其不太适合在小房间使用，人们开始研制新型扩散体。一种性能良好的扩散体一般要满足两个条件：其一，可以将来自任一方向的入射波能量均匀反射到较大角度范围；其二，能够在较宽频率范围内实现上述扩散反射。反射栅扩散体就能很好地满足这些要求。

反射栅扩散体分为相位反射栅扩散体和幅度反射栅扩散体两种，它们都是基于波动声学理论设计的，即通过格栅状结构，控制反射相位，从而达到扩散反射的目的。

（1）相位反射栅扩散体

相位反射栅扩散体又称为施罗德扩散体（Schroeder diffuser），是由德国声学家 M.R.Schroeder 等人于 20 世纪 70 年代为改善音乐厅声学环境首先提出的，后来人们根据其论文研制成了产品，如今其应用已遍及听音室、录音棚、控制室和各类厅堂。

相位反射栅（Phase Reflection Gratings，PRG）扩散体表面由许多宽度相同而深浅不一的藻井排列而成，并以伪随机序列作为井深设计参数。为了解其工作原理，我们先从简单情况开始分析。

设某个坚硬表面上有许多高度为 d 的凸起物，并假设声波从法向入射，那么，声波的反射状态与凸起物高度相对于波长的大小有关，分为以下三种情况：

第一，当 $d \ll \lambda$ 时，表面可看成平面，镜面反射声波；

第二，当 $d = \lambda/4$ 时，从表面最高点反射的声波比从表面反射的声波早 $\lambda/2$，这意味着在法向上声波相互抵消，没有声波在这个方向传播。根据能量守恒定律，声波必然向其他某些方向反射。如果声波不从法向入射，那么凸起物与平面的相对距离减小，必然存在某个频率，在该方向入射时，其镜像反射为零；

第三，当 $d = \lambda/2$ 时，从表面最高点反射的声波比从表面反射的声波早 λ，因此入射波和反射波同相。这时，凸起物的影响消失，硬表面可看成是平面，对声波产生镜像反射。

由此可见，有规则的凸起物能够扩散声波，但只对 $\lambda/4$ 奇数倍频率有效。因此，通过一些

不同高度的序列可以达到扩展有效频率范围的目的。由于这种序列是利用干扰波阵面的相位从而改变波阵面形状来达到扩散反射的目的，因此这类扩散体称为相位反射栅扩散体，也称为施罗德扩散体或PRG扩散体。井深序列可以采用两种：一是二次余数序列（Quadric Residue Sequences，QR），即井深为 n^2 除以 N 的余数，其中 N 为质数，n 取 0、1、2、3、…$N-1$。例如，取 $N=5$，则得到井深序列为 0、1、4、4、1，并以此为周期形成周期性序列，周期为 N 个数；另一个是原始根序列（Primitive Root Sequences，PR），即井深为 α^n 除以 N 的余数，其中 N 为质数，α 为一个恰当的常数，称为原始根，n 取 1、2、3、…$N-1$。如果取 $\alpha=2$、$N=5$，则序列为 2、4、3、1，并以此为周期形成周期性序列，周期为 $N-1$ 个数。

表 11-3 为 N=17 时 QR 序列和 PR 序列一个周期的数值，其中一维 QR 扩散体的典型结构如图 11-34 所示，图中序列长度为两个周期。

表 11-3　一维 QR 和 PR 序列值（N=17）

n	S_n	
	n^2 除 17 的余数	3^n 除 17 的余数
0	0	—
1	1	3
2	4	9
3	9	10
4	16	13
5	8	5
6	2	15
7	15	11
8	13	16
9	13	14
10	15	8
11	2	7
12	8	4
13	16	12
14	9	2
15	4	6
16	1	1

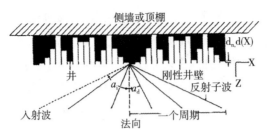

图 11-34 一维 QR 扩散体的典型结构（N=17）

在图 11-34 中，x 为序列排列方向，z 为垂直于墙面的方向，y 方向无井深变化，因此称为一维扩散体。d_n 为井深，α_i 为声波入射角，α_d 为扩散反射角。

设 PRG 扩散体的有效工作下限频率为 f_0，上限频率为 f_{max}。下限频率 f_0 由最大井深等于 $\lambda/2$ 决定，而 f_{max} 受到井的宽度限制，即半波长不能小于井宽，由此得到

$$W = \frac{c}{2f_{max}} \qquad (11.24)$$

$$d_{n\,max} = \frac{\lambda_0}{2} \qquad (11.25)$$

其中，c 为声速，$d_{n\,max}$ 为最大井深，λ_0 为最低工作频率的波长。

由于最大井深对应的序列值为 N-1（参看表 11-3），因此，井深 d_n 可近似计算为

$$d_n = s_n \cdot \frac{\lambda_0}{2(N-1)} \approx \frac{s_n \lambda_0}{2N} \qquad (11.26)$$

其中，s_n 为序列值，N 为序列阶次。

图 11-35 所示为 N=17 的一维 QR 扩散体理论计算的扩散特性图。

由于实际应用中序列是有限长的，即序列的周期数是有限的，因此扩散反射图的叶瓣会变宽，如图 11-35（a）所示。当周期数从 2 增大到 25 时，能量将更集中于极大值方向，使叶瓣变窄，如图 11-35（b）所示。当 N 从 17 增大到 89 但周期数保持为 2 时，叶瓣数目增大约 5 倍，扩散效果得到改善，如图 11-35（c）所示。因此，增大 N 值比增加周期数更有效。

（2）幅度反射栅扩散体

对于相位反射栅扩散体，为了达到声波扩散的目的，其最大井深应等于最低设计频率的二分之一波长。如果最低设计频率为 500Hz，则最大井深需达到 34cm；如果设计频率降低到 250Hz，则井深需要增大一倍。对于较小的空间，可以将最大井深设为接近于最低频率波长的四分之一，也可以获得良好的

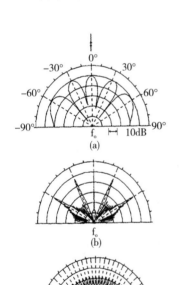

图 11-35 QR 扩散体反射特性图

（a）N=17、周期数=2；（b）N=17、周期数=25；（c）N=89、周期数=2

扩散特性。然而，即使选择 λ/4 的井深，在某些情况下，仍然可能存在扩散体占用体积太多的问题。幅度反射栅扩散体可以解决上述问题。

不仅声压相位的无规变化能使声波扩散反射，声压振幅的无规变化也会引起扩散反射，这是幅度反射栅扩散体设计的理论依据。幅度反射栅（amplitude reflection gratings）扩散体是由一定宽度的吸声板条和反射板条按一定形式排列构成。由于这种扩散体并不靠深度对声波产生扩散，因此不存在低频下限频率，而高频上限频率是由波长的一半（λ/2）不能小于板条宽度决定。因此，幅度反射栅扩散体解决了相位反射栅扩散体低频占用空间过大的问题。

吸声材料和反射材料的排列顺序可以基于二进制数字序列，它们仅由 0 和 1 构成，其中 1 表示硬反射面，0 表示某种吸声面。m 序列（即 MLS 序列）是最好的选择，因为它们具有均匀的傅里叶变换，即均匀的频谱特性，因此也称为伪噪声序列。然而，没有一种吸声材料能够达到 100% 的吸声效果，因此，实际扩散效果并不像理论分析的那样理想。

图 11-36 所示是长度为 15 的 m 序列一维振幅反射栅扩散体示意图。图 11-37 为计算所得的长度为 31 的 m 序列一维振幅反射栅扩散体反射声能量随角度变化特性（λ=0.25m 或 f=1372Hz）。由图可知，虽然在 0° 的镜像反射方向聚集较多的声能，但振幅反射栅扩散体还是能够获得适度的扩散效果，其最大旁瓣比镜向反射方向小约 7dB，而对于均匀反射面，这个差值约为 13dB（点画线），因此，其扩散效果比均匀反射面或均匀吸声面好得多。

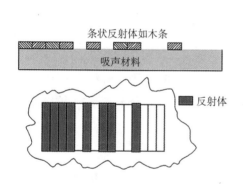

图 11-36　周期为 15 的一维幅度反射栅扩散体结构示意图

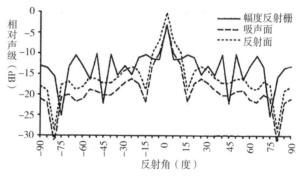

图 11-37　长度为 31 的 m 序列一维振幅反射栅扩散体反射声能量随角度变化特性（λ=0.25m）

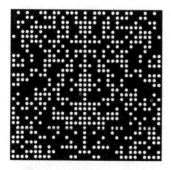

图 11-38　周期为 1023 的二维幅度反射栅扩散体结构示意图（白点表示反射面）

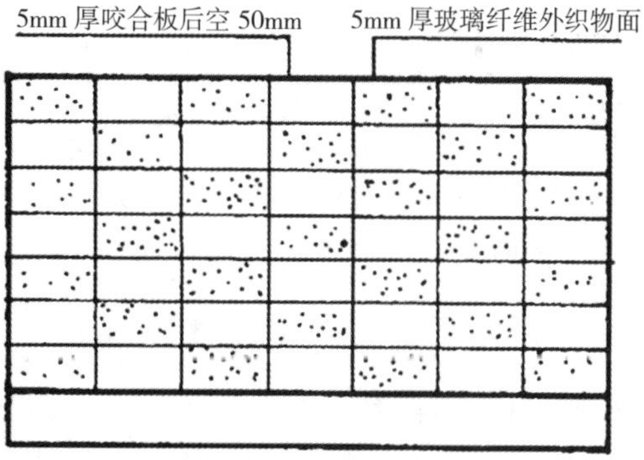

图 11-39　交替布置吸声材料

图 11–38 为某二维振幅反射栅扩散体示意图。一般来说，一维扩散体只在一个平面内产生扩散作用，较适合用于控制室，只对录音师所在位置提供扩散反射声，而二维扩散体可对整个半空间产生扩散作用，因此较适合在录音棚使用。在实际应用中，较常用的方法是交替布置不同的吸声材料，以改善声场扩散效果，如图 11–39 所示。

11.4.4.2 获得扩散声场的基本方法

总的来说，获得扩散声场可采取以下措施：

1. 房间采用不规则形状，避免出现平行反射面。如果是矩形房间，要选择合适的长、宽、高尺寸比例；

2. 墙面进行扩散设计，安装凸面扩散体或其他新型扩散体；

3. 吸声材料均匀分布，并且不同吸声材料交替布置；

4. 悬吊不规则形状的反射板。

11.4.5 混响设计

混响设计是厅堂音质设计的重要内容，其主要任务是使室内具有适合使用要求的混响时间及其频率特性。混响设计一般是在大厅的体型基本确定、容积和内表面积可以计算时进行，主要包括三个步骤：第一，确定混响时间及其频率特性；第二，计算体积、总面积，并根据混响时间公式计算各频率所需吸声量；第三，选择和确定室内吸声材料，并进行布置。

11.4.5.1 混响时间及其频率特性的确定

不同用途的厅堂应具有不同的最佳混响时间值。表 11–4 为各类建筑混响时间的适当范围。另外，图 11–10 所示的最佳混响时间也是选择混响时间的依据。这些数据是声学家们对现有厅堂测量和统计的结果。通常，聆听音乐需要较大的混响感和空间感，而语言则需要较大的清晰度，因此，音乐厅需要较大的混响时间，而会堂则要求混响时间较小，介于二者之间的有歌剧院。多功能厅则应满足混响时间可调的声学要求。

表 11–4 各类建筑混响时间的适当范围（500Hz 和 1kHz 的平均值）

房间用途	RT（s）	房间用途	RT（s）
音乐厅	1.5~2.1	音乐录音棚	1.2~1.6
歌剧院	1.2~1.6	强吸声录音棚	0.4~0.6
多功能厅	1.2~1.5	电视演播室	0.5~0.7
话剧院、会堂	0.9~1.3	电影同期录音棚	0.4~0.8
普通电影院	0.9~1.1	语言录音室	0.25~0.4
立体声电影院	0.65~0.9	琴室	0.4~0.6
多功能综合体育馆	1.4~2.0	教室、演讲室	0.8~1.0

在确定中频最佳混响时间后，还要以此为基础，根据房间使用性质，确定其他频率的混响时间，即混响时间频率特性。混响时间频率特性的确定可参考图 11–2。音乐厅低频混响时间可比中频略长，在 125Hz 附近允许达到中频的 1.1~1.45 倍。用于语言听闻的大厅，应有较平直

的混响时间频率特性。由于空气对高频声的吸收较强，特别是房间体积较大时，高频混响时间通常会比中频短，加之人们已经习惯了这种听音，故允许高频混响时间有所下降。

11.4.5.2 根据混响时间公式计算吸声量并选择吸声材料和结构

在确定混响时间后，需要根据混响时间公式计算吸声量并选择吸声材料和结构，具体步骤如下：

1. 根据厅堂设计图，计算房间的体积 V 和总内表面积 S；

2. 根据混响时间公式计算房间不同频率的平均吸声系数 $\bar{\alpha}$，并得到房间总吸声量 $S\bar{\alpha}$；

3. 计算房间内固有吸声量，包括室内家具、观众等已有的吸声量。将房间所需总吸声量减去固有吸声量即为需要增加的吸声量；

4. 查阅吸声材料和结构的吸声系数（附录 16 为部分吸声材料和结构的吸声系数），从中选择适当的材料和结构，确定各自的面积，以满足所需增加的吸声量及其频率特性的要求。一般需要反复选择、调整，才能达到要求。最后，计算值与目标值的误差需控制在 10% 以内。

11.5.4.3 吸声材料和结构的布置

一般来说，舞台周围的墙面、顶棚、侧墙下部应当布置反射性能好的材料，以便向观众席提供早期反射声。观众厅后墙宜布置吸声材料或结构，以消除回声干扰。当所需吸声量较多时，可在大厅中后部顶棚、侧墙上部布置吸声材料和结构。

在室内音质设计中，并不是所有的声环境都要增加吸声材料。有时为了获得较长的混响时间，必须控制吸声总量，尤其对音乐厅和多功能厅更是如此。在这种情况下，座椅的吸声量可能占主导，必须加以控制。一般座椅除了坐垫和靠背是软面，其他都是硬木设计，以减少吸声量。

例 11.1 在例 10.5 所述的房间中，通过增加哪种吸声材料且增加多少能改善房间的混响时间频率特性，可获得较为平坦的混响时间频率特性？

解： 可以在房间里增加低频吸声较强的材料，如木镶板。假设以 4kHz 时的等效开窗面积为设计值，则要求在整个频率范围内等效开窗面积达到约 12.5m²。在上述例题中，最差的频率是 250Hz，只有 4.5m² 等效开窗面积，这意味着在该频率必须增加适量的吸声材料，使等效开窗面积增加 12.5-4.5=8m²。由表 11-1 可知，木镶板在 250Hz 的吸声系数为 0.25，因此，所需的木镶板面积为

$$S_{\text{木}} = \frac{8}{0.25} = 32 \ (\text{m}^2)$$

表 11-5 为增加上述吸声材料后对混响时间频率特性产生的影响。这时，混响时间的变化范围缩小为 0.59 到 0.41。

表 11-5 声学处理后起居室的吸声和混响时间计算

表面材料	面积（m²）	125Hz	250Hz	500Hz	1kHz	2kHz	4kHz
天花板（木板条抹灰）	16.8	2.35	1.68	1.01	0.84	0.67	0.50

（续表）

地面（水泥地面铺地毯）	16.8	0.34	1.01	2.35	6.22	10.08	10.92
墙面（刷上油漆的灰泥）	35.4	0.35	0.35	0.71	0.71	0.71	0.71
窗户（浮法玻璃）	6.0	2.10	1.50	1.08	0.72	0.42	0.24
木镶板	32.0	9.60	8.00	6.40	5.44	4.80	3.20
总等效开窗面积（m²）		14.74	12.54	11.55	13.92	16.68	15.57
房间体积（m³）	42						
混响时间（s）		0.46	0.54	0.59	0.49	0.41	0.43

11.4.6 厅堂声学缺陷及其防止

厅堂声学缺陷主要包含声聚焦、回声、多重回声和声影等。音质缺陷主要是由体形设计不当引起的。

11.4.6.1 声聚焦

声聚焦主要是由凹曲面产生的。对已有或必须采用的凹面顶棚或后墙，避免声聚焦的方法是在凹面上做全频带强吸声处理，顶棚也可悬吊空间吸声体，通过减弱反射声来避免声聚焦引起的声场分布不均匀；或在凹面处进行扩散处理，避免产生声聚焦。图 11-40 所示为凹曲面顶棚声聚焦及其避免，图 11-41 所示为弧形后墙声聚焦的避免措施。

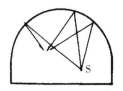

（a）凹曲面顶棚声聚焦的产生　　　　（b）凹曲面顶棚吸声处理

图 11-40　凹曲面顶棚的声聚焦及其避免

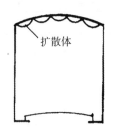

（a）弧形后墙强吸声处理　　　　（b）弧形后墙扩散处理

图 11-41　弧形后墙声聚焦的避免措施

11.4.6.2 回声与多重回声

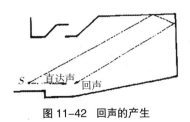

图 11-42　回声的产生

当反射声延迟时间超过 50ms，一般来说需要达到 100ms 以上，强度又很大时，才可能形成回声。观众厅中最容易产生回声的部位是后墙、与后墙相接的顶棚以及挑台栏板，这些部位把声波反射到大厅座位的前排或舞台，延时通常较长，往往可能形成回声，如图 11-42 所示。对这些可能产生回声的部位做强吸声或扩散处理，或适当改变其倾斜角度，可以避免回声的产生，如图11–43。

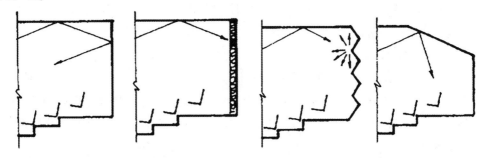

（a）后墙形成回声（b）用吸声性后墙消除回声（c）用扩散性后墙消除回声（d）后墙部分倾斜以消除回声

图11–43　消除回声的方法

多重回声是由于声波在特定反射面之间的往复反射所产生的。对于观演场所，由于声源位于吸声较强的舞台内，观众厅内又布满观众，不易发生这种现象。但在体育馆等一些其他公共场所，由于吸声较弱，在特定情况下，则有可能产生多重回声，如图11–44。

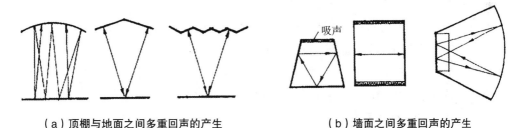

（a）顶棚与地面之间多重回声的产生　　　　　（b）墙面之间多重回声的产生

图11–44　多重回声的形成

11.4.6.3 声影

观众席较多的厅堂，一般要设一层楼座甚至二层楼座，以改善大厅后部观众席的视觉和听觉条件。这时，如果挑台下空间太深，或者挑台的张角太小，则挑台下面可能形成声影。为了避免声影区的产生，一般挑台下空间的进深与开口高度之比应控制在较小值，张角也要足够大，如图11–45。

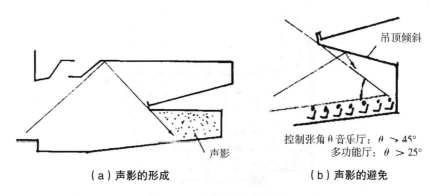

（a）声影的形成　　　　　　　　（b）声影的避免

图11–45　声影的形成和改进

11.5 演播室声学设计

演播室是指广播和电视中心用于声音节目制作和播出的、满足一定声学要求的房间，包括语言播音室、音乐录音棚、电视演播室和控制室、审听室等。

演播室的声学特性与一般厅堂有所不同，表现在以下几个方面：

第一，声学要求比一般厅堂更为严格。原因有两个方面：其一，最终接收声音的是传声器，而传声器是"单耳"接收，没有判断方向、选择信号的能力，只能无差别地接收所有声音信号，其中包括噪声；其二，传声器的工作频带更宽。因此，要求演播室具有更低的本底噪声，更宽的传输频率特性。

第二，演播室声学要求随录音技术的发展而不断变化。早期的"一点录音"技术要求演播室具有自然混响声以及良好的扩散声场；后来的"一点录音＋辅助传声器"技术仍然依靠演播室的自然混响，只是用辅助传声器弥补各组乐器声音不易平衡的缺点；再后来的多声道录音技术主要用来进行流行音乐录音，为了提高不同声道之间的隔离度，要求录音棚具有强吸声环境，并设置隔声屏、隔声小室等。

演播室声学设计主要考虑以下几个方面：

第一，确定适当的房间容积、形状和尺寸比例（矩形房间）；

第二，确定适当的混响时间及其频率特性；

第三，必须保持充分扩散，消除回声、多重回声、声染色等声学缺陷；

第四，满足良好的隔声、隔振条件，消除噪声和振动干扰。

11.5.1 音乐录音棚音质设计

11.5.1.1 自然混响音乐录音棚

自然混响音乐录音棚主要用于古典交响乐和室内乐的录制，因此，其规模通常是大、中型的。录音室应有足够大的容积，以便获得良好的低频声扩散，获得平直的传输频率特性和均匀的扩散声场，使声音不随传声器位置变化。一般来说，对于 50~60 人的乐队，录音室容积不能小于 $3\,500m^3$，对于 10 人左右的乐队，容积应在 $2\,000\ m^3$ 左右。

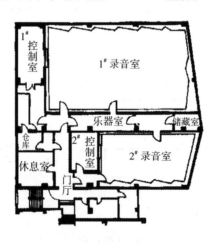

图 11-46 自然混响音乐录音室平面图

在体型设计方面，对于矩形房间，要采用合适的长、宽、高尺寸比例（参看第 11.2.4 节），使简正频率分布均匀，避免产生低频声染色。为了使声场扩散，还可以设计不平行墙，或在墙面进行适当的扩散设计。图 11-46 所示为某自然混响音乐录音室平面图。

自然混响音乐录音棚的混响时间通常比相同体积的音乐厅略低。混响时间长了，会严重影响清晰度和各声部的层次感。音乐录音棚的混响时间最佳值可参考图 11-47，一般为 0.9~1.3s。在混响时间频率特性方面，低频混响时间相对于中频的提升量也宜低于音乐厅，通常为中频混响时间的 1.1~1.2 倍。高频混响时间要求不低于中频，否则会影响高音乐器的亮度。但实际上较难做到，特别是在大型音乐录音棚内，由于空气对高频的声吸收较大，使高频声衰减较快。因此，允许高频混响时间略小于中频。

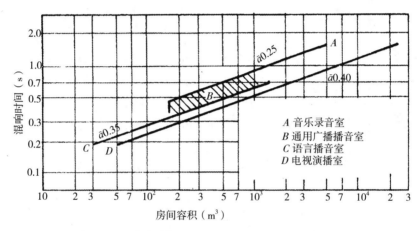

图 11-47　各类演播室中频（500Hz）混响时间最佳值

在直达声后 50ms 以内到达的反射声有助于提高直达声的强度和增加清晰度，从而提高录音音质。当录音棚体积较大时，传声器所在位置可能缺乏早期反射声，可以通过在周围设置反射面或悬吊顶部反射板来获取一定的早期反射声。

录音棚允许的噪声标准是 NR-20。为了达到这一标准，要做好围护结构的隔声、隔振以及空调系统的消声设计。

11.5.1.2 强吸声多声道录音棚

强吸声多声道录音棚常用于流行音乐的多声道录音。该录音技术要求各乐器组之间应有足够的声隔离度。为此，需要将整个录音室做成强吸声性，并设置隔声屏和隔声小室，对较强或较弱的乐器进行隔离。图 11-48 所示为某强吸声多声道录音棚平面图。

强吸声录音棚要求短混响，并且具有接近平直的混响时间频率特性。按照棚的容积不同，中频混响时间可以控制在 0.4~0.6s。考虑到控制低频混响较为困难，允许低频提升 1.1 倍。隔离小

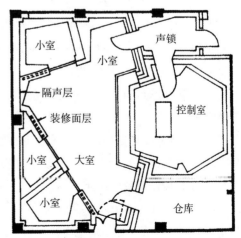

图 11-48　强吸声多声道录音棚平面图

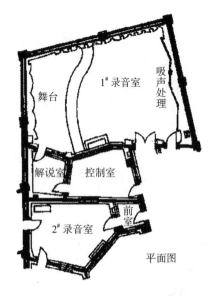

图 11-49　LE-DE 录音棚平面图

室的混响时间可以控制在 0.3s 左右。隔声小室的面积一般较小，为防止轴向共振，小室通常采用不规则体型。

11.5.1.3 活跃－沉寂型录音室

活跃－沉寂型录音室也称为 LE-DE（Live End-Dead End）录音棚。其一端墙面是反射性的，另一端墙面是吸声性的，使室内形成一个从活跃到沉寂的渐变声场，以满足不同录音技术的声学要求，实现录音棚的多功能性。这种录音棚在 20 世纪 70 年代比较流行。图 11-49 为某 LE-DE 录音棚平面图。

11.5.2 语言录音室音质设计

语言录音室的主要特点是面积很小，通常为 $10\sim20\mathrm{m}^2$。因此，特别要注意防止简正频率共振造成的低频声染色，为此，要严格按最佳尺寸比例进行设计，最好采用非平行墙，避免产生声染色现象。

为了提高语言清晰度，语言录音室一般采用短混响设计，混响时间约为 0.2~0.5s。混响时间频率特性宜为平直或在 100Hz 略为下降。汉语播音室的混响时间如表 11-6 所示。

表 11-6　汉语播音室的混响时间

频率	混响时间（s）
$f > 2\mathrm{kHz}$	0.45
$400\mathrm{Hz} < f < 2\mathrm{kHz}$	0.4
$f < 400\mathrm{Hz}$	0.35

11.5.3 电视演播室音质设计

电视演播室分为综合文艺演播室、新闻演播室和专题访谈演播室等。电视演播室通常需要进行电视摄像，因此需要较大空间，有的演播室还要使用不同道具，甚至有大量观众参与。因此，为了提高语声录制的清晰度和降低噪声影响，需要一个强吸声声学环境。

不同类型电视演播室的混响时间可按图 11-47 确定，混响时间一般控制在 0.6~1s，并采用短而平直的混响时间频率特性。

为了控制混响时间，演播室的墙面和顶棚一般都需要做吸声处理。由于文艺演播室一般沿三面墙挂有天幕，对天幕后面的吸声结构无装饰要求，可采用超细玻璃棉或吸声砖。小型演播室一般不设天幕，通常使用布景或道具作为电视画面的背景。这时要注意防止布景或道具产生有害反射声而影响录音音质。也可以通过艺术处理，使墙面声学装修可直接作为一种画面背景。

11.5.4 控制室音质设计

控制室是录音师用来监听录制的声音和进行声音再创作的听音室，其声学设计应满足一些基本原则。首先，尽量避免近次反射声到达听音区域，尤其是延时小于 10ms 的反射声。原因主要有两点：其一，在听音室或控制室听音时，理想的情况是，听音者能够通过重放系统听到录音棚里原有的声音。但是，一般重放录音作品的房间都比录音棚小得多，因此产生了图11-50 所示的听音效果，即听音者听到的第一个反射声是来自听音室。根据哈斯效应，这个反射声将占主导地位，听音者感到重放声来自听音室的小空间。因此，需要抑制这些来自听音室侧墙的早期反射声，如图 11-51 所示；其二，由于听音室空间较小，早期反射声的延时较短，极有可能小于 10ms，从而产生可觉察的梳状滤波效应，使音色发生变化。此外，如果延时小于约 3ms，则有可能影响直达声的声像定位。

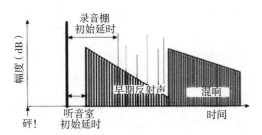

图 11-50　听音室较短初始延时对听音的影响

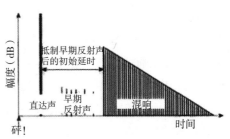

图 11-51　抑制早期反射声使初始延时最大化

其次，由于立体声监听扬声器左右对称布置，因此控制室内的声学特性，也应尽可能左右对称，即房间平面、体型以及声学装修必须左右对称。

控制室声学设计主要分为"活跃 - 沉寂"（LEDE）型、反射控制型、强吸声型和扩散反射型。无论上述哪一类听音控制室，其基本设计思路都是抑制或消除听音者所在位置的早期反射声。所采取的方法通常是将来自墙面的

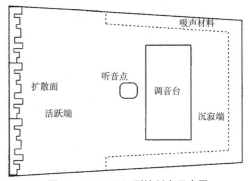

图 11-52　LDED 型控制室示意图

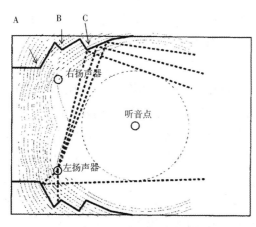

图 11-53　反射控制型听音室

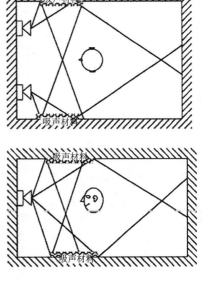

图 11-54　通过吸声消除早期反射声

一次反射声吸收或导向其他区域，但允许高次反射声存在。在这样处理的同时，还要注意满足存在适量混响声的要求，为此，通常将后墙设计成扩散性能良好的扩散反射面。

11.5.4.1 LEDE 型

LEDE 型也称为活跃 – 沉寂型，其主要特点是：（1）前半部作强吸声处理，减少来自前墙、侧墙和天花板的近次反射声；（2）后半部作反射和扩散处理，用来产生一定的混响声，使声音听起来比较自然；（3）注意避免来自调音台和控制窗的近次反射声。图 11–52 为此类控制室声学设计示意图。

11.5.4.2 反射控制型

反射控制型是通过使侧墙倾斜一定角度来达到控制早期反射声的目的，如图 11–53 所示。这类控制室的基本设计思路是，将来自侧墙的第一次反射声吸收或导向其他区域，但允许高次反射声存在，从而使初始延时最大化。图 11–54 为通过在侧墙和顶棚设计吸声面消除早期反射声。反射面和吸声面的设计皆可通过作声线图完成。

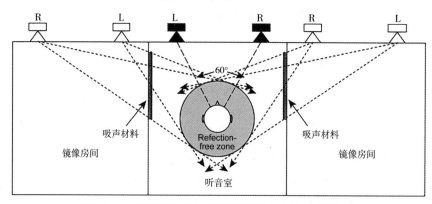

图 11–55　用镜像法确定反射控制型听音室吸声面的位置

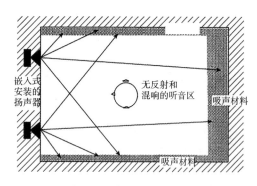

图 11–55 所示为如何用镜像法确定反射控制型听音室吸声面的位置。具体做法是，以侧墙为镜子作出镜像声源，由此可以画出早期反射声的方向。通过确定围绕听音点的一定区域作为无反射区，并从镜像声源作声线，可以确定墙面需要布置吸声材料的位置。

11.5.4.3 强吸声型

强吸声型听音室声学设计如图 11–56 所示。在这类听音室里，扬声器采用嵌入式安装在反射面里，地面通常也是反射面，而后墙和两侧墙都是强吸声处理或部分地强吸声处理。这样处理的结果是使来自扬声器的声音被吸收而不是被反射，听音者除了听到一些来自地面的反射声外，只能听到扬声器的直达声。虽然声学环境是沉寂

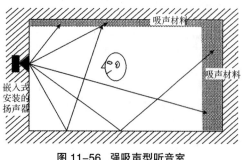

图 11–56　强吸声型听音室

的，但又不像消声室那样使人感到压抑，因为房间仍然存在少量来自硬表面的早期反射声。这类听音室的倡导者认为，当只有来自扬声器的直达声而不存在任何其他声音时，听音者能够清楚地听到重放声中较低电平的声音细节，产生极好的立体声声像定位。

由于这类听音室不存在混响声场，因此，扬声器的重放声级不能得到混响声的提升作用，声压级主要由直达声决定。而在一般的家庭环境，听音点声场主要以混响声为主，混响声常常比直达声高出约 10dB。因此，在这样的听音室里，必须使用功率为普通功放 10 倍的放大器，或者使用具有较高电声转换效率的专业扬声器系统，以获得必要的重放声压级。

11.5.4.4 扩散反射型

另一种较新颖的控制早期反射声的方法是尽量使其扩散反射，而不是抑制或控制其反射方向。这种方法并不吸收声能，而是减小反射声的声压级，因为扩散反射面不仅使声波沿镜像反射，而且还沿其他方向反射。

在这类听音室的听音感受是，听音者并没有意识到声音从墙面反射回来，听起来几乎像是在消声室里，然而又存在一定的混响。无论是重放双声道立体声还是多声道环绕声，都能在前方产生稳定的声像定位，而且听音区域较大。

习题 11

1. 厅堂音质主观评价术语和客观评价参数主要有哪些？试分别加以简单说明。

2. 什么是吸声系数？吸声系数大小与哪些因素有关？吸声材料和吸声结构的主要作用是什么？

3. 常用吸声材料和结构主要有哪几种？试分别说明其结构特征、吸声原理和吸声特性。

4. 隔声量是如何定义的？什么是隔声质量定律？

5. 噪声评价参数有哪些？如何定义或测量？

6. 门、窗隔声的基本措施有哪些？

7. 隔振的基本措施有哪些？

8. 音质设计的基本目标是什么？具体内容包含哪几项？

9. 获得扩散声场可采取哪些措施？

10. 演播室声学设计主要考虑哪几方面？演播室按混响时间设计可分为哪几类？

11. 小型演播室设计时可采取哪些措施防止低频声染色？

12. 控制室声学设计分为哪几类？

附录

参考文献

[1] 杜功焕，朱哲民，龚秀芬．声学基础（第3版）[M]．南京：南京大学出版社，2012.

[2] 张绍高．声学基础．北京广播学院录音艺术学院自编教材，1998.

[3] 邓忠华．电声器件 [M]．沈阳：辽宁科学技术出版社，1989.

[4] 曹水轩，沙家正．扬声器及其系统 [M]．南京：江苏科学技术出版社，1991.

[5] 吴硕贤，张三明，葛坚．建筑声学设计原理 [M]．北京：中国建筑工业出版社，2000.

[6] 陶擎天，赵其昌，沙家正．音频声学测量 [M]．北京：中国计量出版社，1986.

[7] 管善群．电声技术基础 [M]．北京：人民邮电出版社，1988.

[8] 李宝善．声频测量 [M]．北京：国防工业出版社，1982.

[9] 沈嵘，范宝元，韩秀苓，李传光，吴金才．音频工程基础 [M]．北京：北京工业大学出版社，2002.

[10] 林达悃．录音声学 [M]．北京：中国电影出版社，1995.

[11] 胡泽．音乐声学 [M]．北京：中国广播电视出版社，2003.

[12] 赵克勤．常用电声器件原理与应用 [M]．北京：人民邮电出版社，1990.

[13] 山本武夫 [日] 著．王以真，吴光威译．扬声器系统（上）[M]．北京：国防工业出版社，1984.

[14] 山本武夫 [日] 著．张绍高译．扬声器系统（下）[M]．北京：国防工业出版社，1986.

[15] 王以真．实用扬声器技术手册 [M]．北京：国防工业出版社，2003.

[16] MEYER J 著．陈小平译．音乐声学与音乐演出 [M]．北京：人民邮电出版社，2012.

[17] HOWARD D M, ANGUS J 著．陈小平译．音乐声学与心理声学 [M]．北京：人民邮电出版社，2014.

[18] BLAUERT J. Spatial Hearing – The Psychophysics of Human Sound Localization [M]. Revised Edition. Cambridge, MA: MIT Press, 2001.

[19] ZWICKER E, FASTL H. Psychoacoustics – Facts and Models [M]. Second edition. Berlin: Springer-Verlag, 1990.

[20] Moore B C J. An Introduction to the Psychology of Hearing [M]. Fifth edition. London: Academic Press, 2003.

[21] EARGLE J M. Music, Sound and Technology [M]. New York: Van Nostrand Reinhold, 1995.

[22] EARGLE J. Loudspeaker Handbook [M]. New York: Kluwer Academic Publishers, 1997.

[23] EARGLE J. The Microphone Book [M]. Wobum, MA: Focal Press, 2001.

[24] RUMSEY F. Spatial Audio [M]. Burlington, MA: Focal Press, 2001.

[25] 张绍高 . 新型传声器—压力区域传声器 [J]. 无线电与电视，1985，（4）：24-25.

[26] 徐世平，等 . 四阶声带通型音箱及其计算机辅助设计 [J]. 电声技术，1998，（3）：2-4.

[27] 赵其昌 . 线阵列的柱面波及其发散 [J]. 电声技术，2003，（11）.

[28] 王以真 . 线性阵列扬声器系统述评 [J]. 电声技术，2002，（10）：22-25.

[29] 张飞碧 . 线声源扬声器阵列的原理与应用 [J]. 电声技术，2003，（1）：20-24.

[30] ITU-R BS.775-1, Multichannel stereophonic sound system with and without accompanying Picture [S].

[31] UREDA M S. Line arrays: theory and applications: proceedings of the 110th AES Convention, Amsterdam, May 12-15, 2001[C].

[32] UREDA M S. J and spiral line arrays: proceedings of the 111th AES Convention, New York, September 21-24, 2001[C].

[33] UREDA M S. Pressure response of line sources: proceedings of the 113th AES Convention, Los Angeles, October 5-8, 2002[C].

[34] BUTTON D. High frequency components for high output articulated line arrays: proceedings of the 113th AES Convention, Los Angeles, October 5-8, 2002[C].

[35] http://www.neumann.com/

[36] http://www.schoeps.de/

[37] http://www.soundfield.com/

[38] http://www.soundperformancelab.com/

[39] http://www.phys.unsw.edu.au/music/

[40] 高等数学（上、下册）[M]. 北京：科学出版社，2012.

后 记

本书是在阅读和研究了大量相关书籍、文献资料的基础上，结合多年教学实践和专业学习心得编写而成的。

衷心感谢国内外专家、同行们提供宝贵的资料来源，使我能够顺利完成本书的编写工作；衷心感谢中国传媒大学音乐与录音艺术学院胡泽老师对书稿进行的审阅工作。特别感谢中国传媒大学未宇佳同学在附录部分公式、表格的编辑中提供的无私帮助。

由于编写时间仓促，难免存在许多不足之处，敬请广大读者批评指正。

作者

2020 年 2 月